D1920768

Rainer Rehwald
Gabi Reineke
Elisabeth Wienemann
Eva Zinke

Betriebliche Suchtprävention und Suchthilfe

Rainer Rehwald
Gabi Reineke
Elisabeth Wienemann
Eva Zinke

Betriebliche Suchtprävention und Suchthilfe

BUND
VERLAG

Bibliographische Information Der Deutschen Bibliothek
Die deutsche Bibliothek verzeichnet diese Publikation
in der Deutschen Nationalbibliografie;
detaillierte Daten sind im Internet über http://dnb.d-nb.de abrufbar.

2., überarbeitete und aktualisierte Auflage 2012

Herstellung: Madlen Richter
Umschlag: Neil McBeath, Stuttgart
Titelmotiv: Panthermedia.net
Satz: Dörlemann Satz, Lemförde
Druck: Appel und Klinger Druck und Medien GmbH, 96277 Schneckenlohe
Printed in Germany 2012
ISBN 978-3-7663-6175-2

www.bund-verlag.de

Vorwort

Suchtmittelmissbrauch hat Folgen für die Gesundheit und Leistungsfähigkeit, führt zur Verschlechterung des Betriebsklimas und gefährdet die Sicherheit am Arbeitsplatz. Durch riskanten oder schädigenden Konsum von Suchtmitteln oder suchtbedingte Verhaltensweisen entstehen gesellschaftliche und betriebliche Folgekosten. Die IG Metall unterstützt daher aktiv die betriebliche Suchtprävention und Suchthilfe.

Schon früh sind vor allem durch das Engagement von Rita Russland grundlegende Anstöße für deren Weiterentwicklung gegeben worden. Das »Suchtbuch für die Arbeitswelt« enthielt bereits wegweisende Forderungen nach einer professionellen betrieblichen Suchtberatung, präventive Ansätze des Arbeitsschutzes und der Gesundheitsförderung sowie Anregungen zur Umsetzung eines nachhaltigen Suchtpräventionsprogramms.

Mit dem Arbeitsschutzgesetz 1996 ist der Arbeitgeber heute zur Vorbeugung von gesundheitlichen Gefährdungen am Arbeitsplatz durch Alkohol, Medikamente, illegale Drogen oder Tabak verpflichtet.

Lag der Schwerpunkt der Aktivitäten in den Betrieben früher auf verschiedenen Einzelmaßnahmen und Aktionen zur Suchthilfe, so legen heutige Ansätze den Schwerpunkt auf eine frühzeitige Intervention bei riskantem Suchtmittelkonsum bzw. Auffälligkeiten am Arbeitsplatz in Zusammenhang mit Suchtgefährdungen. Gleichzeitig werden Suchtprävention und Suchthilfe mit dem Arbeitsschutz und der betrieblichen Gesundheitsförderung verknüpft.

Gefordert sind in Fragen der Suchtprävention und Gesundheitsförderung daher neben der Unternehmensleitung in Abstimmung mit dem Betriebsrat vor allem auch Personalverantwortliche und direkte Vorgesetzte.

Das vorliegende Buch »Betriebliche Suchtprävention und Suchthilfe – Handbuch der IG Metall« orientiert sich an den Qualitätsstandards der

Deutschen Hauptstelle für Suchtfragen. Es kann sowohl als Nachschlagewerk für suchtspezifisches Grundlagenwissen als auch zur Begleitung der täglichen Praxis dienen. Seit seinem Erscheinen 2007 haben sich rechtliche, fachliche und betriebliche Rahmenbedingungen zum Teil erheblich verändert. Wir legen hiermit die aktualisierte Ausgabe des Handbuchs vor.

Nicht behandelt werden Themen des Umgangs mit Suchtgefährdungen im privaten Umfeld und im Zusammenhang mit Arbeitslosigkeit.

Das Handbuch richtet sich an Betriebsräte, Personalverantwortliche, Suchtbeauftragte und betriebliche Ansprechpersonen für Suchtfragen, Betriebsärzte, Sicherheitsfachkräfte, Schwerbehindertenvertretungen und andere Interessierte. Es enthält praktische Anleitungen für die Etablierung eines betrieblichen Suchtpräventionsprogramms, das ein zielgerichtetes und lösungsorientiertes Vorgehen bei Suchtproblemen am Arbeitsplatz ermöglicht. Es kann zur Überprüfung und Aktualisierung der bereits bestehenden Suchtprävention im Betrieb dienen und Argumente für die Einführung eines Suchtpräventionsprogramms im Rahmen eines Gesundheitsmanagements liefern.

Frankfurt/Main, im Januar 2012

Rainer Gröbel

Bereichsleiter FB Organisation und Personal

Inhalt

Abkürzungsverzeichnis

a.a.O.	am angegebenen Ort
Abb.	Abbildung
AfS	Ansprechperson für Suchtfragen
AGG	Allgemeines Gleichbehandlungsgesetz
AiB	Arbeitsrecht im Betrieb (juristische Zeitschrift für Betriebsräte)
Anm.	Anmerkung
ArbMedVV	Arbeitsmedizinische Vorsorgeverordnung
ArbSchG	Arbeitsschutzgesetz
ArbStättV	Arbeitsstättenverordnung
AUDIT	Alcohol Use Disorder Identification
Az.	Aktenzeichen
BAG	Bundesarbeitsgericht
BB	Betriebsberater (juristische Zeitschrift)
BDSG	Bundesdatenschutzgesetz
BEM	Betriebliches Eingliederungsmanagement
BetrVG	Betriebsverfassungsgesetz
BG	Berufsgenossenschaft
BGI	Berufsgenossenschaftliche Informationen und Grundsätze
BGM	Betriebliches Gesundheitsmanagement
BGBl	Bundesgesetzblatt
BGV A 1	Berufsgenossenschaftliche Vorschrift A 1
BGVR	Berufsgenossenschaftliche Vorschriften und Regeln
BGH	Bundesgerichtshof
BKK	Betriebskrankenkasse
BR	Betriebsrat
BSG	Bundessozialgericht
BV	Betriebsvereinbarung

BZgA	Bundeszentrale für gesundheitliche Aufklärung
DGUV2	Unfallverhütungsvorschrift Betriebsärzte und Fachkräfte für Arbeitssicherheit
DHS	Deutsche Hauptstelle für Suchtfragen e. V.
DKK	Däubler/Kittner/Klebe: Kommentar zum BetrVG
DSM IV	Diagnostic and Statistic Manual of Mental Disorders
EFZG	Entgeltfortzahlungsgesetz (im Krankheitsfall)
e. V.	eingetragener Verein
GdB	Grad der Behinderung (lt. SGB IX)
GdS	Grad der Schädigungsfolgen (lt. SGB IX)
GG	Grundgesetz
Hrsg.	Herausgeber
ICD	International Classification of Diseases and Related Health Problems
IG	Industriegewerkschaft
IGM	Integriertes Gesundheitsmanagement
JArbSchG	Jugendarbeitsschutzgesetz
JAV	Jugend- und Auszubildendenvertretung
JURIS	Juristisches Informationssystem für die Bundesrepublik Deutschland
KSchG	Kündigungsschutzgesetz
LAG	Landesarbeitsgericht
LSG	Landessozialgericht
MdE	Minderung der Erwerbsfähigkeit (lt. SGB VII)
MDK	Medizinischer Dienst der Krankenkassen
MTV	Manteltarifvertrag
m.w.N	mit weiteren Nachweisen
MuSchG	Mutterschutzgesetz
NZA	Neue Zeitschrift für Arbeitsrecht
NZA-RR	Neue Zeitschrift für Arbeitsrecht – Rechtsprechungsreport
o. J.	ohne Jahr
OLG	Oberlandesgericht

OVG	Oberverwaltungsgericht
RNr.	Randnummer (meist in Kommentaren)
RVO	Reichsversicherungsordnung
s.	siehe
SGB	Sozialgesetzbuch V (Krankenversicherung) VI (Rentenversicherung) VII (Unfallversicherung) IX (Recht für behinderte Menschen)
SKH	Suchtkrankenhilfe
StGB	Strafgesetzbuch
u. a.	unter anderem / und andere
Urt.	Urteil
UVV	Unfallverhütungsvorschriften (veraltet! jetzt teilweise: BGV)
vgl.	vergleiche
VMG	Versorgungsmedizinische Grundsätze
WHO	Weltgesundheitsorganisation
z. B.	zum Beispiel

1 Das Wichtigste in Kürze – eine Einführung

Dieses Handbuch steht in der Tradition des gewerkschaftlichen Engagements gegen suchtfördernde und gesundheitsgefährdende Arbeitsbedingungen. Diese reicht mehr als ein Jahrhundert zurück und ist eng verknüpft mit dem Eintreten der Gewerkschaften für menschengerechte und sichere Arbeit.

1982 erschien die erste von Rita Rußland verfasste Broschüre der IG Metall »Alkoholismus, die Krankheit unserer Zeit«, in der auch die Problematik von Medikamentenabhängigkeit bei Frauen aufgegriffen wurde. Später erschien von ihr eine Dokumentation über Betriebsvereinbarungen und schließlich im Jahre 1991 das »Suchtbuch für die Arbeitswelt«. Das Suchtbuch der IG Metall umfasste bereits die Suchtformen Alkohol, Medikamente, Drogen, Nikotin, Essstörungen, Spiel- und Arbeitssucht und nahm kritisch zu den gesellschaftlichen Ursachen und Folgen von Sucht Stellung. Es wurde zu einem Standardwerk für die betriebliche Suchtprävention und Suchthilfe. Inzwischen haben sich die rechtlichen und fachlichen Standards der betrieblichen Suchtprävention verändert und es gibt reichhaltige Erfahrungen mit betrieblichen Suchtpräventionsprogrammen, inner- und außerbetrieblichen Beratungsangeboten und Netzwerken.

Viele Betriebvereinbarungen entsprechen inzwischen nicht mehr dem aktuellen Stand. Es lag daher nahe, die gewerkschaftliche Tradition der kritischen Auseinandersetzung mit der vielschichtigen Problematik von Sucht nicht abreißen zu lassen und ein neues Buch unter dem Titel »Betriebliche Suchtprävention und Suchthilfe – Handbuch der IG Metall« herauszugeben. Es bietet wieder eine Fülle von Informationen über die unterschiedlichen Suchtformen, Grundlagenwissen für die Einführung eines Suchtpräventionsprogramms, die Einbindung des Arbeitsschutzes und der Gesundheitsförderung, Hinweise zum Umgang mit suchtgefährdeten Arbeitnehmern, rechtliche Aspekte und schließlich eine Musterbetriebsvereinbarung.

Nach wie vor aktuell ist die Aufforderung an die Betriebsräte, von ihrem Initiativrecht Gebrauch zu machen und Betriebsvereinbarungen abzuschließen. Betriebsvereinbarungen zur Suchtprävention und -hilfe setzen in der Regel eine intensive Auseinandersetzung im Betrieb mit Suchtfragen voraus, auch innerhalb des Betriebsrats, der Schwerbehindertenvertretung und der Vertrauensleute.

Im Zusammenhang mit der betrieblichen Suchtprävention werden oftmals Bedenken hinsichtlich der sozialen Kontrolle der Beschäftigten geäußert. Für das Thema »Punktnüchternheit« oder »null Promille am Arbeitsplatz« oder genereller: der Verzicht auf Suchtmittel vor und bei der Arbeit, muss im Betrieb weiterhin geworben werden. Gut eingeführte und systematisch angewandte betriebliche Suchtpräventionsprogramme treffen jedoch bei den Beschäftigten und den Unternehmen heute auf hohe Akzeptanz. Sie wirken sich positiv auf das Geschehen im Betrieb aus, regen einen Lernprozess bei allen Beteiligten an und setzen im besten Falle Impulse für eine gesundheitsförderliche Betriebskultur.

Die folgenden Seiten geben einleitend eine kurze Darstellung der Entwicklung der betrieblichen Suchtprävention bis heute sowie eine Zusammenfassung der Kernprozesse eines betrieblichen Suchtpräventionsprogramms. Dies wird in den jeweiligen Kapiteln noch einmal ausführlich erläutert. Am Schluss werden wichtige Begriffe der Suchtprävention zusammengefasst.

1.1 Suchtprävention und Suchthilfe – ein kurzer Abriss

Suchtprävention und Suchthilfe haben einen wichtigen Beitrag zur Enttabuisierung des Themas Suchterkrankung im Betrieb auf allen Hierarchieebenen geleistet. Sie sind inzwischen wirksame Instrumente des präventiven Arbeitsschutzes zur Vorbeugung gesundheitlicher Gefährdungen und zur Hilfe bei Suchtgefährdungen von Beschäftigten.

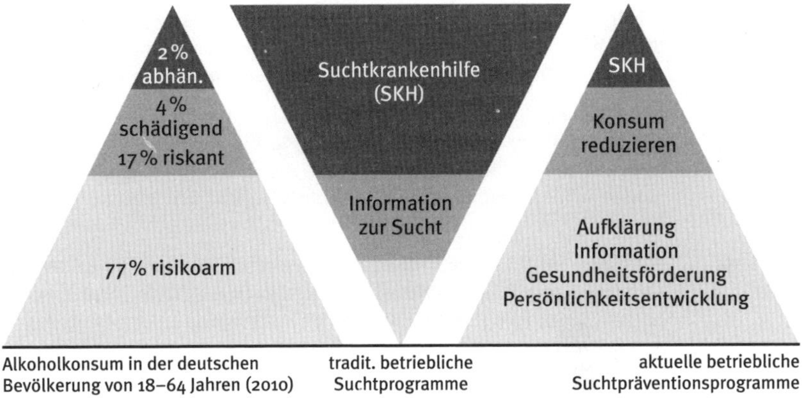

Abb. 1: Von der betrieblichen Suchtkrankenhilfe zur Suchtprävention

Die heutigen Suchtpräventionsprogramme stehen zum einen in einer langen Tradition von betrieblichen Bemühungen, den Suchtmittelgebrauch, vorzugsweise den Alkoholkonsum am Arbeitsplatz einzuschränken, um die Gesundheit und die Leistungsfähigkeit der Arbeitnehmer und Arbeitnehmerinnen zu erhalten. Zum anderen treten sie die Nachfolge der betrieblichen Suchthilfe an. Diese richtete ihren Schwerpunkt auf die Früherkennung von Sucht-, insbesondere Alkoholerkrankungen am Arbeitsplatz, und die Vermittlung in die Suchtberatung und -therapie.

Auf S. 20 werden die Kernprozesse eines betrieblichen Suchtpräventionsprogramms im Überblick dargestellt und in den weiteren Kapiteln ausführlicher erläutert.

1838	**Arbeitsordnung der Firma Krupp** mit dem Passus: »Branntweintrinken in den Fabriken wird nicht geduldet«. Zugleich setzt Krupp bis mindestens 1876 die Branntweinabgabe an bestimmte Arbeitergruppen fort.
1838	Im **Verein zur Förderung der Enthaltsamkeit von gebrannten Getränken auf dem Rollkruge zu Berlin** verpflichten sich Handwerker und Arbeiter zum Verzicht auf Branntwein. Ein jeder, der das Gelöbnis aktiv vertritt, konnte »ohne Unterschied des Alters, Glaubens und Geschlecht« Mitglied werden.
ab 1880	**Gründung von Mäßigkeits- und Abstinenzvereinen in Deutschland:** Deutscher Verein gegen den Missbrauch geistiger Getränke – DVMG (1883), Guttempler Orden (1883), Blaues Kreuz (1885), Kreuzbund (1896), Deutscher-Arbeiter-Abstinentenbund (1903)
1885	**Viktor Böhmert: »Der Branntwein in Fabriken«.** Forderungen der sozialreformerischen Bewegung zur Alkoholprävention in der Arbeiterschaft: Abbau von Arbeitsbelastungen, Verbesserung der Arbeitsbedingungen, Anhebung der Löhne, Verkürzung der Arbeitszeit, Einrichtung von Fabrikküchen, und -kantinen, Volksbildung
ab 1892	**Emil Kraepelin: Studien über die Wirkung des Alkohols auf die körperliche und geistige Leistungsfähigkeit.** Beschreibung der Veränderung von Reaktions- und Wahrnehmungsfähigkeit unter Alkoholeinfluss
1900	**Unfallverhütungsvorschriften** verbieten Arbeitgebern, Betrunkene im Betrieb zu dulden, und Arbeitnehmern, betrunken zur Arbeit zu kommen oder sich auf der Arbeitsstätte zu betrinken. Der Arbeitgeber hatte auch solche Personen ggf. von der Arbeitsstätte zu entfernen, von denen bekannt war, dass sie »an Trunksucht in dem Maße leiden, dass sie dadurch bei gewissen Arbeiten einer außergewöhnlichen Gefahr ausgesetzt sind«.
1900	**Einstellung der ersten Fabrikschwester und Fabrikpflegerin**
1904	**Generalkommission der Gewerkschaften Deutschlands:** »Alkoholgenuss während der Arbeit ist Missbrauch, und es ist Aufgabe der Gewerkschaften, diesen durch Erziehung der Arbeiter zu steuern.«
1905	**Zeiss-Werke Jena: Einführung des 8-Stunden-Tages verbunden mit einem generellen Alkoholverbot.** Ernst Abbe: »Bei den kurzen Schichten des Achtstundentages beruht das Bedürfnis nach Biergenuss nur auf Gewohnheit, die sich die Älteren im Interesse der heranwachsenden jüngeren Generation abgewöhnen sollten.«
1903–1911	**Tayloristisches System** – Umstrukturierung industrieller Arbeit: F. W. Taylor lobt den erzieherischen Wert des Systems auf die Arbeiter als wichtigsten Erfolg: »... ein Gewohnheitstrinker hätte nicht Schritt halten können.«

1928	**Vertrauensleute des Deutschen Vereins gegen Alkoholismus bei Post, Bahn und Polizei** verteilen Aufklärungsmaterialien, organisieren Veranstaltungen und Aktionstage zur Information über Alkoholprobleme.
1935	**Gründung der Anonymen Alkoholiker (AA) in den USA**
ab 1940	**Beschreibung des medizinischen Krankheitskonzepts des Alkoholismus durch E. M. Jellinek,** Direktor am Yale Center of Alcohol Studies. Er legt einen Schwerpunkt seiner Arbeit auf Alkoholismus im Betrieb.
1948	Yale Plan for Business and Industry in den USA: **Modell eines schriftlich festgelegten betrieblichen Alkoholprogramms** mit gestuften Interventionen, Vorgesetztenqualifizierung, Hilfeangeboten für Alkoholkranke
1952/1954	**Definition der Alkoholkrankheit durch die WHO**: Alkoholismus ist eine Krankheit, gekennzeichnet durch Verlust der Selbstkontrolle und/oder Unfähigkeit zur Abstinenz.
1968	**BSG-Grundsatzurteil: Trunksucht ist eine Krankheit** im versicherungsrechtlichen Sinne.
1975/1976	Voith GmbH, Heidenheim: **Arbeitskreis Alkohol im Betrieb und erste Betriebsvereinbarung zu einem modernen Alkoholprogramm in der BRD**
1978	**1. Fachtagung der Deutschen Hauptstelle gegen die Suchtgefahren (DHS) »Suchterkrankung im Betrieb«**
1979	IG Metall bringt in der Mitgliederzeitung den **Titelbericht »Alkoholismus«.**
1982	Schriftenreihe der IG Metall (Rita Rußland): »Alkoholismus – die Krankheit unserer Zeit«
ab 1985	**Betriebliche Suchtprogramme oder Suchthilfeprogramme lösen die Alkoholprogramme ab.** Erweiterung der Vorbeugung und Hilfe über Alkoholprobleme hinaus auch auf Probleme mit Medikamenten und illegale Drogen, später auch auf Tabak und verhaltensbedingte Süchte (Spiel-, Arbeits-, Esssucht)
ab 1986	**Ausbau der betrieblichen Gesundheitsförderung:** Ottawa Charta der WHO (1986)
1991	**»Das Suchtbuch für die Arbeitswelt«** wird von der IG Metall herausgegeben; Autorin ist Rita Rußland.
1996	**Arbeitsschutzgesetz:** Suchtprävention ist Teil des betrieblichen Arbeitsschutzes und der Prävention von Gesundheitsgefahren.
ab 2000	**Suchtpräventionsprogramme als Element des betrieblichen Gesundheitsmanagements.**
2006	**Qualitätsstandards zur Suchtprävention und Suchthilfe im Betrieb** der DHS

Abb. 2: Entwicklung der Suchtprävention seit 1838

1.2 Vorbeugung gesundheitlicher Gefährdungen

Heute wird zwischen **vorbeugenden** Maßnahmen im risikoarmen Bereich für alle Beschäftigte, **unterstützenden** Maßnahmen im riskanten Bereich zur frühzeitigen Korrektur eines riskanten Konsums oder Verhaltens sowie **systematischen** Interventionen und Hilfe im stark gefährdeten Bereich für suchtgefährdete und suchtkranke Beschäftigte unterschieden.

Suchtpräventionsprogramme bieten deshalb für alle Betriebsangehörige Informationen über die Grenzen eines risikoarmen Umgangs mit Suchtmitteln und über die gesundheitlichen und sozialen Gefährdungen eines riskanten Konsums oder Verhaltens. Außerdem werden Anleitungen gegeben, wie Risiken abgebaut oder gemindert werden können.

Zu den **vorbeugenden Aktivitäten** in betrieblichen Suchtpräventionsprogrammen gehören:

a) Die Information der Beschäftigten über den Konsum und die Wirkung von Suchtmitteln sowie die gesundheitlichen und sozialen Folgen eines riskanten Konsums oder suchtbedingter Verhaltensweisen mit Hilfe verschiedener Medien auf den im Betrieb üblichen Kommunikationswegen oder durch gesonderte Aktionen (s. Kapitel 2 und 5).

b) Der Abbau oder die Veränderung von Arbeitsbedingungen, die den Suchtmittelkonsum fördern, sowie die Unterstützung der Beschäftigten bei der Belastungs- und Stressbewältigung durch Angebote zur Gesundheitsförderung (s. Kapitel 4).

c) Initiativen zur Veränderung der Konsumkulturen am Arbeitsplatz, z. B. kein Suchtmittelangebot im Betrieb, Punktnüchternheit bei der Arbeit (s. Kapitel 5).

d) Angebote zur Reduzierung des individuellen Konsums bei riskantem oder schädigendem Gebrauch von Tabak und Alkohol, z. B. Nichtraucherkurse, kontrolliertes Trinken (s. Kapitel 5).

e) Maßnahmen und Regelungen zur Einschränkung des riskanten Konsums im Betrieb (s. Kapitel 5).

1.3 Intervention bei Auffälligkeiten am Arbeitsplatz

Die **gestufte Gesprächsfolge (Stufenplan)** gehört zum Kernbestandteil betrieblicher Suchthilfe- und Suchtpräventionsprogramme (s. Kapitel 5). Mit den gestuften Interventionen werden Mitarbeiterinnen und Mitarbeiter von den zuständigen Vorgesetzten auf ihren auffälligen Suchtmittelkonsum und die sichtbar werdenden Probleme am Arbeitsplatz angesprochen. Zugleich wird ihnen ein gezieltes Hilfeangebot gemacht. Dieses auf Suchtprobleme zugeschnittene Interventionsverfahren ist nicht beliebig auf andere insbesondere psychische Erkrankungen und krankheitsbedingte Fehlzeiten übertragbar, wie es bei den Krankenrückkehrgesprächen in vielen Betrieben praktiziert wird.

Das **Interventionsverfahren** nach dem Stufenplan ist dagegen ein langjährig erprobtes, arbeitswissenschaftlich gesichertes Verfahren, das in Zusammenhang mit Alkoholgefährdung entwickelt wurde.

Die betriebliche Praxis zeigt, dass Stufengespräche häufig erst aufgenommen werden, wenn die Anzeichen einer Suchtgefährdung oder Suchtkrankheit nicht mehr zu übersehen sind. Für rechtzeitige Veränderungen des riskanten Verhaltens ohne weitergehende disziplinarische Folgen ist es dann meistens viel zu spät.

Interventionen der Führungskräfte sollten daher sehr viel früher, das heißt bereits bei Auffälligkeiten in Verbindung mit riskantem Gebrauch von Suchtmitteln, erfolgen.

Angenommen, ein Mitarbeiter verstößt gegen die Vorschriften zur Arbeitssicherheit und kommt unter Alkoholeinfluss zur Arbeit. Wenn der Vorgesetzte dann entscheidet, dass er seine Arbeit nicht antreten darf, weil er sich oder andere gefährden könnte, sollte dieser Vorfall, diese »Auffälligkeit«, ein ausreichender Anlass sein, ein erstes Stufengespräch mit dem Mitarbeiter zu führen. Das Gespräch bleibt nach dem Stufenplan ohne disziplinarische Folgen, aber der Vorgesetzte kann dem Mitarbeiter deutlich machen, wie ernst es ihm ist und dass ein solches Verhalten in Zukunft zu weiteren Stufengesprächen mit den entsprechenden Folgen führen kann. So kann der Mitarbeiter sein Risikoverhalten frühzeitig verändern, was für seine Gesundheit ebenso förderlich ist wie für den Erhalt des Arbeitsplatzes. Und für Vorgesetzte ist es einfacher, den »richtigen« Zeitpunkt zur Intervention zu finden, weil nicht erst abgewogen werden muss, ob die Auffälligkeit schon die Annahme einer Suchtgefährdung begründet.

Zur Frühintervention wurde der Interventionsleitfaden um Fürsorge- und Klärungsgespräche ergänzt (s. Kapitel 5).

Ein **Fürsorge- oder Klärungsgespräch** bietet sich an, wenn Auffälligkeiten festgestellt werden, bei denen eine Suchtmittelabhängigkeit oder suchtbedingtes Verhalten nicht wahrscheinlich ist oder (noch) nicht festgestellt werden kann. Der Einstieg in den Stufenplan erfolgt dagegen wie bisher immer dann, wenn die Verletzung arbeitsvertraglicher oder dienstlicher Pflichten mit Substanzkonsum oder süchtigem Verhalten in Verbindung gebracht werden muss.

Es gehört zu den Aufgaben der Personalverantwortlichen (und hier wiederum in erster Linie der Vorgesetzten), das Interventionskonzept konsequent anzuwenden und die betroffenen Personen darauf hinzuweisen, welche Sanktionen zu erwarten sind, aber auch welche konkrete Hilfe der Betrieb ihnen anbietet. Für diese Aufgaben müssen sie verbindlich geschult und durch fachliche Beratung unterstützt werden (s. Kapitel 7).

1.4 Beratung und Hilfe bei Auffälligkeiten und Suchtproblemen

Ein weiterer Kernprozess der betrieblichen Programme ist die **Hilfe bei Suchtproblemen.** Heute setzt sie schon bei riskantem Suchtmittelgebrauch an. Durch konsequent mit Hilfeangeboten verbundene Interventionen bei Auffälligkeiten am Arbeitsplatz, wird ein riskanter Konsum unterbunden und suchtgefährdeten oder suchtkranken Beschäftigten frühzeitig eine Perspektive aufgezeigt, wie sie mit betrieblicher Unterstützung eine Lösung ihrer Probleme in Angriff nehmen können (s. Kapitel 5 und 6).

In vielen Betrieben gibt es eine **interne Beratung,** die von Suchtbeauftragten, Sucht- oder Sozialberatern oder Ansprechpersonen für Suchtfragen angeboten wird. Die Beratung stellt darüber hinaus oftmals eine

Vielfalt von Informationen sowie präventive Unterstützung zur Gesundheitsförderung bereit. Sie trägt zur Stärkung der Gesundheitskompetenz der Beschäftigten wie zur Entspannung des Betriebsklimas bei. Es ist belegt, dass sich die Investition in eine Beratung für das Unternehmen rechnet.

Für die internen Hilfeeinrichtungen ist es wichtig, die gesundheitlichen und sozialen Gefährdungen, die bereits durch einen riskanten Konsum von Alkohol, Tabak, Drogen und Medikamenten oder durch riskantes Verhalten wie pathologisches Spielen, Essstörungen etc. entstehen, und das zunehmende Problem psychischer Auffälligkeiten mit in den Blick zu nehmen (s. Kapitel 3).

1.5 Organisatorischer Rahmen betrieblicher Suchtprävention und -hilfe

Um für das Suchtpräventionsprogramm auf der betrieblichen Ebene einen eindeutigen rechtlichen Rahmen und eine verbindliche Basis für dessen Umsetzung zu schaffen, wird der **Abschluss einer Betriebsvereinbarung (BV)** empfohlen. In einer BV sollte nicht nur der Interventionsleitfaden oder der Stufenplan festgelegt, sondern es sollten auch die Rahmenbedingungen und Angebote des Suchtpräventionsprogramms aufgenommen werden.

Eine BV bietet zudem die Möglichkeit, eine verbindliche Arbeitsgrundlage für die in der betrieblichen Suchtprävention tätigen Personen zu schaffen. Vor allem sollten die Aufgaben der internen Beratung und in jedem Fall die Schweigepflicht gesondert festgeschrieben werden, um das notwendige Vertrauensverhältnis und den rechtlichen Schutz für die haupt- und nebenamtlichen Beratungskräfte bei ihrer Tätigkeit sicherzustellen (s. Kapitel 10).

Die Erarbeitung einer BV und die notwendigen Abstimmungen werden von einem Steuerkreis begleitet, in dem die Betriebsleitung und der Betriebsrat in jedem Fall vertreten sein müssen. Aufgabe des Steuerkreises ist es, den Aufbau, die Evaluation und die Qualitätssicherung sowie die

Weiterentwicklung und Aktualisierung des Suchtpräventionsprogramms zu gestalten (s. Kapitel 5).

Kleinst-, Klein- und mittlere Betriebe verfügen meist nicht über genügend Ressourcen, um die Organisation der betrieblichen Suchtprävention und -hilfe mit eigenen Mitteln zu bewerkstelligen. Diese können auf externe Institutionen zurückgreifen, wie beispielsweise auf die Krankenkassen, die Unfallversicherungsträger oder auf die ortsnahen Beratungsstellen.

1.6 Begriffserklärungen zum Text

Die Erläuterungen zentraler Begriffe dienen dem besseren Verständnis der Ausführungen in den folgenden Kapiteln.

Abhängigkeit

Abhängigkeit bezeichnet einen seelischen und körperlichen Zustand, in dem ein nachweisbares Verlangen nach bestimmten Stoffen oder Verhaltensweisen besteht, das nicht mehr ohne weiteres rational zu steuern ist. Es handelt sich nach der Definition der WHO um eine Krankheit.

Ansprechperson für Suchtfragen (AfS)

Als Ansprechperson für Suchtfragen (AfS) wird hier die Funktion bezeichnet, die aus der betrieblichen Suchtkrankenhilfe hervorgegangen ist. Sie wird auch als Suchthelfer, Suchtkrankenhelfer, kollegiale oder soziale Ansprechpartner bezeichnet. Ursprünglich stand die Beratung und Begleitung von Suchtkranken im Vordergrund. Heute sind AfS an der Gestaltung und Umsetzung des gesamten betrieblichen Suchtpräventionsprogramms beteiligt. Die AfS arbeiten auf der Basis einer Beauftragung durch den Arbeitgeber in Abstimmung mit dem Betriebsrat.

Frühintervention

Die Frühintervention umfasst gezielte Gespräche in Verbindung mit ersten Auffälligkeiten, z. B. durch Suchtmittelgebrauch, bevor gesundheitliche oder soziale Schädigungen auftreten.

Gesundheitskompetenz

Gesundheitskompetenz ermöglich es dem Menschen, sich in und mithilfe seines sozialen Umfeldes gesundheitsbewusst zu verhalten und die gesellschaftliche und politische Umwelt (dazu gehört auch seine Arbeitssituation) dahingehend zu beeinflussen, dass er unter gesundheitsförderlichen Bedingungen arbeiten und leben kann.

Illegale Drogen

Illegale Drogen sind alle Substanzen, deren Herstellung, Vertrieb, Handel, Besitz oder Verkauf – nicht jedoch der Konsum – nach dem Betäubungsmittelgesetz (BtMG) untersagt sind. Ihr Besitz ist strafbar, soweit sie nicht über den Weg der ärztlichen Verordnung, sondern auf anderen Wegen beschafft werden.

Konstruktiver Druck

Ziel des konstruktiven Drucks ist es, suchtgefährdete Personen mit den Auffälligkeiten zu konfrontieren, ihnen deutlich zu machen, welche Änderungen im Arbeitsverhalten von ihnen konkret erwartet werden. Einerseits werden die Konsequenzen aufgezeigt, wenn das Fehlverhalten fortgesetzt wird, anderseits werden Hilfen angeboten und Perspektiven aufgezeigt, um vom Suchtmittel und der Abhängigkeit loszukommen und den Arbeitsplatz zu erhalten.

Konsumformen

Der Konsum von Suchtmitteln wird unterschieden nach risikoarmem, riskantem, schädigendem und abhängigem Konsum. Diese Konsumformen ersetzen heute die frühere Einteilung in Normalkonsum, Missbrauch, Abhängigkeit und Sucht. Analog wird auch von riskantem oder abhängigem Verhalten gesprochen. Auf diese Weise lassen sich auch in der betrieblichen Suchtprävention die unterschiedlichen Konsum- oder Verhaltensmuster beschreiben, ohne falsche Zuschreibungen vorzunehmen. Denn »Missbrauch«, »Abhängigkeit« und »Suchtkrankheit« bezeichnen gesundheitliche Störungen, die nur durch medizinische Diagnose festzustellen sind.

Legale Drogen

Legale Drogen sind die Suchtmittel, deren Verkauf und Gebrauch in unserer Gesellschaft erlaubt ist. Am gebräuchlichsten sind Nikotin, Alkohol und Medikamente.

Nichtstoffliche Süchte

Die stoffungebundenen oder nichtstofflichen Süchte werden auch Verhaltenssüchte genannt. Obwohl kein Suchtmittel von außen zugeführt wird, kann ein rauschähnlicher Zustand entstehen, der durch körpereigene Stoffe hervorgerufen wird. Dies wird kontrovers diskutiert, da nicht alle Experten die stoffungebundenen Abhängigkeiten zu den Suchtformen rechnen. Manche glauben, dass dadurch die stoffgebundenen Süchte durch harte Drogen zu sehr verharmlost würden. Allerdings kann durch Verhaltenssüchte nachweislich das Leben von Menschen zerstört werden.

Prävention

Als Prävention werden Strategien bezeichnet, die dazu beitragen, Gesundheitsrisiken vorzubeugen, indem Risikofaktoren vermindert und das Verhalten der Personen sowie ihre Lebens- und Arbeitsverhältnisse so beeinflusst werden, dass die Gesundheit gefördert wird.
Es wird unterschieden zwischen

- **spezifischer Prävention** (Aufklärung zu Suchtmitteln, zum riskanten Konsum, zu suchtbedingten Verhaltensweisen, Suchtgefährdung und -erkrankung, Hilfeangebote);
- **übergreifende Prävention** (gesundheitsförderliche Arbeits- und Lebensbedingungen, Stärkung von Ressourcen, Entwicklung von Gesundheitskompetenz).

Psychotrope Substanzen oder psychoaktive Stoffe

Alle Stoffe, die einen Rausch erzeugen oder die Wahrnehmung verändern können, also die Psyche und das Bewusstsein des Menschen beeinflussen, werden mit diesen Begriffen beschrieben.

Risikoarmer Konsum

Werte für den risikoarmen bis riskanten Konsum liegen bislang nur für einige Suchtmittel vor. Da bereits geringe Konsummengen gesundheitliche Risiken bergen können, spricht man von »risikoarmem« Konsum. Bei alkoholischen Getränken beziehen sich die Werte immer auf den Gehalt des »reinen Alkohols«.

Riskanter Konsum

Der riskante Konsum bezieht sich auf Personen mit einem gesundheitsschädigenden Alkoholkonsum, das heißt Frauen, die täglich mehr als 20 Gramm (WHO); 12 Gramm (DHS) reinen Alkohol, und Männer, die täglich mehr als 30 Gramm (WHO); 24 Gramm (DHS) reinen Alkohol konsumieren. Das Kriterium des riskanten Konsums schließt die Kategorien des schädigenden und abhängigen Konsums mit ein.

Schädigender Konsum

Unter gefährlichem oder schädigendem Konsum wird der fortgesetzte Gebrauch des Suchtmittels verstanden, obwohl schon soziale, berufliche, psychische oder körperliche Probleme sichtbar werden.

Steuerkreis

Der Steuerkreis übernimmt die zentrale Koordination und verantwortliche Steuerungsaufgabe, die für eine erfolgreiche Einführung und nachhaltige Entwicklung eines betrieblichen Suchtpräventionsprogramms unumgänglich ist. Im Steuerkreis sollen die Betriebsparteien und die zentralen Fachfunktionen vertreten sein. Er sollte nicht verwechselt werden mit dem Helferkreis, den es in manchen Betrieben gibt.

Stoffgebundene Suchtmittel

Stoffgebundene Suchtmittel sind alle Stoffe, die in den natürlichen Ablauf des Körpers eingreifen und Stimmungen, Gefühle und Wahrnehmungen beeinflussen. Sie können aus pflanzlichen oder chemischen Grundstoffen gewonnen werden. Der Begriff Suchtmittel wird meist als Bezeichnung für alle legalen und illegalen Stoffe oder Substanzen (z. B. Alkohol, Medikamente, illegale Drogen) benutzt, die eine Abhängigkeit erzeugen können. Seltener schließt er als Oberbegriff darüber hinaus auch die Gegenstände und/oder Tätigkeiten ein, von denen ein Mensch abhängig werden kann.

Sucht

Sucht beschreibt ein unbezwingbares Verlangen nach einem Stoff oder einem Verhalten, das kontinuierlich oder periodisch auftritt und mit einer allmählichen Steigerung der Dosis verbunden ist. Der Begriff Sucht wurde fachlich durch den Begriff der Abhängigkeit ersetzt. Umgangssprachlich werden beide Begriffe verwendet.

Suchtbeauftragte

Unter dem Oberbegriff Suchtbeauftragte werden hier alle Arten hauptamtlich tätiger Suchtberater/-innen erfasst. In der Praxis kann die Aufgabe ebenfalls von der Sozialberatung, Mitarbeiterberatung, Konfliktberatung, Gesundheitsbeauftragten u. a. Einrichtungen im Betrieb mit übernommen werden. Die Tätigkeit erfordert eine Beauftragung, die der Arbeitgeber in Abstimmung mit dem Betriebsrat vornimmt.

Suchterkrankung

Am Beispiel der Alkoholkrankheit (Trunksucht) hat das Bundessozialgericht (BSG) 1968 in einem Grundsatzurteil die Basis für die Definition und die Anerkennung von Suchterkrankungen als eine Krankheit im sozialversicherungsrechtlichen Sinne gelegt. Für eine Suchterkrankung besteht seither das Recht auf Krankenbehandlung und davon abgeleitet auch auf Lohnfortzahlung.

Suchtgefährdung

Als Suchtgefährdung wird das Stadium des riskanten Konsums bezeichnet, in dem die Gefahr besteht, dass sich eine Abhängigkeit entwickelt oder sogar schon besteht. Die Gefahr ist gegeben, wenn die Menge und Häufigkeit des Konsums bzw. das Verhalten trotz auftretender Probleme ungebrochen fortgesetzt wird. In solchen Fällen kann bei Beschäftigten eine Suchtgefährdung angenommen werden. Für betriebliches Handeln muss keine Diagnose (Missbrauch, Abhängigkeit) vorgenommen werden.

Suchtprävention

Der Begriff Suchtprävention ist verknüpft mit den drei Ebenen der Prävention. Er umfasst

- Die Vorbeugung riskanten Suchtmittelkonsums oder Verhaltens, die Verhinderung möglicher Suchtprobleme und die Förderung von Gesundheitskompetenz.
- Frühinterventionen zur Unterbrechung riskanten Konsums und Verhaltens, individuelle Stabilisierung, Maßnahmen zur Minderung gesundheitlicher und sozialer Risiken von Beschäftigten.
- Intervention bei Suchterkrankung, Beratungs- und Hilfeangebote vor, während und nach einer Therapie; richtet sich an suchtgefährdete und suchtkranke Beschäftigte.

Anmerkung zur besseren Lesbarkeit des Textes

Im weiteren Text dieses Buches werden die Funktionsbezeichnungen nur noch in der männlichen Form wiedergegeben, sie schließen aber die weiblichen Beschäftigten grundsätzlich mit ein. Mit Ausnahme der Kapitel 8 und 9 wird im Text auf Fußnoten verzichtet. Die Literatur, auf die zurückgegriffen wurde, wird im Anhang aufgeführt.

2 Suchtmittel und Suchtverhalten am Arbeitsplatz

2.1 Allgemeine Aspekte

Im Alltag kennen wir einige Suchtmittel auch als Genussmittel, die durchaus zum Wohlgefühl und zur Lebensfreude beitragen. Ein Genuss in Maßen ist in der Regel auch nicht schädlich. An Genussmitteln schätzen wir gerade die anregende, entspannende, Konzentration fördernde oder Stimmung verändernde Wirkung.

Kaffee, Tee, Gewürze, Alkohol, Tabak oder andere Drogen und eine Reihe von Medikamenten enthalten so genannte **psychotrope** oder **psychoaktive Substanzen.** Diese Stoffe führen je nach Art und Dosis zu den genannten positiven Wirkungen, aber auch zu Wahrnehmungseinschränkungen, Bewusstseinsveränderungen oder zum Rausch. Psychoaktive Substanzen finden sich auch in Lösemitteln, Klebern und Haushaltsmitteln (so genannte Schnüffelstoffe) oder in bestimmten Pflanzen und Pilzen. Als Suchtmittel werden sie immer dann bezeichnet, wenn sie über solche Wirkungen hinaus zu einer psychischen und/oder körperlichen Abhängigkeit führen können.

Bei **stoffgebundenen Suchtformen** wird dem Körper die Substanz von außen zugeführt, die den Erlebnis-, Bewusstseins- und Gefühlszustand verändert. Der Begriff dient auch der Abgrenzung gegenüber Suchtformen, die ohne den Konsum einer psychotropen Substanz gelebt werden wie z. B. bei Essstörungen, Arbeitssucht oder Spielsucht. Bei den **stoffungebundenen** oder **verhaltensbedingten Süchten** wird eine Veränderung des Bewusstseins, des Erlebens und der Gefühle durch Stoffe hervorgerufen, die im Körper selbst hergestellt werden. Diese Stoffe werden **Endorphine** genannt und geben den Kick bei den Verhaltenssüchten.

Im Umgang mit Suchtmitteln oder suchtgefährdenden Verhaltensweisen setzt die Verantwortung die Grenzen. Jeder sollte über die Wirkungen und Nebenwirkungen von Tabak, Alkohol, Medikamenten oder illegalen Drogen ebenso wie von Glückspielen u.a. informiert sein und diese ernst nehmen.

Bei den leicht zugänglichen Drogen werden die gesundheitlichen Risiken besonders häufig unterschätzt. Das gilt vor allem für Tabak, Alkohol und einige Medikamente, aber auch für den Gebrauch von Cannabis. Sie sind zunächst Teil des Lebens- und Freiheitsgefühls, werden dann zur Gewohnheit und entpuppen sich mit der Zeit vielleicht als »mein kleines Laster«. Spätestens dann sollte es den betroffenen Personen dämmern, dass ihr Konsum, ihr Verhalten riskant geworden ist. Wird der Konsum auch noch fortgeführt, obwohl die Gesundheit angegriffen, die eigene berufliche Zukunft gefährdet wird und das familiäre oder betriebliche Umfeld darunter leidet, dann ist bereits das Stadium der Suchtgefährdung erreicht (s. Kapitel 3).

Riskanter Konsum und Suchtverhalten kommen in allen gesellschaftlichen Schichten und auf allen betrieblichen Ebenen vor. Über riskanten Alkoholkonsum und Rauchen hinaus treten bei Frauen eher Medikamentenprobleme, Essstörungen oder Kaufsucht auf. Bei Männern fällt darüber hinaus der Gebrauch von Schmerzmitteln, von illegalen Drogen, Glücksspiel oder Arbeitssucht ins Gewicht. Jugendliche und Auszubildende gelten als besonders anfällig für Tabakkonsum und für das Ausprobieren illegaler Drogen, insbesondere von Cannabis oder Ecstasy. Dass Alkohol in dieser Altersgruppe eine weitaus größere Rolle spielt, als andere Drogen, wird oft übersehen. Vor allem das Rauschtrinken hat unter Jugendlichen erheblich zugenommen. Deshalb ist es wichtig, dass Informationen über Suchtmittel und Aufklärung über verantwortliches Verhalten auf der einen sowie riskantes Verhalten auf der anderen Seite eine breite Betriebsöffentlichkeit erreichen. Es ist sinnvoll, bestimmte Beschäftigtengruppen auf den unterschiedlichen Suchtmittelkonsum anzusprechen, aber man sollte sie nicht auf bestimmte Suchtmittel und suchtfördernde Verhaltensweisen festlegen.

Im betrieblichen Rahmen ist der Suchtmittelgebrauch immer auch in Verbindung mit der Arbeitssituation insgesamt zu sehen (s. Kapitel 4).

Suchtmittel und Medikamente werden von Beschäftigten nicht selten eingesetzt, um schmerzfrei, fit und konzentriert bei der Arbeit zu sein oder sich nach einem belastenden Arbeitstag entspannen zu können. Als Maßnahme der Gesundheitsförderung und Suchtprävention reichen deshalb Verbote und Kontrollen nicht aus. Es geht auch um Anforderungen, die bewältigt werden können, um eine gesundheitsförderliche Arbeitsgestaltung und ein unterstützendes Arbeitsklima. Menschengerechte Arbeit ist ebenso ein wichtiges Ziel der Suchtprävention wie Punktnüchternheit am Arbeitsplatz.

2.2 Nikotin und Tabak

Das Thema Rauchen erhält in den letzten Jahren eine zunehmende Bedeutung in der betrieblichen Suchtprävention.

Im Vordergrund der betrieblichen Maßnahmen steht meist der in § 5 der ArbStättV vorgeschriebene Nichtraucherschutz, nicht in erster Linie die Suchtprävention. Dass man beides miteinander sinnvoll verknüpfen kann und sollte, hat die IG Metall in ihrer Broschüre »Nichtraucherschutz im Betrieb« aus dem Jahr 2004 deutlich gemacht.

Für den Bereich des Bundes hat der Bundestag am 25.05.2007 ein Nichtraucherschutzgesetz beschlossen. Danach gilt ein Rauchverbot für alle öffentlichen Räume und in den Zügen der Deutschen Bahn.

Daten zum Tabakkonsum

In Deutschland rauchen 25 Prozent aller Erwachsenen regelmäßig, weitere 4 Prozent bezeichnen sich als Gelegenheitsraucher.

Laut Mikrotensus 2009 ist das Rauchen am stärksten im Alter von 21 bis 29 Jahren verbreitet. Das durchschnittliche Einstiegsalter lag 2009 bei 15,5 Jahren. Von den über 15-jährigen gab ein Viertel an, regelmäßig zu rauchen und 22 Prozent gelegentlich.

In den meisten Fällen wird Tabak in Form von Zigaretten geraucht, seltener als Zigarre oder in der Pfeife. Noch seltener wird er als Schnupftabak oder als Kautabak konsumiert. In jüngster Zeit ist unter Jugendlichen zudem die Benutzung der Wasserpfeife (Shisha) populär geworden. 38 % der in der Studie der Bundeszentrale für gesundheitliche Aufklärung (BZgA) befragten Jugendlichen im Alter von 12 bis 17 Jahren haben schon einmal Shisha geraucht.

Gesundheitliche Folgen des Tabakkonsums

Bei den gesundheitlichen Gefährdungen durch den Tabakkonsum sind zwei Wirkungsfelder zu unterscheiden, a) die Wirkungen des Nikotins und b) der im Rauch enthaltenen Schadstoffe.

Nikotinabhängigkeit

Der psychotrope Wirkstoff im Tabak ist das Nikotin, ein starkes Nervengift. Wer mit dem Rauchen anfängt, erlebt häufig noch die Vergiftungserscheinungen, die sich als Schwindelgefühl, Übelkeit, Erbrechen, Speichelfluss, Kopfschmerzen, Herzjagen bis hin zu Bewusstseinsstörungen bemerkbar machen.

Beim gewohnten Tabakkonsum und nicht zu hoher Dosierung hat Nikotin einen stimulierenden Effekt, wirkt anregend, stimmungsaufhellend und appetithemmend. Zugleich hat es eine angst-, stress- und schmerzlindernde Wirkung. Kurzfristig erhöht sich auch die Konzentrations- und Leistungsfähigkeit und das Gefühl der Müdigkeit lässt nach. In höherer Dosierung wirkt es beruhigend und entspannend bei Stress und Nervosität. Dies erklärt auch den Wunsch der Raucher nach wiederholtem Genuss.

»Raucherpausen« gehören noch immer zur Betriebskultur, um sich bei Stresssituationen eine Ruhepause zu gönnen. Für viele Beschäftigte ist der Griff zur Zigarette bei der Arbeit oder in den Arbeitspausen selbstverständlich. Sie unterstützt das Gefühl, Anforderungen besser zu bewältigen und schnelle Entspannung am Arbeitsplatz zu finden. Dies gilt besonders bei langen Arbeitszeiten oder Schichtarbeit und stressbelasteten Tätigkeiten.

<table>
<tr><th colspan="2">Wirkungsbereiche des Tabakrauchens</th></tr>
<tr><th>Nikotin</th><th>Schadstoffe im Tabakrauch</th></tr>
<tr><td>• Hochgiftiges Alkaloid: tödliche Dosis ca. 1 Milligramm pro Kilogramm Körpergewicht. Eine Zigarette enthält rund 12 Milligramm Nikotin.
• Starkes Nervengift mit hohem Suchtpotenzial.</td><td>Außer Nikotin bis zu 12 000 teils hochtoxische Inhaltsstoffe sowie Verbrennungsrückstände u. a.:
Stickoxide, Schwefeldioxid, Kohlenmonoxid, Kohlendioxid, Ammoniak, Formaldehyd, Acetaldehyd, Methanol, Blausäure, polyzyklische aromatische Kohlenwasserstoffe, Blutadin, Benzol, Nitrosamine, Spurenelemente wie Nickel und Cadmium, aromatische Amine</td></tr>
<tr><th>Wirkungen des Nikotins</th><th>Wirkungen der Schadstoffe</th></tr>
<tr><td>• Beim erstmaligen Rauchen: Vergiftungserscheinungen, Schwindelgefühl.
• Bei geringer Dosierung: Angeregtheit, Blutdrucksteigerung, erhöhte Leistungsfähigkeit, Appetitlosigkeit.
• Bei höherer Dosierung: Entspannung, Ermüdung.
• Bei fortdauernder höherer Dosierung: Nikotinabhängigkeit.</td><td>• 40 Inhaltsstoffe nachgewiesen krebserregend.
• Tabakrauch ist ein Krebs erzeugender Gefahrstoff der Kategorie 1 (oberste von fünf Gefährdungsstufen gesundheitsschädlicher Arbeitsstoffe) mit gesicherten Krebs erzeugenden Wirkungen beim Menschen.
• Schädliche Substanzen werden nicht nur inhaliert, sondern verbleiben auch in der Raumluft – Gefahr des Passivrauchens.</td></tr>
<tr><th colspan="2">Durch Tabakkonsum verursachte oder mit verursachte Krankheiten</th></tr>
<tr><td colspan="2">Passivraucher können – in geringerem Ausmaß – die gleichen akuten und chronischen Gesundheitsschäden erleiden wie Raucher:
• Arteriosklerose: Verkalkung der Blutgefäße, Thrombosen, Durchblutungsstörungen »Raucherbein«, Erkrankungen des Herzens wie Angina Pectoris, Herzrhythmusstörungen und Herzinfarkt, Schlaganfall. Das Risiko eines Herzinfarkts ist bei 15 und mehr Zigaretten/Tag 25-mal höher als bei Nichtrauchern.
• Chronische Bronchitis, Verstärkung asthmatischer Probleme und von Lungenkrankheiten.
• Krebserkrankungen im Mund-Rachen-Raum, Lungenkrebs (zu 85 % durch Rauchen verursacht).
• Magengeschwüre.
• Abnahme der Fruchtbarkeit bei Männern und Frauen, Beeinträchtigung der Entwicklung des Kindes in der Schwangerschaft, Gefahr einer Früh- oder Mangelgeburt.
• Vorzeitige Alterung der Haut und Faltenbildung.
• Vorzeitiger Eintritt ins Klimakterium und stärkere Osteoporosegefährdung.
In Deutschland sterben nach Angaben der Bundeszentrale für gesundheitliche Aufklärung (BZgA) täglich etwa 350 Menschen an den durch Rauchen bedingten Krankheiten.</td></tr>
</table>

Abb. 3: Wirkungsbereiche des Tabakrauchens und verursachte Krankheiten

So begleitet die Zigarette viele Beschäftigte bis zur Abhängigkeit. Denn Nikotin verfügt über ein erhebliches Suchtpotenzial und kann nicht nur psychisch, sondern auch körperlich stark abhängig machen. Dies wird erst beim Aufgeben des Rauchens deutlich, wenn Entzugserscheinungen auftreten, wie verminderte Frustrationstoleranz, Aggressivität, Angst, depressive Verstimmungen, Kopfschmerzen, Konzentrationsstörungen, Unruhe, Schlafstörungen und gesteigerter Appetit.

In der aktuellen Fassung des internationalen Diagnoseschlüssels ICD-10 wird die Tabakabhängigkeit den »psychischen Verhaltensstörungen durch psychotrope Substanzen« zugeordnet und erhält damit den Status einer behandlungsbedürftigen Krankheit. Für sie gelten damit die gleichen Kriterien wie für die Abhängigkeit von Alkohol, illegalen Drogen und Medikamenten. 2003 wurden rund 11 % der Raucher in Deutschland nach diesen Diagnosekriterien als nikotinabhängig eingeschätzt, das sind etwa 2,8 Millionen Personen.

Arbeitssicherheit und Tabakkonsum

Seit 2004 gilt nach § 5 a der Arbeitstättenverordnung zum Nichtraucherschutz, dass der Arbeitgeber die erforderlichen Maßnahmen zu treffen hat, damit die nichtrauchenden Beschäftigten in Arbeitsstätten wirksam vor den Gesundheitsgefahren durch Tabakrauch geschützt sind.

Zur Umsetzung des Nichtraucherschutzes werden in der Regel technische und organisatorische Lösungen (Belüftung, Raumtrennung) gewählt und generelle oder partielle Rauchverbote ausgesprochen.

Der Abschluss einer **Betriebsvereinbarung zum Nichtraucherschutz,** flankiert von aufklärenden Maßnahmen über die gesundheitlichen Gefährdungen und Angebote wie Nichtraucherseminare für aktive Raucher ist im Sinne der Suchtprävention zu empfehlen. Der Nichtraucherschutz muss konsequent umgesetzt werden, ohne die noch rauchenden Beschäftigten zu diskriminieren. Dabei sind auch alternative Bewältigungsmöglichkeiten für berufliche Belastungen in Betracht zu ziehen. Aspekte der Arbeitsgestaltung und -organisation sowie des kollegialen Miteinanders sollten unter Beteiligung der Beschäftigten (z. B. in Gesundheitszirkeln) zum Thema gemacht werden, um Stress- und Fehlbelastungen abzubauen.

Auffälligkeiten am Arbeitsplatz und Hilfeangebote

Abhängige Raucher sind am hohen Bedarf an Zigaretten, oftmals auch an den anhaftenden Gerüchen des Tabakrauchs und zum Teil auch an den Raucherbeschwerden (u. a. Raucherhusten) erkennbar. Sie beurteilen ihr Rauchen oft als eine lästige Gewohnheit, weniger als Abhängigkeit. Manche reagieren auf das Ansinnen, mit dem Rauchen aufzuhören, eher trotzig (»Ich rauche gern«) oder möchten die Geselligkeit der rauchenden Kollegen nicht missen.

Bei einem Verbot des Rauchens am Arbeitsplatz müssen abhängige Beschäftigte häufige »Raucherpausen« einlegen, um den Nikotinpegel zu halten und nicht mit Entzugserscheinungen zu reagieren. Das kann Störungen im Arbeitsablauf verursachen und Konflikte auslösen bzw. verstärken.

Mit dem Rauchen aufhören

»Nur ein Verbot auszusprechen nützt der Firmenleitung nicht viel, wenn sie nicht gleichzeitig sagen kann: Ich helfe dir auch, vom Rauchen loszukommen.« – Ein Gedanke, den auch Joachim Dessaules teilt. Der Betriebsratsvorsitzende der BMW-Niederlassung Hamburg verpaffte bis vor eineinhalb Jahren rund 50 Zigaretten am Tag. Als »Versuchskaninchen« testete er ein »Easyway«-Seminar und ist seitdem rauchfrei. Dann überzeugte er die Betriebskrankenkasse und die Niederlassungsleitung davon, innerbetrieblich für die Seminare zu werben und sich an den Kosten zu beteiligen. Seitdem werden 200 Euro der 299 Euro teuren Seminare von der Kasse und der Firma übernommen. Mehr als 50 % der Teilnehmer bleiben nach Angaben der Seminarleiter langfristig rauchfrei. Ein Vorteil der Teilnahme im Kollegenkreis sei auch die spätere »positive Kontrolle«, sagt Betriebsrat Dessaules: »Die Motivation, nicht wieder anzufangen, ist höher, wenn die Kollegen das mitverfolgen.« Bei BMW durchliefen inzwischen rund 30 Mitarbeiter das Programm.

Gleichzeitig war das die Initialzündung für den Start weiterer Projekte wie Rückenschulungen und Diabetes-Programme. »Das ist unsere innerbetriebliche Gesundheitsreform«, sagt Dessaules schmunzelnd.
(Aus: Welt am Sonntag, 12.09.2004)

Für abhängige Raucher gibt es verschiedene Entwöhnungsangebote, die psychische wie auch physische Aspekte einbeziehen und bei denen man sein eigenes Konsumverhalten besser kennen lernt, um dann den Ausstieg oder die Reduzierung gezielt vorzubereiten. In schweren Fällen kann eine Nikotinentgiftung unter ärztlicher Begleitung angezeigt sein. Die bei Abhängigkeit typischen Rückfälle in das alte Verhaltensmuster, der erneute Griff zur Zigarette, sollte nur als vorübergehender Schritt zum völligen Rauchstopp betrachtet werden. Selbst eine Senkung der Anzahl täglich gerauchter Zigaretten ist schon ein Erfolg.

Betriebliche Raucherentwöhnungskurse sollten die erforderlichen Qualitätsstandards der gesetzlichen Krankenkassen vorweisen, von denen bei regelmäßiger Beteiligung ein Teil der Kosten zurückerstattet wird.

2.3 Alkohol

Alkohol ist die umgangssprachliche Bezeichnung von Ethanol (C_2H_5OH) und besteht aus einer farblosen, leicht entzündlichen, stechend riechenden Flüssigkeit. Die Hauptmenge des produzierten Ethanols wird in Form von alkoholischen Getränken für Genusszwecke verbraucht. Es dient weiterhin als Lösungsmittel für Konsumprodukte u. a. im Haushalt (Parfüm, Deodorant), für medizinische Anwendungen (Medikamente, Desinfektionsmittel) sowie in der Industrie selbst (s. Kapitel 2.6.1) und allgemein als Brennstoff. Für die industrielle Verwendung wird es durch Zusätze ungenießbar gemacht.

In Form von Wein und Bier gilt Alkohol als ein Kulturgut, das die Entwicklung der Menschen über Jahrtausende begleitet. Alkohol wurde traditionell bei Festen und Riten auch wegen seiner Rauschwirkung eingesetzt. Zur Förderung der Geselligkeit ist der Alkohol auch heute bei festlichen Anlässen und Feiern eine wichtige Zutat.

Alkoholische Getränke wurden im Arbeitsleben seit Jahrhunderten sowohl zur Belohnung als auch als Arbeitstrunk und Lebensmittel eingesetzt. Lange Zeit wurde dem Alkohol eine Leistung steigernde Wirkung nachgesagt. Erst mit Fortschreiten der Industrialisierung und Mechanisierung einerseits und des medizinischen Wissens andererseits gerieten auch die nachteiligen und gesundheitsschädigenden Wirkungen des Alkohols, insbesondere des Branntweins, Ende des 19. Jahrhunderts stärker in den Blick. Regelungen wie die Unfallverhütungsvorschriften und erste betriebliche Alkoholverbote wurden eingeführt. Die Gewerkschaften warben zu Beginn des 20. Jahrhunderts für den »nüchternen Arbeiter« als Vertreter der Arbeiterklasse.

In Deutschland hat es niemals weit reichende Alkoholverbote gegeben. Nur das Jugendschutzgesetz schreibt in § 9 vor, dass in Gaststätten, Verkaufsstellen oder sonst in der Öffentlichkeit an Kinder und Jugendliche unter 16 Jahren keine alkoholischen Getränke, bis zum 18. Lebensjahr kein Branntwein oder branntweinhaltige Getränke abgegeben werden dürfen.

Warnhinweise auf die gesundheitsschädliche Wirkung des Alkohols, wie auf den von Tabakwaren, sind bei alkoholischen Getränken auf europäischer Ebene im Gespräch, aber gegenwärtig noch nicht vorgesehen. Nach dem deutschen Lebensmittelgesetz ist jedoch ein Alkoholgehalt von mehr als 0,5 % Vol. in Lebensmitteln kennzeichnungspflichtig. »Alkoholfreie Getränke«, auch »alkoholfreies« Bier, Malzbier, »alkoholfreier« Wein und Sekt können ohne Kennzeichnung bis zu 5 Gramm Alkohol pro Liter enthalten.

Daten zum Alkoholkonsum

Deutschland steht in der Rangfolge europäischer Länder beim Pro-Kopf-Konsum von reinem Alkohol im Jahr 2009 auf Platz fünf mit 9,7 Liter pro Jahr. Bei den 15- bis 70-Jährigen liegt der Pro-Kopf-Konsum bei etwa 13 bis 14 Liter reinen Alkohols im Jahr. Laut BZgA (2011) trinken 22 % der 12-

bis 17-Jährigen regelmäßig einmal in der Woche Alkohol. In der Altersgruppe der 18–25-Jährigen sind es 34,5 %. Im Vergleich zu den Vorjahren ist der regelmäßige Konsum rückläufig. Jungen im Alter von 16–17 Jahren konsumieren 86,8 g reinen Alkohol pro Woche und Mädchen im gleichen Alter 32,5 g. In der Altersgruppe der 18–21-Jährigen konsumieren Männer 111 g reinen Aliohol pro Woche; Frauen 40,5 g.

Auf Alkohol bezogene Konsummuster in der deutschen Bevölkerung von 18 bis 64 Jahren vgl. »Gesundheit in Deutschland aktuell 2009« (RKI 2010)

Konsummuster	Konsummenge pro Tag (Angabe reiner Alkohol)	Anteil der Bevölkerung (in %) 18–64 Jahre
Lebenslang abstinent		2,9 %
Risikoarm	Männer: 0–24 g Frauen: 0–12 g	74,4 %
Riskant	Männer: 24–60 g Frauen: 12–40 g	16,5 %
Gefährlich (Missbrauch nach DSM-IV)	Männer: 60–120 g Frauen: 40–80 g	3,8 %
Hochkonsum (Abhängigkeit nach DMS-IV)	Männer: 120 g Frauen: 80 g	2,4 %

Anteil des Risikokonsums in den gesellschaftlichen Bildungsgruppen »Gesundheit in Deutschland aktuell 2009« (RKI 2010)

	Risikokonsum Frauen [%]			Risikokonsum Männer [%]		
	18–29 Jahre	30–44 Jahre	45–64 Jahre	18–29 Jahre	30–44 Jahre	45–64 Jahre
Untere Bildungsgruppe	28,6	16,7	17,8	45,3	25,6	26,6
Mittlere Bildungsgruppe	30,9	18,9	21,8	44,7	34,2	32,9
Obere Bildungsgruppe	29,7	22,8	26,6	43,8	30,8	33,7

Abb. 4: Konsummuster in der deutschen Bevölkerung

Empfehlung für einen risikoarmen Konsum

Die Bundeszentrale für gesundheitliche Aufklärung (BZgA) gibt in ihrer Broschüre »Alkohol – Verantwortung setzt die Grenze« folgende Empfehlung für gesunde Menschen:

Für Frauen:
Trinken Sie täglich nicht mehr als ein kleines Glas Alkohol. Dieses entspricht dem Wert von etwa 12 Gramm reinen Alkohol pro Tag.

Für Männer:
Trinken Sie täglich nicht mehr als zwei kleine Gläser Alkohol. Dieses entspricht dem Wert von etwa 24 Gramm reinem Alkohol pro Tag.

Die DHS ergänzt diese Trinkempfehlung mit dem Hinweis:
Täglich heißt nicht jeden Tag der Woche – wenigstens zwei Tage der Woche sollten alkoholfreie Tage sein! Bei besonderen Anlässen kann es schon mal zu einer Überschreitung der täglichen Grenzwerte kommen. In dieser Ausnahmesituation gelten für Frauen maximal 5 kleine Gläser pro Trinkgelegenheit und für Männer maximal 8 kleine Gläser an einem Tag.

Für die unterschiedlichen Grenzwerte für Männer und Frauen sind biologische Faktoren verantwortlich. Bei gleichem Körpergewicht und gleicher getrunkener Menge Alkohol ist der Alkoholgehalt im Körper der Frau um etwa 20 % erhöht im Vergleich zu dem des Mannes. Ursachen hierfür sind Unterschiede im Wasserhaushalt und im Abbauprozess des Alkohols in der Leber.

Leistungseinbußen auch bei Führungskräften
In einer methodisch aufwendigen Studie wurde bei 48 Führungskräften eine Beeinträchtigung von Managementleistungen durch Alkoholkonsum nachgewiesen. Schon bei einer Blutalkoholkonzentration von 0,5 Promille zeigten sich deutliche Störungen bei komplexen Arbeitsaufgaben wie Planung und Strategieentwicklung sowohl unter Normalbedingungen als auch unter »Notfall«-Bedingungen. Besondere Anstrengungen erlaubten bei diesem Grad an Alkoholisierung offenbar noch eine gewisse Kompensation bei der Bewältigung von Routineaufgaben. Bei 1,0 Promille zeigten sich aber auch hier deutliche Leistungseinbußen.
(Quelle: Rummel/Rainer/Fuchs 2004)

Gesundheitliche Folgen des Alkoholkonsums

Alkohol als ständig verfügbares Getränk lässt manchmal vergessen, dass es sich dabei um eine Droge handelt, die abhängig machen kann. Das Institut für Therapieforschung in München geht aufgrund einer qualifizierten Schätzung von zurzeit etwa 1,3 Millionen Alkoholkranken (DHS 2011) im Land aus (s. Kapitel 3).

Der riskante Alkoholkonsum ist bei Männern häufiger als bei Frauen. Die gesundheitlichen Folgen des riskanten bis abhängigen Konsums von Alkohol sind gravierend. Analysen gehen von jährlich 73714 Personen aus, die an den direkten und indirekten Folgen des Alkoholkonsums sterben. Bei allen Todesfällen im Alter von 35–64 Jahren machen sie bei Männer 25 % und bei Frauen 13 % aus.

Hinweise auf die gesundheitsförderlichen Wirkungen des Alkohols findet man immer wieder, auf die Gefährdungen wird dagegen seltener aufmerksam gemacht.

Da der Alkohol durch das Blut über den ganzen Körper verteilt wird, kommt es bei regelmäßig erhöhtem Konsum im gesamten Organismus zu Schädigungen sowie zur Schwächung des Immunsystems und einem erhöhten Krebsrisiko, wie die folgende Aufstellung zeigt:

Alkoholkrankheit

Seit 1968 ist die Alkoholabhängigkeit als Krankheit im sozialrechtlichen Sinne in der Bundesrepublik anerkannt. Entscheidend für die Feststellung ist

- der Kontrollverlust (die betroffene Person kann die Menge des getrunkenen Alkohols nicht mehr kontrollieren) und/oder
- der Abstinenzverlust (die Person kann nicht ohne Alkohol auskommen, da sonst Entzugserscheinungen auftreten).

Krankheiten infolge riskanten und chronischen Alkoholkonsums*

- Schleimhautreizungen und -entzündungen im Bereich des Magens und des Dünndarms.
- Entzündungen der Bauchspeicheldrüse (3-faches Krebsrisiko bei mehr als 1/2 Liter Bier).

- Leberschäden: Alkoholfettleber, -hepatitis, Leberzirrhose (6-faches Risiko bei 40 bis 60 Gramm reinen Alkohols).
- Störungen des Herz-Kreislauf-Systems: Herzmuskelerkrankungen, Bluthochdruck.
- Krebs, insbesondere im Bereich des Mund- und Rachenraums, der Speiseröhre und der Verdauungsorgane (13-faches Risiko bei 75 bis 100 Gramm reinen Alkohols).
- Störungen im Bereich des Muskel- und Skelettsystems: u. a. Osteoporose, Muskelschwund.
- Einschränkung der Lungenfunktion.
- Störungen des Nervensystems (Polyneuropathien): Nervenentzündungen, Schmerzen, Taubheitsgefühl, Störungen des Steh- und Gehvermögens.
- Schädigung des ungeborenen Kindes in der Schwangerschaft, Alkohol-Embriopathie.
- Beeinträchtigung der männlichen Potenz, der Spermienproduktion (ab 40 Gramm reinen Alkohols).
- Neurologische und psychiatrische Störungen, Halluzinationen.
- Gedächtnisstörungen (schon ab 1 bis 2 Gläser Bier/Wein), Hirnschädigungen: Schrumpfung.

*) Mengenangaben im Text beziehen sich auf die tägliche Menge des Getränks/reinen Alkohols.

Arbeitssicherheit und Alkoholkonsum

Alkohol stellt ein erhebliches Risiko für die Arbeitssicherheit dar. Seine einschränkende Wirkung wird meist unterschätzt, weil sich im Gegenteil jeder unter Einfluss von Alkohol in seiner Leistungs- und Reaktionsfähigkeit überschätzt. Schon unter dem Einfluss geringer Mengen Alkohols sind Beschäftigte weder in der Lage konzentriert noch sicher zu arbeiten. Auf dem Weg von und zur Arbeit sinkt zudem das Risiko, ein Fahrzeug sicher zu führen.

Wirkungen des Alkohols abhängig vom Grad der Alkoholisierung

- ab 0,2 Promille Verlängerung der Reaktionszeit, Nachlassen von Aufmerksamkeit, Konzentration, Kritik- und Urteilsfähigkeit, Anstieg der Risikobereitschaft, riskantes Verhalten,

	Verschlechterung der Wahrnehmungsfähigkeit für bewegliche Lichtquellen
• ab 0,5 Promille	leicht angetrunken, beginnende Enthemmung, Anstieg der Reizbarkeit, Sehleistung um 15 % vermindert, Hell-/Dunkel-Anpassung verlangsamt, Hörvermögen herabgesetzt, Fehleinschätzung von Geschwindigkeiten
• ab 0,7 Promille	Gleichgewichtsstörungen treten auf, Nachlassen der Nachtsehfähigkeit, Reaktionszeit wird länger
• ab 0,8 Promille	ausgeprägte Konzentrationsschwäche, Enthemmung nimmt zu, Euphorie setzt ein, Selbstüberschätzung, Rückgang der Sehfähigkeit um ca. 25 %, Blickfeldverengung setzt ein (Tunnelblick), Reaktionszeit um 35 % bis 50 % verlängert
• ab 1,1 Promille	Trunkenheit, Beginn der absoluten Fahruntüchtigkeit, massive Aufmerksamkeits- und Konzentrationseinbußen, maßlose Selbstüberschätzung, gesteigerte Enthemmung, Verlust der Kritikfähigkeit, Reaktionsvermögen erheblich gestört, starke Gleichgewichtsstörungen, Sprechstörungen, Verwirrtheit, Orientierungsverlust
• ab 2,4 Promille	Volltrunkenheit, ausgeprägte Gleichgewichts- und Koordinationsstörungen, Gedächtnislücken setzen ein, Bewusstseinsstörungen, Reaktionsvermögen kaum noch vorhanden
• ab 3,0 Promille	Stadium der Volltrunkenheit, schwere Alkoholvergiftung, Tiefe Bewusstlosigkeit, Gedächtnisverlust (»Filmriss«)
• ab 4,0 Promille	Lähmungen, unkontrollierte Ausscheidungen und Atemstillstand

Quelle: Hauptverband der gewerblichen Berufsgenossenschaften und Deutscher Verkehrssicherheitsrat

Die Unfallverhütungsvorschriften nehmen sowohl den Unternehmer (BGV A 1 § 7) als auch den Arbeitnehmer in die Pflicht (BGV A 1 § 15), dafür zu sorgen, dass Beschäftigte weder sich noch andere durch Alkohol gefährden. Für den Fall der akuten Alkoholisierung ist deshalb ein Eingreifen des Vorgesetzten Pflicht. Unterstützung bietet ein dafür abgestimmtes Interventionsverfahren (s. Kapitel 5).

Alkoholabbau und Restalkohol

Auch wenn der Alkoholkonsum in der Freizeit stattgefunden hat, ist die Beeinträchtigung durch Restalkohol häufig noch bis in die Arbeitszeit hinein wirksam.

Achtung Restalkohol

Restalkohol ist die umgangssprachliche Bezeichnung für den Blutalkoholgehalt, der nach Alkoholkonsum und meist verkürzter Schlafperiode am nächsten Morgen noch vorhanden ist. Während die subjektiven Empfindungen des Alkoholrauschs nicht mehr wahrgenommen werden, bleibt die objektiv messbare Blutalkoholkonzentration entsprechend der konsumierten Alkoholmenge noch längere Zeit bestehen. Dadurch kann die Fahrtüchtigkeit eingeschränkt und die Arbeitssicherheit gefährdet sein.

Der Abbau des Alkohols findet bei etwa 90 % bis 95,5 % über die Leber statt, der Rest wird über Schweiß, Atemluft und Urin ausgeschieden. Eine wirklich verlässliche Rechnung, bei der vorhergesagt werden kann, wie viel Alkoholkonsum welchen Blutalkoholspiegel ergibt und nach wie vielen Stunden dann wieder die Null-Promille-Grenze erreicht ist, besteht nicht! Es existieren nur Richtwerte, bei denen berücksichtigt werden muss, dass das Geschlecht, die momentane Gesundheit, die seelische Verfassung und das Körpergewicht eine Rolle spielen.

Stündlich werden zwischen 80 mg und 150 mg Alkohol in der Leber abgebaut, das entspricht etwa 0,08 bis 0,15 Promille. Wer sich also um Mitternacht mit einem Blutalkoholwert von 1,2 Promille ins Bett legt, muss damit rechnen, bei Arbeitsbeginn noch Restalkohol im Körper zu haben. Eine Beschleunigung des Abbaus durch Trinken von Kaffee oder größerer Mengen Wasser ist entgegen der weit verbreiteten Meinung nicht möglich.

Auffälligkeiten am Arbeitsplatz und Hilfeangebote

Für das betriebliche Handeln ist die **Diagnose** der Alkoholabhängigkeit oder anderer alkoholbedingter Erkrankungen nicht ausschlaggebend.

Hier gilt es vielmehr, die konkreten Auffälligkeiten anzusprechen, die am Arbeitsplatz sichtbar werden und konsequent zu intervenieren.

Mögliche Auffälligkeiten in der Arbeitsleistung und in der Arbeitshaltung:

- Fehltage, die oft als Kurzerkrankungen ohne ärztlichen Nachweis meistens durch Dritte entschuldigt werden.
- Unentschuldigtes Fehlen, das nachträglich mit einem Urlaubstag abgegolten werden soll.
- Fehlerhafte Arbeitsergebnisse und Arbeitsrückstände.
- Termine werden versäumt, Unzuverlässigkeiten häufen sich.
- Fahrig, unkonzentriert, nervös – vor allem vor Arbeitspausen und gegen Arbeitsende.
- Entfernen vom Arbeitsplatz während der Arbeit; »oft irgendwie unterwegs«.
- Vorgezogenes Arbeitsende oder auch Anhäufung von nicht vereinbarten Überstunden.
- Überziehen der Pausen und unregelmäßiger Arbeitsbeginn.

Mögliche Auffälligkeiten im Sozialverhalten

- Aggressivität tritt einerseits ohne nachvollziehbaren Anlass auf, andererseits dann, wenn Kritik geäußert wird.
- Person kann immer weniger zwischen sachbezogener und persönlicher Kritik unterscheiden.
- Fehler werden geleugnet, Schuld sind auf jeden Fall die anderen Personen oder die widrigen Umstände.
- Wenige Kontaktpersonen werden gesucht, um Trost, Mitleid und Verständnis zu bekommen.
- Mit der Zeit immer stärkerer Rückzug.

Mögliche Auffälligkeiten im äußeren Erscheinungsbild

- Ungepflegtes Erscheinungsbild, z.B. nachlässige Kleidung, mangelnde Körperpflege oder im Gegenteil: übermäßig geschminkt und betont auf das äußere Erscheinungsbild achtend.
- Aufgedunsenes Gesicht, gerötete Gesichtsfarbe.
- Glasige Augen.
- Gleichgewichtsstörungen beim Gehen oder auch überkontrolliertes Gehen
- Verlangsamte, verwässerte Sprache.
- Häufige Schweißausbrüche und ständiges Lüften.

- Übermäßige Müdigkeit.
- Alkoholfahne, die evtl. bereits am Morgen vorhanden ist.
- Alkoholfahne, die mit reichlich Rasierwasser oder Raumdüften oder Mundsprays oder Bonbons/Kaugummis übertüncht und damit kaschiert wird.
- Zittern der Hände.

Im Betrieb sollte ein Suchtpräventionsprogramm auf der Grundlage einer Betriebsvereinbarung abgeschlossen werden, das Hilfen bei Alkoholproblemen vorsieht. Wichtig ist vor allem

- Eine frühzeitige Intervention bei ersten Auffälligkeiten.
- Ein abgestimmtes und konsequentes Vorgehen nach dem Stufenplan.
- Ein gezieltes Beratungs- und Hilfeangebot.
- Die Begleitung der Wiedereingliederung nach stationärer Therapie.

Außerhalb des Betriebes gibt es in jeder Region anerkannte Stellen für Suchtberatung, denen auch Selbsthilfegruppen angeschlossen sind (s. Kapitel 5).

2.4 Medikamente

Dem Thema Medikamente am Arbeitsplatz sollte weit mehr Aufmerksamkeit geschenkt werden, als es bislang üblich ist. Zum einen lassen die Konsumzahlen darauf schließen, dass erhebliche Beschäftigtengruppen betroffen sind, zum anderen weisen die im Jahr 2004 geänderten Unfallverhütungsvorschriften, die BGV A 1 »Grundsätze der Prävention«, ausdrücklich auf Risiken der Arbeitssicherheit durch die Einnahme von Medikamenten hin.

Bei allen im Folgenden aufgeführten Gefährdungen durch Medikamente dürfen natürlich die positiven Wirkungen von Arzneimitteln nicht unerwähnt bleiben. In den meisten Fällen helfen sie erkrankten Menschen, wieder gesund zu werden oder – im Fall chronischer Erkrankungen – am Alltagsleben teilzunehmen. Viele psychisch Kranke hätten keine Chance, weiter ihrer Arbeit nachzugehen, wenn Psychopharmaka ihnen diese Teilhabe nicht ermöglichen würden. Schmerzpatienten profitieren von guten und stark wirksamen Analgetika. Der kritische Blick auf den Medikamentengebrauch am Arbeitsplatz erfolgt erstens vor dem Hintergrund der Einnahme bestimmter Stoffe mit Auswirkungen auf die Arbeitssicherheit und die Arbeitsfähigkeit und zweitens im Hinblick auf die Suchtprävention und die Suchthilfe bei Abhängigkeitsproblemen von Beschäftigten.

Daten zum Medikamentenkonsum

Laut Jahrbuch »Sucht 2011« liegt der Pro-Kopf-Umsatz für Medikamente in Deutschland bei 515 Euro pro Jahr. Davon entfielen 463 Euro auf verordnete Mittel und 52 Euro auf Selbstmedikation. Am häufigsten werden Schmerzmittel eingenommen von 69,1% Frauen und 54,3% Männern. Kaum Geschlechtsunterschiede gibt es bei denjenigen, die täglich Schmerzmittel einnehmen (Epidemiologischer Suchtsurvey 2009). Mittel gegen die Depression gehören heute zu der am stärksten wachsenden Gruppe in der Arzneimittelversorgung.

Arzneimittelstatistiken ergeben, dass bei Frauen in fast allen Altersklassen mehr Medikamente verordnet werden als bei Männern. Eine bundesweite Erhebung kommt 2003 zu dem Ergebnis, dass bei 4,3 % der Befragten ein problematischer Medikamentengebrauch vorliegt. Dieser findet sich deutlich häufiger bei Frauen als bei Männern (5,5 % vs. 3,2 %) und bei älteren häufiger als bei jüngeren Befragten. In der erwachsenen Bevölkerung entwickelt etwa jeder Zwanzigste, der aktuell psychoaktive Medikamente einnimmt, eine medikamentenbedingte Störung. Bei den 50- bis 59-Jährigen liegt bei fast jedem neunten Befragten eine problematische Medikamenteneinnahme vor. Der Umfang der medikamentenbedingten Störungen bzw. der Medikamentenabhängigkeit in der Allgemeinbevölkerung schwankt zwischen 1,4 Mio. und 1,5 Mio. Personen und rangiert vor der Alkoholabhängigkeit (1,3 Mio.) (DHS 2011).

Medikamente mit Abhängigkeitspotenzial

Hinter einer Medikamentenabhängigkeit steht häufig der Wunsch, im Alltag zu funktionieren und leistungsfähig zu sein. Von Medikamentenabhängigkeit Betroffene sind eher angepasst, sozial integriert und nicht selten ausgesprochen leistungsorientiert. Medikamentenabhängigkeit ist unauffällig, sie wird selbst von der unmittelbaren sozialen Umgebung über längere Zeiträume hinweg nicht wahrgenommen. Auffällige exzessive Verhaltensweisen, wie etwa beim Konsum von Drogen, gibt es nicht. Medikamentenabhängige selbst begreifen sich häufig nicht als abhängig, da sich die Tabletteneinnahme schließlich über empfundene Krankheitssymptome legitimieren lässt.

Unter den häufig verordneten Medikamenten befinden sich 4 % bis 5 %, die ein Suchtpotenzial besitzen. Es sind vorwiegend benzodiazepinhaltige Schlaf- und Beruhigungsmittel, gefolgt von Schmerzmitteln, die auf das zentrale Nervensystem wirken, kodein- bzw. koffeinhaltige Medikamente und Psychostimulantien. Ein geschätzter Anteil (30–50 %) dieser Mittel wird nicht aufgrund medizinischer Notwendigkeit genommen, sondern zur Suchterhaltung und Vermeidung von Entzugserscheinungen (DHS 2011).

Man unterscheidet bei Medikamenten

- Eine **Hochdosisabhängigkeit**, die gekennzeichnet ist durch eine extreme Dosissteigerung bzw. eine hohe Dosis, allmähliche Persönlichkeitsveränderung und schwere Entzugssymptome beim Absetzen.
- Eine **Niedrigdosisabhängigkeit**, die gekennzeichnet ist durch einen langen Zeitraum mit einer täglichen Einnahme einer geringen, aber wirksamen Dosis. Beim abrupten Absetzen treten auch hier Entzugssymptome auf.

Beispiele von Medikamentengruppen mit für den Arbeitsplatz relevanten Risiken werden hier exemplarisch genannt:

Tranquilizer und Hypnotika (Beruhigungs- und Schlafmittel)
Benzodiazepinhaltige und rezeptpflichtige Medikamente zur kurzfristigen Behandlung von Spannungs-, Erregungs- und Angstzuständen. Nicht zum Behandlungsspektrum gehören eigentlich Nervosität, Überbelastung und Erschöpfung, werden aber nicht selten als Grund für die Einnahme genannt. Bei längerer Einnahme besteht die Gefahr einer Gewöhnung an die Substanz, Dosissteigerung und Entwicklung einer Abhängigkeit.
Risiken:

- Verminderte Konzentrationsfähigkeit.
- Beeinträchtigte Muskelfunktion, Koordinationsfähigkeit herabgesetzt.
- Reaktions- und Leistungsvermögen kann negativ beeinflusst werden.
- Schwindel, Müdigkeit, Schlafstörungen, Unruhe.
- Lange Verweildauer im Blut (Halbwertzeit) möglich, wirken noch am nächsten Tag.

Analgetika (Schmerzmittel)
a) ***Opiate und Opioide*** sind sehr stark wirkende Schmerz- und Betäubungsmittel, z. B. bei Krebserkrankungen oder chronischen Schmerzen, die anders nicht mehr wirksam behandelbar sind. Das bekannteste Mittel bei den *Opiaten* ist das Morphium. *Opioide* sind synthetisch oder teilsynthetisch hergestellte Substanzen. Opiate und Opioide unterstehen dem Betäubungsmittelgesetz (BtMG). *Kodein*, das sowohl in Schmerzmitteln wie auch in Hustenmitteln vorkommt, unterliegt nur eingeschränkt dem BtMG.
b) ***Einfache Schmerzmittel*** sind über 80 % ohne Rezept erhältlich. Bei bestimmungsgemäßer Anwendung, nur 1- bis 3-mal monatlich mit höchstens 4 bis 10 Tabletten, besteht kein Missbrauchs- oder Abhängigkeitsrisiko.
c) ***Kombinationspräparate*** (18 % aller verkauften Einheiten) sind Schmerzmittel, die neben dem gezielt schmerzstillenden Wirkstoff wie *Acetylsalicylsäure* oder *Paracetamol* zusätzlich *Kodein* als dämpfenden bzw. *Koffein* als aufputschenden Wirkstoff enthalten. Diese bergen die Gefahr des missbräuchlichen Einsatzes.
Risiken:

- Unruhe, Reizbarkeit, Blutdruckabfall bis hin zu starken Kreislaufproblemen.
- Manchmal hypnotische und euphorisierende Symptome.
- Psychomotorische Leistungsfähigkeit ist stark beeinträchtigt.

Antidepressiva und Neuroleptika (Mittel gegen Depression und Psychosen)
Bei *Antidepressiva und Neuroleptika* wirken psychoaktive Substanzen auf das zentrale Nervensystem und können erhebliche Nebenwirkungen auslösen. Ihnen wird kein Suchtpotenzial zugesprochen. Bei 30% bis 50% der Patienten/ Patientinnen treten nach längerer Einnahme (6 bis 8 Monate) schwer wiegende Absetzsymptome auf, die ein Ausschleichen durch kontinuierliches Herabsetzen der Dosis erfordern.
a) ***Antidepressiva*** (konventionelle Mittel gegen Depressionen) werden bei depressiven Beschwerden wie Niedergeschlagenheit, Hoffnungslosigkeit, negativem Selbstwertgefühl, Antriebsmangel, ängstlicher Erregung und einem Gefühl der Leere verschrieben. Sie haben eine die Stimmung aufhellende Wirkung (»Sonnenbrille für die Seele«) und je nach Zusammensetzung zusätzlich beruhigende, dämpfende oder auch aktivierende Wirkung.
Risiken:
- Beeinträchtigung des Reaktionsvermögens evtl. auch bei sachgemäßer Anwendung.
- Antriebssteigerung, z. B. Selbstüberschätzung.
- Zentralnervöse Begleiterscheinungen wie Schwindel.
- Krampfschwelle erniedrigt.

b) ***Neuroleptika*** (Arzneien bei psychotischen Erkrankungen) werden bei psychotischen Störungen wie Wahnerlebnissen, Halluzinationen und bei Schizophrenie eingesetzt. Sie dämpfen Erregungs- und Verwirrtheitszustände. Unter der Einnahme wirken Personen oft wie »in Watte gepackt«. Nebenwirkungen, vor allem bei langfristiger Einnahme sind »Spätdyskinesien«, Störungen der Bewegungsabläufe wie Zittern, Wippen.
Risiken:
- Dämpfung.
- Antriebsminderung.
- Störungen der Psychomotorik und Koordination.

Psychostimulantien (Aufputschmittel)
a) ***Ephedrin- oder amphetaminhaltige Medikamente*** zur Überwindung von Müdigkeit und zum Aufputschen. Sie helfen Erschöpfungszustände zu überspielen und steigern gleichzeitig die Konzentration und Leistungsfähigkeit. Sie werden auch als »Weckamine« bezeichnet. Sie hemmen das Hungergefühl und werden auch als Appetitzügler oder Schlankheitsmittel eingesetzt. Psy-

chostimulantien wirken sich auf das Herz-Kreislauf-System aus und sind rezeptpflichtig. Bei Dauergebrauch führen sie zu Abhängigkeit.

Risiken:

- Bluthochdruck, Herzrasen.
- Schweißausbrüche, Übelkeit.
- Aggressivität.
- Selbstüberschätzung.

b) ***Ritalin*** (Methylphenidat: Mittel gegen ADHS) wird bei Aufmerksamkeitsdefizit-Störung (ADHS) und Hyperaktivität überwiegend bei Kindern und Jugendlichen verschrieben und unterliegt nach Anlage 3 des BtMG einer gesonderten Verschreibungspflicht. Bei vorschriftsmäßiger Einnahme besteht keine Abhängigkeitsgefahr. Es senkt das Risiko der Alkohol-, Drogen- und Tabakabhängigkeit der ADHS-Patienten. Ritalin wird teilweise missbraucht, um die Konzentrationsfähigkeit und Lernleistung zu steigern. In Deutschland ist der Absatz innerhalb von fünf Jahren um mehr als das Vierzigfache angestiegen. In Schleswig-Holstein, wo sich die Zahl der Verschreibungen an Kinder innerhalb von zwei Jahren verdoppelt hat, prüft die AOK eventuelle Fehldiagnosen.

Risiken:

- Appetitstörungen.
- Nervosität, Übererregtheit.
- Müdigkeit
- Psychotische Zustände, Halluzinationen.

Weitere Medikamente mit möglichen sicherheitsrelevanten Nebenwirkungen sind:

- Antiepileptika.
- Schmerzmittel (Analgetika).
- Blutdrucksenkende Mittel.
- Antihistaminika (Mittel zur Behandlung von Allergien).
- Blutzuckersenkende Mittel/Insulin.
- Anticholinergika (Medikamente, die den Puls beschleunigen).
- Atropinhaltige Augentropfen (Tropfen, die die Pupillen weit stellen).

(Vgl. Dr. Michael Peschke, Vortrag zum Thema »Medikamente unter den Aspekten der Arbeitssicherheit«)

Arbeitssicherheit und Medikamenteneinnahme

Im Betrieb ist die Aufmerksamkeit vor allem auf jene Medikamente zu richten, die Einfluss auf die Reaktions-, Wahrnehmungs- und Leistungsfähigkeit und damit auch auf die Arbeitsfähigkeit und Arbeitssicherheit haben können. In jedem Fall empfiehlt es sich, die Hinweise auf den Beipackzetteln zu beachten, in denen von der Teilnahme am Straßenverkehr oder von der Bedienung von Maschinen nach Einnahme des Arzneimittels abgeraten wird. Wenn es unklar bleibt, ob die Eignung für die Arbeit gewährleistet ist, sollte der Betriebsarzt zu Rate gezogen werden.

Die Unfallverhütungsvorschriften weisen neuerdings explizit darauf hin (BGV A 1 § 15,3), dass Beschäftigte weder sich noch andere durch Medikamente gefährden dürfen (s. Kapitel 5 und 8).

Empfehlung im Umgang mit Medikamenten am Arbeitsplatz

1. Zur Abwendung von Gefährdungen hat der Arbeitgeber die Beschäftigten über mögliche Auswirkungen von Medikamenten auf die Arbeitssicherheit zu informieren. Die Unterweisung hat zum Ziel, die Handlungskompetenz und Eigenverantwortung der Beschäftigten zu stärken.
2. Beschäftigte, die Medikamente einnehmen, dürfen ihrer Arbeit nur nachgehen, wenn sie dadurch nicht sich und andere gefährden. Bei Medikamenteneinnahme sollten Hinweise auf mögliche Einschränkungen, besonders für die Teilnahme am Straßenverkehr und für das Bedienen von Maschinen beachtet werden. Beschäftigte sollten sich dazu von ihrem behandelnden Arzt beraten lassen und/oder ggf. eine Beratung beim Betriebsarzt einholen.
3. Vorgesetzte sollten Beschäftigte – z.B. nach Rückkehr aus krankheitsbedingter Abwesenheit – darauf hinweisen, dass sie bei fortgesetzter Einnahme von Medikamenten die Nebenwirkungen beachten sollen, um mögliche Gefährdungen am Arbeitsplatz oder auf dem Arbeitsweg zu vermeiden. Dabei soll auch die Möglichkeit der betriebsärztlichen Beratung aufgezeigt werden.

Auffälligkeiten am Arbeitsplatz und Hilfeangebote

Bei Personen, die eine »Niedrigdosisabhängigkeit« entwickelt haben, werden Auffälligkeiten kaum sichtbar. Ihr Verhalten würde sich erst verändern, wenn sich Entzugssymptome einstellen. Erkennbare Auffälligkeiten zeigen vornehmlich Personen, die eine Medikamentenproblematik mit Steigerung der Dosis entwickelt haben. Aber auch für diese gilt: Dramatische Auffälligkeiten am Arbeitsplatz sind nicht sehr häufig und wenn sie auftreten, werden sie eher »psychischen Krisen« oder »gesundheitlichen Störungen« zugeordnet.

Mögliche Auffälligkeiten im Leistungsverhalten

- Betroffene verlieren schnell den Überblick.
- Arbeitsvorgänge nehmen zunehmend mehr Zeit in Anspruch.
- Arbeitsqualität lässt deutlich nach.
- Verminderte Aufmerksamkeit.
- Schlechtere Informationsaufnahme und -verarbeitung.
- Nachlassende Geschicklichkeit.
- Klagen über zu hohe Arbeitsbelastung häufen sich.
- Fehler nehmen aufgrund von Konzentrationsschwierigkeiten zu.
- Personen werden unzuverlässig und unpünktlich.
- Häufigeres – auch unentschuldigtes – Fehlen am Arbeitsplatz.
- Zunahme von »Arztbesuchen« als Begründung für Abwesenheit.

Mögliche Auffälligkeiten im Sozialverhalten

- Tendenz zum Rückzug, die Person isoliert sich.
- Häufige und starke Stimmungsschwankungen.
- Zunahme von Teilnahmslosigkeit bis hin zur Gleichgültigkeit.
- Übermäßig harmoniebedürftig, Auseinandersetzungen aus dem Wege gehend.
- Überangepasst und überkorrekt.
- Befindlichkeitsstörungen werden überbetont.

Mögliche Auffälligkeiten im Gesundheitsbild

- Anspannung und Nervosität nehmen zu.
- Permanentes Erschöpftsein, verbunden mit Klagen: »Mir wird alles zuviel!«.

- Häufige Kopfschmerzen, Schlaflosigkeit und Antriebsarmut.

oder:

- Hyperaktivität, Unruhe, Getriebensein.
- Herzrasen und Schweißausbrüche.
- Zunahme von Ängsten, phobischen Reaktionen, Verfolgungsangst.
- Verlangsamtes Sprechen, verwaschene Sprache.
- »Trunkene« Reaktionen ohne Alkoholfahne.

Da die aufgezeigten Symptome für ein breites Spektrum von gesundheitlichen Problemen stehen können und der riskante Gebrauch von Arzneimitteln selten unmittelbar sichtbar wird, empfehlen sich frühzeitige Fürsorge- und Klärungsgespräche durch den Vorgesetzten. Hierbei sollen weder Diagnosen gestellt nach erfragt werden. Es reicht, wenn als Anlass für das Gespräch die Sorge um die betroffene Person genannt wird und die Veränderungen bzw. Auffälligkeiten benannt werden. Dabei sollte der betroffenen Person empfohlen werden, sich von einem Arzt, Betriebsarzt oder einer Beratungsstelle beraten zu lassen.

Im Rahmen der Gesundheitsförderung können weitere begleitende Maßnahmen zur Prävention des Medikamentengebrauchs und -missbrauchs angeboten werden, z. B. um durch Stress- und Selbstmanagement angemessene Bewältigungsstrategien für Belastungssituationen zu entwickeln.

2.5 Illegale Drogen

Vergleicht man die Entwicklung zwischen dem Konsum von legalen und illegalen Drogen, dann zeigen sich bei Alkohol und Tabak eher rückläufige Tendenzen, während der Konsum illegaler Drogen eine steigende Tendenz aufweist – allen voran Cannabisprodukte.

Nicht alle Konsumenten von illegalen Drogen sind Abhängige. In der drogenpolitischen Diskussion wird heute zwischen verschiedenen Konsummustern unterschieden: *Probier-* und *Experimentierkonsum, Gelegenheitskonsum* und *Gewohnheitskonsum.* Der Probier- und Experimentierkonsum findet häufig im Jugendalter statt und wird im frühen

Erwachsenenalter wieder eingestellt. Der Gelegenheitskonsum findet vor allem in der Freizeit bzw. im Rahmen spezifischer Freizeitaktivitäten (Diskothekenbesuch) statt.

In Deutschland gaben von den Männern und Frauen über 18 Jahren an, in den letzten 12 Monaten Cannabis (6,4% M/3,1% F), Kokain (1,2% M/0,4% F), Amphetamine (1,1 M/0,4% F), Ecstasy (0,6% M/0,2% F) genommen zu haben (Epidemiologischem Suchtsurvey 2009).

Hirndoping (Neuro-Enhancement)
Um die gestiegenen Anforderungen in der Arbeitswelt erfolgreich bewältigen zu können, greifen Beschäftigte häufig zu Psychostimulantien, Weckaminen oder Antidepressiva zur Steigerung der Leistung und des Wohlbefindens. Angelehnt an das Doping im Sport wird hierfür der Begriff des »Hirndopings« (engl.: Neuro-Enhancement) eingeführt. Die Substanzen werden missbräuchlich, d.h. ohne medizinische Indikation eingenommen, um u.a. die Aufmerksamkeit, Wachheit und Konzentration sowie die emotionale und soziale Kompetenz zu steigern. Auf der Basis einer Umfrage der DAK wurde hochgerechnet, dass rund 0,8 Millionen Beschäftigte sich regelmäßig und sehr gezielt »dopen«. Die DHS weist darauf hin, dass die Einnahme der bevorzugten Substanzen sehr schnell zu einer psychischen Abhängigkeit führt und diese sich auch auf andere Stoffe mit ähnlicher Wirkung ausweiten kann (DHS 2011].

Gesundheitliche Folgen von illegalen Drogen

Im Folgenden werden die verbreitetsten illegalen Drogen mit ihren Wirkungen und Nebenwirkungen dargestellt, die eine erhebliche Rolle, nicht zuletzt für die Arbeitssicherheit, spielen.

Cannabis	Amphetamine/ Ecstasy	Heroin	Kokain
Hauptwirkstoff der Cannabispflanze ist das Tetrahydrocannabinol (THC). Cannabis gehört zu den Hanfgewächsen. Es wird meistens in Form von Haschisch (Harz der Blütenstände) und Marihuana (Stängel und Blätter) angeboten. In der Regel wird es als »joint« geraucht oder in Gefäßen (bong) inhaliert.	Amphetamine (Speed, Crystal, Glass), Ecstasy (MDMA) sind synthetisch hergestellte Substanzen. Als Teilsubstanz sind Amphetamine noch in verschiedenen Medikamenten, wie z. B. in Appetitzüglern, Grippe- und Asthmamitteln, enthalten. Ecstasy als Amphetaminderivat MDMA wurde bereits im Jahr 1914 entwickelt. Es wird überwiegend in Tablettenform angeboten.	Ausgangsstoff für die Heroinherstellung ist das Rohopium, das aus dem Schlafmohn gewonnen wird. Straßenheroin wird in kleinen Päckchen pulverförmig angeboten. In Deutschland ist das intravenöse Injizieren (in die Venen spritzen) die gebräuchlichste Konsumform. 1806 gelang es, aus Opium das Morphin zu isolieren. 1928 kam Morphium als stark wirksames Schmerzmittel auf den Markt.	Durch chemische Prozesse wird Kokain aus den Blättern des Kokastrauches gewonnen. Es kommt in pulverisierter Form als Koks oder Schnee auf den illegalen Markt. Meistens wird Kokain geschnupft (mit Hilfe eines kleinen Saugrohres von einer glatten Oberfläche in die Nasenhöhle).

Akute Wirkungen von …			
Cannabis	**Amphetamine/ Ecstasy**	**Heroin**	**Kokain**
Cannabis ist eine psychoaktive Substanz, mit eher beruhigender Wirkung: • Entspannung. • Innere Ruhe und Ausgeglichenheit. • Rededrang. • Veränderte Sinneswahrnehmung (schwach halluzinogen). • Konzentrations- und Aufmerksamkeitsstörungen. • Leichte Steigerung der Herzfrequenz, Pulsanstieg. • Mund trocken. • Mehr Appetit. • Augenröte. • Reaktionsvermögen eingeschränkt. • Leistungsfähigkeit des Kurzzeitgedächtnisses verringert. • Abstraktes Denken beeinträchtigt.	Drei verschiedene Wirkungen unterscheiden sich: *Psychostimulierend* • Euphorie, Rededrang. • Gesteigertes Selbstvertrauen und Stärke. • Entspannte Aufmerksamkeit. • Erregungszustand. • Beschleunigte Atemfrequenz, Zittern, Unruhe. • Schlafstörungen. *Entaktogen* • Inneres Glücksgefühl, zufriedene Selbstakzeptanz. • Kontakt- und Kommunikationsfähigkeit erhöht. • Visuelle und akustische Reize intensiver. • Schmerz-, Hunger- und Durstgefühle geringer. *Halluzinatorisch* • Gedankensprünge. • Sinnestäuschungen. • Stimmungsveränderung.	Bei intravenöser Injektion erreicht der Wirkstoff über die Blutbahn sehr schnell das Gehirn und nimmt Einfluss auf das zentrale Nervensystem. • Beruhigend, entspannend, schmerzlösend. • Bewusstseinsminderung. • Stark euphorisierend. • Geistige Aktivität herabgesetzt. • Negative Empfindungen wie Angst, Unlust, Leere, Konflikte werden ausgeblendet. • Glücksgefühle und Zufriedenheit setzen ein.	Drei Stadien werden unterschieden: *Stadium: euphorisch* • Selbstvertrauen. • Kreativität. • Gesteigerter Antrieb. • Erhöhter Sexualgenuss. • Redseligkeit. • Appetitverlust. • Keine Müdigkeit. *Rauschstadium* • Paranoide Stimmung. • Angst, Unruhe. • Halluzinationen. *Stadium: depressiv* • Niedergeschlagen. • Antriebslos. • Müde und erschöpft. • Schuldgefühle. • Angstzustände. • Suizidgedanken.

Gesundheitsgefährdungen beim Konsum von ...			
Cannabis	**Amphetamine/ Ecstasy**	**Heroin**	**Kokain**
• Psychische Abhängigkeit, nach neuesten Erkenntnissen auch eine leichte körperliche Abhängigkeit, da Toleranzentwicklung (die Wirkung lässt nach, höhere Konsummengen werden gebraucht) und Entzugserscheinungen beim Absetzen festgestellt wurden. • Psychosen mit Halluzinationen. • Lungen- und Bronchialerkrankungen. • Beeinträchtigung der geistigen Leistungsfähigkeit.	• Amphetamine: starke psychische Abhängigkeit, Entzugssymptome beim Absetzen. • Amphetaminpsychosen. • Veränderungen im Gehirn, die zur Abnahme von Nervenzellen führen, die den Serotonin-Stoffwechsel steuern. • Wortfindungs- und Gedächtnisstörungen. • Herz-Kreislauf-Erkrankungen, Diabetes, Lebererkrankungen, Krampfleiden, Grüner Star und Schilddrüsenerkrankungen können verstärkt werden. • Ecstasy hat ein vergleichsweise geringes Abhängigkeitspotenzial.	• Schnelle und starke körperliche und psychische Abhängigkeit. • Verelendung einhergehend mit körperlichem Verfall. • Leberschäden sowie Magenschäden und Darmstörungen bis zum Darmverschluss. • Gebissveränderungen durch Karies und Zahnausfall. • Erkrankungen der Atemorgane, insbesondere der Lunge. • lokale Infektionen: Abzesse und Entzündungen. • Schwere Schädigungen der Venen und Herzentzündungen. • Potenzstörungen bei Männern, Menstruationsstörungen bei Frauen.	• Starke psychische Abhängigkeit. • Entzugssymptome wie Müdigkeit, Erschöpfung, Depression, mangelnde Energie. • Schwächung der Widerstandskraft, verminderte Belastbarkeit, Gewichtsverlust. • Schädigung der Blutgefäße. • Organschäden an Leber, Herz und Nieren. • Durch das regelmäßige Schnupfen: Schädigung der Nasenschleimhäute und der Nasennebenhöhlen bis hin zu chronischem Nasenbluten mit evtl. Verlust des Geruchs- und Geschmacksinns.

Die Höhe der Dosis, die Art des Konsums, die Konsumsituation, die Grundstimmung der Person sind für die Wirkung der Droge wesentlich mit entscheidend. Und nicht zuletzt ist es der Reinheitsgehalt der Droge selber, der auf dem Schwarzmarkt vielfach schwankt, was immer wieder zu – zum Teil lebensgefährlichen – Überdosierungen führt.

Die Zahlen der Drogentoten ist in den letzten Jahren leicht angestiegen, von 1296 Drogentoten im Jahr 2006 auf 1331 Drogentote im Jahr 2009 (DHS 2009).

Arbeitssicherheit und illegale Drogen

Das »Illegale« an den beschriebenen Suchtmitteln leitet sich daraus ab, dass sie dem BtMG unterliegen. In den Betrieben führt dies häufig zu der Annahme, dass ein generelles Verbot illegaler Suchtmittel bereits per Gesetz vorliegen würde. Zwar ist der Erwerb, Handel und Besitz von illegalen Drogen strafbar, nicht aber der Konsum als solcher (s. Kapitel 8).

Die Konsumenten illegaler Drogen sind unter den akuten Wirkungen der jeweiligen Substanz immer ein Sicherheitsrisiko. Die Drogen beeinflussen auf verschiedene Weise das Denkvermögen und die Konzentrationsfähigkeit. Die Wahrnehmung ist verändert, häufig verzögert, die Selbstüberschätzung steigt. Viele Substanzen vermitteln ein falsches Gefühl von Stärke. Es lässt sich auch nicht vorhersagen, wie lange die Droge jeweils wirken wird. Selbst längere Zeit nach dem Konsum, wenn der oder die Betroffene selbst keinerlei Wirkung mehr verspürt, können wichtige Körperfunktionen noch beeinträchtigt sein.

In Bezug auf illegale Drogen nehmen die Unfallverhütungsvorschriften den Unternehmer (BGV A 1 § 7) wie den Arbeitnehmer in die Pflicht (BGV A 1 § 15), dafür zu sorgen, dass Beschäftigte weder sich noch andere gefährden. Eine Reihe von Unternehmen leitet daraus die Berechtigung für Drogentests (Drogen-Screenings) ab. Abgesehen von der rechtlichen und ethischen Problematik, sind Drogentests (generell und auch anlassbezogen) nicht geeignet, die Voraussetzungen für die Arbeitssicherheit zu garantieren. Hier gilt, dass die Vorgesetzten jeweils im Einzelfall die Eignung für die Arbeit feststellen müssen (s. Kapitel 5 und 8).

Auffälligkeiten am Arbeitsplatz und Hilfeangebote

Da es sich bei den illegalen Drogen um unterschiedliche Substanzen handelt, gibt es verschiedene Anhaltspunkte, die am Arbeitsplatz sichtbar werden können.

Mögliche Auffälligkeiten im Arbeits- und Leistungsverhalten

- Schaffensdrang mit hohem Selbstbewusstsein und anschließender Leistungsabfall.
- Gedankensprünge.
- Gut in der Ideengebung, aber ohne Ausdauer in der Umsetzung.
- Unkonzentriert und unzuverlässig.
- Gedächtnisleistung und Urteilsvermögen ist eingeschränkt.
- Geschicklichkeit und Feinmotorik sind beeinträchtigt.
- Verlangsamtes Arbeiten, Versäumen von Terminen.
- Im Kundenkontakt aufgedreht oder im Gegenteil schläfrig und lahm.
- Fehlzeiten oder auch unglaublich hohes Arbeitspensum, fast ohne Pausen.

Mögliche Auffälligkeiten im Sozialverhalten

- Gleichgültigkeit gegenüber der Arbeit und den Kolleginnen und Kollegen.
- Selbstverliebt, allein entscheidend und mit dem Hang zur Selbstüberschätzung.
- Unfähigkeit, Kritik anzunehmen, streitsüchtig.
- Stimmungsschwankungen: euphorisch und dann wieder gereizt, nervös.
- Arbeitsfreie Zeit wird ersehnt, »da spielt sich das Leben ab«.
- Geldsorgen und Versuche, Anleihen im Kollegenkreis zu machen.

Mögliche Auffälligkeiten im äußeren Erscheinungsbild

- Zunehmend ungepflegtes und körperlich krankes Äußeres (Blässe, Zahnerkrankungen, Nasenbluten etc.).
- Ständige Erschöpfung, Schlafbedürfnis auch während der Arbeit.
- Gepflegtes bis unauffälliges Erscheinungsbild über einen langen Zeitraum.
- Gerötete Augen und erweiterte Pupillen.

Betriebliche Regelungen zum Gebrauch illegaler Drogen

Vor dem Hintergrund der Rechtslage kann den Betrieben nur empfohlen werden, eine betriebliche Regelung zum Konsumverzicht oder -verbot illegaler Drogen am Arbeitsplatz in einer Betriebsvereinbarung zu treffen. Außerdem sollten alle Beschäftigten im Rahmen der Suchtprävention und der Einweisung in die Arbeitssicherheit über die Wirkungen illegaler Drogen und die berührten Sicherheitsaspekte informiert werden.

Wichtig ist vor allem:

- eine frühzeitige Intervention bei ersten Auffälligkeiten.
- ein abgestimmtes und konsequentes Vorgehen nach dem Stufenplan.
- ein gezieltes Beratungs- und Hilfeangebot.
- die Begleitung der Wiedereingliederung nach stationärer Therapie.

Außerhalb des Betriebes gibt es in jeder Region anerkannte Stellen für Suchtberatung, denen auch Selbsthilfegruppen angeschlossen sind (s. Kapitel 5).

2.6 Schnüffelstoffe, Halluzinogene, Anabolika

Zwischen legalen und illegalen Suchtstoffen angesiedelt sind eine Reihe von Substanzen, die legal sind, aber durch die Art ihrer Anwendung missbräuchlich genutzt und dem illegalen Bereich zugeordnet werden. Dazu gehören neben Medikamenten, die unter Umgehung der Verschreibungspflicht und ärztlicher Verordnung eingenommen werden, vor allem die so genannten Schnüffelstoffe, Anabolika und halluzinogenen Pilze.

2.6.1 Schnüffelstoffe

Als Schnüffelstoffe werden verschiedene legal erhältliche Substanzen bezeichnet, die beim Inhalieren eine halluzinogene Wirkung entfalten können. Klebstoffe und Lösungsmittel (halogenierte Kohlenwasserstoffe) werden vor allem von Jugendlichen wegen ihrer Rauschwirkung und der leichten Zugänglichkeit nach Alkohol und Cannabis am häufigsten als Drogen konsumiert. Äther, Lachgas, Chloroform, Trichloräthylen sowie Dämpfe anderer, leichtflüchtiger Stoffe (Benzin, Spiritus, Deo-

oder Haarspray) werden ebenfalls als Schnüffelstoffe genutzt. Insgesamt gibt es weit über Tausend Substanzen, die als Schnüffelstoffe eingesetzt werden können.

Zu den Schnüffelstoffen zählen auch die so genannten Poppers. Dabei handelt es sich um einen Sammelbegriff für organische Nitrite, die mit Zusatz- sowie Aromastoffen versetzt unter Namen wie »Rush«, »Hardware« oder »Jungle Juice« in Sexshops oder übers Internet verkauft werden.

Gesundheitliche Folgen bei Schnüffelstoffkonsum

Die Wirkungen von Schnüffelstoffen setzen in der Regel sehr schnell ein. Der Rausch hält anfangs meist nur wenige Minuten an und kann bei wiederholtem Einatmen bis zu mehreren Stunden bestehen bleiben. Nach anfänglich schwacher Benommenheit treten Euphorie, Enthemmung und Halluzinationen auf. Poppers vermindern die Schmerzwahrnehmung, erhöhen die Tastempfindlichkeit und die sexuelle Erregung.

Schnüffelstoffe sind extrem gesundheitsgefährdend. Schon der Erstgebrauch wirkt nicht selten tödlich. Als Nebenwirkungen beim Schnüffeln oder Inhalieren können während der Einnahme Schleimhautreizungen, Übelkeit, Erbrechen, Zerstörung der Atemwege, Konzentrationsstörungen und Verwirrtheit auftreten. Falls Schnüffelstoffe verschluckt werden, zieht man sich starke, lebensgefährliche Vergiftungen oder Verätzungen zu. Poppers führen teilweise zu Hitzegefühl sowie Herzrasen und darauf folgend zu schlagartigem Blutdruckabfall.

Zu den Langzeitfolgen von Schnüffelstoffen gehören extreme Zerstörungen der Atemwege, der Nieren und der Leber, irreversible Hirnschäden, Schädigungen des Nervensystems, Konzentrations- und Leistungsstörungen, Hör-, Gleichgewichts- und Durchblutungsstörungen, schwere psychotische Bilder, Atemstillstand sowie Herz-Kreislauf-Versagen.

19 Jähriger stirbt beim Deoschnüffeln
Beim Schnüffeln von Deospray ist ein 19-Jähriger in Gifhorn gestorben. Um sich in einen Rausch zu versetzen, habe der junge Mann große Mengen des Sprays auf Kleidung und Handtücher gesprüht und anschließend eingeatmet. Der Tote wurde im Badezimmer entdeckt. Eine Obduktion ergab Sauerstoffmangel als Todesursache. Die Polizei warnt vor den Gefahren des Schnüffelns. Es sei kaum kontrollierbar und führe immer zu Bewusstlosigkeit bis hin zum Tod. Schnüffeln mit Deo liege im Trend. Es zeige sich auch daran, dass in der jüngsten Zeit vermehrt Jugendliche beim Diebstahl von Deos aufgefallen seien.
(Aus: Hannoversche Allgemeine Zeitung vom 05.05.2007)

Es kann sich eine psychische, teilweise auch körperliche Abhängigkeit (z. B. Trichloräthylen) von Schnüffelstoffen entwickeln. Diese führen oftmals eine starke Persönlichkeitsveränderung herbei, die eine Behandlung besonders schwierig macht.

Arbeitssicherheit und Schnüffelstoffe

Schnüffelstoffe kommen in vielen Arbeitsbereichen zur Anwendung und unterliegen als Gefahrstoffe einer gesonderten Regelung im Arbeitsschutz. Dass es sich dabei auch um suchtgefährdende Stoffe handelt, wird in der betrieblichen Praxis leider allzu oft ignoriert. Lösungsmittel beispielsweise kommen aufgrund ihrer universellen Eigenschaften sowohl in der Industrie und im Dienstleistungsbereich als auch im Gesundheitssektor zum Einsatz, zum Beispiel:

Metall- und Elektroindustrie	Reinigung, Entfettung, Lackieren, Kleben
Textil- und Bekleidungsindustrie	Reinigung, bei der Textilveredelung
Kunststoff- und Gummiindustrie	Ausgangsprodukt bei der Polymerisation, Klebstoffherstellung, Extraktionsmittel für Fette, Wachse und Harze
Erdölindustrie	Trennen von Stoffgruppen aufgrund des selektiven Lösevermögens

Chemische Reinigungsbetriebe	Textilreinigung und Detachiermittel
Schuhindustrie	Klebstoffe
Druckindustrie und grafisches Gewerbe	Reinigung, Farbverdünner, Druckverfahren
Malerhandwerk	Farb- und Lackverdünner, Abbeizer, Reiniger
Krankenhäuser, Arztpraxen u. a. Gesundheitseinrichtungen	Narkosemittel: Äther, Chloroform, Lachgas, Desinfektions- und Reinigungsmittel
Bauindustrie	Baumaterialien, Reinigungs- und Klebemittel
Büro	Kleber, Tipp-Ex

Bei diesen Arbeitsstoffen besteht die Gefahr, dass Beschäftigte über die Haut und/oder die Atemluft die Substanzen aufnehmen und darüber eine Abhängigkeit entwickeln können. Arbeitsschutz und Suchtprävention müssen auf diese Arbeitsplätze ein besonderes Augenmerk richten. Im Arbeitsschutz schreibt u.a. die Gefahrstoffverordnung (GefStoffV) den Umgang mit Lösungs- und Narkosemittel vor, z. B. die Überwachung der Einhaltung von Grenzwerten sowie regelmäßige arbeitsmedizinische Vorsorgeuntersuchungen. An solchen Arbeitsplätzen besteht ein Beschäftigungsverbot für werdende Mütter.

Auffälligkeiten am Arbeitsplatz und Hilfeangebote

Für Außenstehende wirken die »Konsumenten« im berauschten Zustand, als seien sie volltrunken:

- Die Sprache wirkt »verwaschen«, der Bewegungsablauf ist gestört und der Gang taumelnd.
- Die zeitliche, örtliche und persönliche Orientierung ist beeinträchtigt, die Konzentrationsfähigkeit verringert und die Reaktionsfähigkeit verlangsamt.
- Bei Lösungsmittel ist der Geruch noch einige Zeit nach der Exposition in Kleidung und Atemluft wahrzunehmen.

- Lösungsmittel führen nach intensiver Exposition zu Bewusstlosigkeit, Reflexausfall und Schmerzunempfindlichkeit und entsprechen in dieser Wirkung einer Narkose.

Auch »ungewollter« Konsum löse- und narkosemittelhaltiger Substanzen kann zu psychischen Abhängigkeiten führen, mit einer Toleranzentwicklung einhergehen und je nach Art des konsumierten Stoffes zu weit reichenden Gesundheitsschäden führen.

In Arbeitsbereichen, in denen mit suchtfördernden Gefahrstoffen gearbeitet wird, müssen auf alle Fälle auf der Grundlage einer Gefährdungsermittlung und -beurteilung besondere Maßnahmen zur Suchtprävention und -hilfe festgelegt werden. Im Rahmen des betrieblichen Suchtpräventionsprogramms müssen Vorgesetzte in diesen Bereichen extra geschult und vom Betriebsarzt, der Fachkraft für Arbeitssicherheit und dem Suchtbeauftragten beraten werden.

2.6.2 Halluzinogene

Als Halluzinogene werden chemisch vielfältige Formen von natürlichen und synthetischen Drogen benannt, die Veränderungen in den Sinneswahrnehmungen hervorrufen, die Stimmungslage erheblich beeinflussen und Bewusstseinsänderungen verursachen. Gebräuchliche Substanzen sind Meskalin und Atropin. Die Zahl der synthetischen Drogen hat in der EU stark zugenommen: von 2005 bis 2010 wurden 115 synthetische Drogen neu ermittelt.

Halluzinogene Pilze

Pilze mit halluzinogener Wirkung gehören zu den ältesten vom Menschen konsumierten psychoaktiven Substanzen. In vielen Teilen Europas gibt es natürliche Vorkommen von halluzinogenen Pilzen, die allerdings auch gezielt angebaut werden (magic mushrooms). In Deutschland ist der Anbau und Verkauf »organischer« Substanzen, aus denen sich Suchtstoffe gewinnen lassen, verboten.

Im Allgemeinen sind die physiologischen Wirkungen kurzfristiger Natur und nicht gravierend (z. B. Schwindelanfälle, Übelkeit oder Schüttelfrost). Allerdings wurden auch stärkere körperliche Symptome (z. B. starke Bauchschmerzen und anhaltendes Erbrechen, Sehstörungen oder Atemnot) festgestellt, in seltenen Fällen mit tödlichem Ausgang. Zum Teil wird auch auf legale Alternativen wie Fliegenpilze *(Amanita muscaria)* oder Pantherpilze *(Amanita pantherina)* zurückgegriffen. Konsumentenberichte über den unvorhersehbaren Wirkstoffgehalt, den schlechten Geschmack und negative Folgen stellen vermutlich eine Hemmschwelle für den regelmäßigen oder Freizeitkonsum dar. Eine körperliche Abhängigkeit von halluzinogenen Pilzen entwickelt sich nicht, allerdings kann es zu psychischen Krisen, Panikattacken, Identitätsproblemen oder Suizidversuchen kommen.

Arbeitssicherheit und Halluzinogene

Personen unter dem Einfluss halluzinogener Pilze, mit Vergiftungserscheinungen sind in der Regel sehr aufgeregt, verwirrt und desorientiert; dazu leiden sie an Konzentrationsschwäche und eingeschränktem Urteilsvermögen. In schweren Fällen können akute psychotische Episoden auftreten, darunter starke Paranoia und vollständiger Realitätsverlust, was zu Unfällen oder Selbstverletzungen führen kann.

Als Erste-Hilfe-Maßnahme sollte unbedingt der Betriebsarzt oder ein Notfallarzt hinzugezogen werden.

2.6.3 Anabolika

Anabolika ist der Sammelbegriff für anabole und katabole Steroide (Hormone), die oft im Doping und beim Bodybuilding verwendet werden. Ihre Anwendung ohne ärztliche Verschreibung und ohne medizinischen Nutzen macht sie zur illegalen Droge.

Arbeitssicherheit und Anabolika

Laut Mutterschutzgesetz dürfen werdende Mütter nicht den für sie schädlichen Einwirkungen von gesundheitsgefährdenden Stoffen ausgesetzt werden (§ 4 MuSchG). Zu den Gefahrstoffen mit der Kennzeichnung R 61, die das Kind im Mutterleib schädigen können, gehören auch die Steroidhormone (Anabolika, Androgene).

Beachtet werden sollten Auffälligkeiten in Verbindung mit aggressivem Verhalten am Arbeitsplatz, da es Hinweise gibt, dass der Anabolikagebrauch auch zu verstärkter Gewaltbereitschaft beitragen kann.

Gesundheitliche Wirkungen von Anabolika

Die gewünschte Wirkung der Präparate ist der Muskelaufbau verbunden mit erhöhter Fettverbrennung und Entwässerung. Testosteronpräparate sind Psychopharmaka, die bei Einnahme aggressiv machen und enorme Kraftschübe erzeugen, die kaum zu kontrollieren sind. Dazu wird eine erhöhte Euphorie beschrieben und ein subjektiv erlebter Kraftgewinn. Der Bericht des Robert Koch-Instituts über Doping beim Freizeit- und Breitensport weist darauf hin, dass insbesondere Kunden von Fitnessstudios zu Anabolika greifen.

Auffälligkeiten können sein:

- Erhöhte Aggressivität, leichte Reizbarkeit, extrem gesteigertes Selbstbewusstsein, Gewaltausbrüche, verstärkter Sexualtrieb, ständiger Hunger.
- Bei Männern: weibliche Brustbildung, Haarausfall, Unfruchtbarkeit.
- Bei Frauen: unregelmäßige Menstruation, tiefere Stimme und »Vermännlichung«.
- Probleme werden ausgeblendet. Strafen schrecken nicht, weil sie kaum als Bedrohung wahrgenommen werden.

Gesundheitliche Folgen:

- Erhöhter Augendruck, Blutwertveränderungen.
- Auffällige Aknebildung, meist auf dem Rücken, stärkere Schweißproduktion, Wassereinlagerungen.
- Kopfschmerzen, Stimmungsschwankungen, Depressionen.
- Herzwachstum, Bluthochdruck, Kurzatmigkeit.
- Erhöhte Anfälligkeit für Infektionen.

Bei regelmäßiger Anwendung über Monate hinaus kann sich neben der psychischen auch eine körperliche Abhängigkeit entwickeln. Als Langzeitwirkungen können Leberschäden, Veränderungen der Schilddrüse auftreten sowie Schädigungen von Nieren und Magen. Das Risiko eines Herzinfarkts sowie für einen Schlaganfall steigt.

2.7 Essstörungen

Essstörungen sind nicht zu verwechseln mit der Frage der richtigen oder falschen Ernährung. Es handelt sich vielmehr um psychosomatische Erkrankungen mit Suchtcharakter. Es gibt verschiedene Formen essgestörten Verhaltens, die sowohl unterschiedlich verbreitet sind als auch voneinander abweichende Erscheinungsbilder und Folgen haben.

Daten zu Essstörungen

Häufigkeit, Alter und Schichtzugehörigkeit bei Essstörungen			
	Anorexie	**Bulimie**	**Adipositas**
Geschlechterverteilung	ca. 95 % weiblich	ca. 95 % weiblich	geringfügig mehr Frauen
Erkrankungsgipfel	im Alter von 12 bis 23 Jahren	im Alter von 20 bis 30 Jahren	im Alter von 40 bis 65 Jahren
Schichtzugehörigkeit	vor allem höhere Mittelschicht	eher Mittelschicht	Unter- zur Oberschicht im Verhältnis 6 : 1

Erscheinungsformen von Essstörungen

Anorexie – Magersucht
Unter Magersucht wird ein Verhalten verstanden, das durch extremes Hungern gekennzeichnet ist. Das Ziel, ein äußerst niedriges Gewicht zu erreichen, kann zudem auch über übertriebene sportliche Aktivitäten oder den Gebrauch von Appetitzüglern und Abführtabletten verfolgt werden.

Bulimie – Ess-Brech-Sucht
Typisch für die Krankheit sind extreme »Fress-Attacken«. In Anfällen werden große Mengen an Lebensmitteln – zum Teil völlig wahllos – gegessen.

Nach jedem Anfall reagieren die Betroffenen dann aber mit gewichtsregulierenden Maßnahmen. Vor allem durch Erbrechen, aber auch durch Diäten, intensiven Sport und Missbrauch von Appetitzüglern und Abführmitteln wird versucht, das Gewicht im »Normbereich« zu halten.

Adipositas (Fettsucht)
Adipositas bezeichnet einen Überschuss an Körperfett. Als Adipositas wird ein Body-Mass-Index* (BMI) von mehr als 30 und höher bezeichnet.

Orthorexie
Die »Orthorexie« äußert sich u.a. durch einen krankhaften Zwang, sich möglichst gesund zu ernähren, Bei dieser Form bezeichnen die Betroffenen immer mehr Lebensmittel als krankmachend.

* BMI = Körpergewicht : Körpergröße zum Quadrat

Gesundheitliche Folgen von Essstörungen

Essstörungen haben eine Breite von gesundheitlichen Problemen zur Folge, die psychischer Art sein können, in erster Linie aber körperliche Gefährdungen umfassen, die zum Teil lebensbedrohliche Ausmaße annehmen können. Im Folgenden finden sich häufig auftretende gesundheitliche Störungen der einzelnen Krankheitsbilder:

Anorexie
- Gestörter Serotoninspiegel mit Auswirkungen auf Angstgefühle und Zwangshandlungen.
- Konzentrationsstörungen.
- Proteinmangel führt zu Haarschäden und Haarausfall.
- Verdauungsprobleme durch Darmträgheit.
- Ausbleiben der Menstruation; bei Männern führt Anorexie zur Impotenz.
- Herzmuskelschwäche mit der Folge verminderter Durchblutung, Kälteempfindlichkeit und Blaufärbung der Extremitäten.
- Herzrhythmusstörungen durch Mineralienmangel.
- Sinken des Blutzuckerspiegels.

Bulimie
- Schlaf- und Konzentrationsstörungen, Müdigkeit und Schwindel.
- Darmlähmung oder auch Durchfälle.
- Menstruationsunregelmäßigkeiten.
- Nierenschäden und Herzrhythmusstörungen.
- Speiseröhreneinrisse und Gefahr der Magenwandperforation.

Adipositas
- Bluthochdruckerkrankungen.
- Koronare Herzkrankheit, Schlaganfälle.
- schlafbezogene Atemstörungen.
- Diabetes.
- Vorzeitige Gelenkverschleißerscheinungen.

Auffälligkeiten am Arbeitsplatz bei Essstörungen

Betrachtet man die körperlichen und seelischen Folgen der Essstörungen, so lassen sich diese früher oder später auch am Arbeitsplatz feststellen. Auffälligkeiten sind über einen langen Zeitraum allerdings nicht im Arbeits- und Leistungsverhalten zu erwarten. Trotzdem ist es wichtig, Personen mit Essstörungen am Arbeitsplatz frühzeitig anzusprechen. Dies ist entweder in einem kollegialen Gespräch möglich oder in einem Fürsorgegespräch als Führungskraft, in dem auf Beratungsangebote hingewiesen wird (s. Kapitel 5).

2.8 Spielsucht

Der Gesetzgeber unterscheidet in Deutschland zwischen dem **gewerblichen Spiel**, das grundsätzlich erlaubt ist und lediglich bestimmten gesetzlichen Regelungen aus der Gewerbeordnung und der Spielverordnung unterliegt, und dem **Glücksspiel**, das nach § 284 Strafgesetzbuch grundsätzlich verboten ist. Gesetzliche Regelungen bestimmen das Geschehen.

Das staatlich konzessionierte Glücksspiel umfasst die Lotterien und die Spielbanken mit Kartenspielen, Roulette und Spielautomaten sowie Sportwettsysteme. Das Automatenspiel in Spielhallen oder in Gaststätten zählt zum gewerblichen Spiel und nicht zum Glückspiel!

Neben den hier genannten gibt es noch eine Reihe weiterer »Spiele«, die mit hohen Geldeinsätzen einhergehen, aber gesellschaftlich noch gar nicht als Glücksspiele gewertet werden. Zu nennen wären hier Börsenspekulationen oder der rege Handel von Waren und die Teilnahme an Auktionen im Internet.

Das Spielen hat in der Menschheitsgeschichte eine lange Tradition. Nicht zuletzt in der Arbeiterschaft. 1879 stelle August Bebel angesichts der Beliebtheit von Lotterien und Wetten in den Arbeiterkneipen fest, dass mancher Arbeiter dem »Laster des Spieles« verfallen wäre und im Wirtshaus »noch mehr verspielte als vertrank«.

Daten zur Spielsucht

Spieler an Geldautomaten stellen die größte Gruppe der Betroffenen dar. Bei mehr als 85 % der wegen Spielsucht eine Suchthilfeeinrichtung aufsuchenden Personen wurde eine Abhängigkeit von Geldspielautomaten in Spielhallen und Gaststätten diagnostiziert. Laut BZgA hatten 2009 in Deutschland 53,8 % der 16- bis 65-Jährigen in den letzten zwölf Monaten irgendeines der 19 insgesamt erfragten Glücksspiele gespielt. Zwischen 2007 und 2009 ergab sich ein Zuwachs beim Lotto »6 aus 49« (von 35,5 % auf 40,0 %). Bei den Geldspielautomaten war der Anstieg besonders stark bei den 18- bis 20-Jährigen Männern (von 5,9 % auf 15,3 %)

(Drogen- und Suchtbericht 2011). Geschätzt sind 200000 Personen vom Glücksspiel abhängig, weitere 300000 sind gefährdet (DHS 2011).

Gesundheitliche und soziale Folgen der Spielsucht

»Pathologisches Glücksspiel« wird seit 1980 mit der Aufnahme in der ICD-10 als eigenständige Krankheit betrachtet. In der Bevölkerung dagegen wird Spielsucht kaum als Krankheit erkannt und akzeptiert. Deshalb findet man bei Betroffenen und ihrem nahen Umfeld eine starke Tendenz zur Verschleierung des Themas.

Gesundheitliche Folgen:

- In der Folge des pathologischen Spielens kann es zum Verlust der Selbstachtung und des Selbstvertrauens kommen.
- Etwa ein Drittel der Spieler entwickelt zudem im Laufe der Spielsucht auch ein Alkoholproblem.
- Darüber hinaus können Depressionen, aggressive Ausbrüche sowie Schlaf- und Ernährungsstörungen auftreten.
- Aufgrund der Persönlichkeitsveränderung wächst auch die Suizidgefahr.

Soziale Folgen:

- Vor allem entstehen Verschuldungsprobleme und private Insolvenzen. Ein Drittel der Spielsüchtigen ist mit mehr als 25000 Euro – im Einzelfall sogar weit darüber – verschuldet. Betroffene jagen dem Verlust hinterher und versuchen durch wiederholtes Spielen den Geldverlust immer wieder auszugleichen.
- Wenn die legalen Wege der Finanzierung des Spielverhaltens ausgeschöpft sind, begehen Spielsüchtige möglicherweise illegale Handlungen wie Fälschung, Betrug, Diebstahl oder Unterschlagung, um an Geld für das Spielen zu kommen. Der feste Glaube, durch Spielgewinne das Geschehene wieder geradezubiegen, ist unerschütterlich trotz aller gegenteiliger Erfahrungen.
- Spieler müssen mit der Zeit mit immer höheren Geldbeträgen spielen, um die gewünschte positive Erregung zu spüren. Sie können in das pathologische Spielen so verstrickt sein, dass ihr alltägliches Leben, familiäre und soziale Beziehungen, Freizeitverhalten und Arbeitstätigkeit beeinträchtigt werden.

Auffälligkeiten am Arbeitsplatz und Hilfeangebote

Bei Spielsucht werden nicht zwangsläufig Auffälligkeiten am Arbeitsplatz sichtbar.

Durch unkonzentriertes Arbeiten kann jedoch die Leistung und Qualität sinken, bis hin zur Gefahr für die Arbeitssicherheit. Spielsüchtige sind häufig gedanklich mit dem Spielen beschäftigt. Sie gehen oft in Gedanken die vergangenen Spielsituationen durch, planen schon das nächste Spiel oder überlegen, auf welche Weise sie sich Geld zum Spielen beschaffen können. Wenn der Druck steigt, verlassen sie den Arbeitsplatz unter Angabe anderer Gründe.

Auffälligkeiten von Spielsüchtigen:

- Notorische Geldprobleme, »anpumpen« von Personen im Kollegen- und Freundeskreis.
- Stimmungsschwankungen, von euphorischen Glücksgefühlen bei extremen Spielphasen bis hin zu »Katzenjammer« nach einer erfolglosen Spielphase.
- Unruhe und Gereiztheit, wenn versucht wird, das Spielen einzuschränken.
- Keine Gespräche über private Freizeitaktivitäten, um nicht über Spielzeiten Auskunft geben zu müssen.
- Konzentrationsmängel bei der Erledigung von Arbeitsaufgaben.
- Zunehmende Interesselosigkeit an den Arbeitsinhalten, aber auch an dem kollegialen Miteinander.
- Isolierung von der Familie, Freunden und den Kolleginnen und Kollegen nimmt zu.
- Wenn sich die Gelegenheit am Arbeitsplatz bietet, kann es zu strafbaren Handlungen wie Betrug, Diebstahl oder Unterschlagung kommen, da die finanziellen Probleme legal nicht mehr lösbar sind.

Das Hilfeangebot für Spielsüchtige und ihre Angehörigen hat sich in den letzten Jahren verbessert. Neben ambulanten Beratungs- und Behandlungsstellen und der stationären Therapie in Kliniken gibt es eine Vielzahl von Selbsthilfegruppen

Als betriebliche Maßnahmen für Spieler kommen in Frage:

- Keine Gehaltsvorauszahlungen.
- Unterstützung durch Schuldnerberatung.

2.9 Arbeitssucht

Die **Arbeitssucht** bezeichnet eine Krankheit, bei der jemand süchtig nach Arbeit ist. Geschätzt sind 200 000 bis 300 000 Beschäftigte und Selbständige betroffen. Überdurchschnittlicher Arbeitseinsatz ist an sich noch keine Krankheit. Entscheidend ist, wie bei anderen Formen der Abhängigkeit auch, der Kontrollverlust.

In einer leistungsorientierten Gesellschaft ist es schwer, die Arbeitssucht als Krankheit zu definieren. Unermüdlicher Einsatz und langes Verbleiben am Arbeitsplatz werden gerne von Vorgesetzten gesehen oder von Untergebenen bewundert.

Personen mit festen Arbeitszeiten sind seltener betroffen.

Gesundheitliche Folgen der Arbeitssucht

Überstunden, Wochenenddienste, Handy-Bereitschaft rund um die Uhr – der Einstieg in die Arbeitssucht ist vielschichtig.

Wenn Menschen beginnen, sich ausschließlich über die Arbeit zu definieren, sogar ihre Daseinsberechtigung allein über das Engagement im Job abzuleiten, bekommt die Arbeit in ihrem Leben ein zu großes – und damit sehr häufig ungesundes – Übergewicht. Sehr oft entsteht ein Gefühl von Wertlosigkeit, nicht genug geleistet zu haben, und mündet dann in eine Arbeitsspirale mit gravierenden gesundheitlichen und sozialen Folgen. Erst wenn körperliche Symptome auftreten, der Arbeitssüchtige sich ausgebrannt fühlt oder unter Depressionen leidet, wird das Phänomen Arbeitssucht wahrgenommen.

Bisher ist Arbeitssucht nicht in die offizielle psychiatrische und psychologische Begrifflichkeit eingegangen. Über das anerkannte Definitionsmerkmal hinaus, dass arbeitssüchtige Menschen außerordentlich viel Zeit in ihre Arbeit investieren und andere Lebensbereiche vergessen, existiert bisher keine einheitliche Definition.

Durch die pausenlose Arbeit gehen Prioritäten verloren, Unwichtiges nimmt einen großen Raum ein, das Unerledigte wird immer mehr und muss aufgeschoben werden. Umgekehrt steigt der Druck durch viele vor sich her geschobene Aufgaben und verhindert Ruhe und Entspannung.

Je länger eine Arbeitssucht währt, umso mühsamer wird es, sie aufrecht zu erhalten. Mit der Zeit bröckelt die Fassade und die Kraft für die ungeheuren Anstrengungen lässt nach. Um diese Entwicklung zu kompensieren, greifen betroffene Personen oft zu Aufputsch- und Beruhigungsmitteln, meist kombiniert mit Alkohol und Nikotin. Die Gefahr, dass sich eine weitere Sucht entwickelt, ist groß.

Auffälligkeiten am Arbeitsplatz und Hilfeangebote

Arbeitssucht wird vom betrieblichen Umfeld erst dann bemerkt, wenn die Folgen bei der betroffenen Person überdeutlich werden:

- Angeschlagene Gesundheit durch die chronische Überarbeitung und Selbstausbeutung.
- Dauerhafte Stresssymptome, Erschöpfung, Burnout.
- Eine immer geringer werdende Leistungsfähigkeit.
- Mangelnde Konzentration und Aufmerksamkeit.
- Vernachlässigung von Familie, Freunden und anderen Aktivitäten.
- Verlust von sozialen Kontakten, Einsamkeit, Isoliertheit.
- Schwinden des Interesses am Leben und damit Schwinden der Lebensfreude.

Ein Arbeitssüchtiger braucht oftmals einen Anstoß von außen, der ihn mit seinem Problem konfrontiert. Vorgesetzte sollten vor allem darauf achten, dass Personen mit Anzeichen von pathologischem Arbeitsverhalten ihre Arbeitszeit einhalten, ihren gesetzlichen Anspruch auf Urlaub gelten machen und keine Überstunden anhäufen.

In einem Fürsorgegespräch sollte der Vorgesetzte seine Wahrnehmung der betroffenen Person mitteilen, die Arbeitsziele und Aufgabenbereiche überprüfen, auf konkrete Hilfeangebote hinweisen sowie nach einer angemessenen Zeit ein Rückmeldegespräch vereinbaren.

In leichten Fällen kann es ausreichen, gemeinsam mit einem Coach oder Trainer ein funktionierendes Zeit- und Selbstmanagement zu entwickeln, damit die betroffene Person nicht länger nur mit stetig ansteigender Arbeitsbelastung verbringt, sondern auch wieder Zeit für anderes findet.

2.10 Internetsucht

Zunehmend wird eine übermäßige Computer- und Internetnutzung als ein Suchtverhalten erkannt. Dafür werden die Begriffe Online- bzw. Mediensucht oder pathologische Internetnutzung verwendet. Häufig stehen im Hintergrund Computer- und Glücksspiele, Erotik, elektronischer Ein- und Verkauf (ebay), Partnerbörsen, Blogs (virtuelle Tagebücher), Musik- und Videoangebote sowie Recherchen.

Daten zum Internetgebrauch

2005 wurden in einer Repräsentativerhebung 90 % aller Internetnutzer als unauffällig beschrieben. Sie waren im Durchschnitt etwa 17,5 Stunden in der Woche online.

Als **gefährdet** erschienen 6,6 % der Onliner mit einer Zeitdauer von 28,6 Stunden/Woche, als **internetabhängig** 3,2 % der Onliner mit einer Zeitdauer von 34,6 Stunden/Woche. Die so genannten **Internet-Junkies** verbringen bis zu 60 Stunden/Woche im Netz.

Es gibt viele Personen, die aufgrund ihrer Arbeitsaufgabe stundenlang im Internet sind und keine Probleme haben aufzuhören. Daher ist die reine »Online-Zeit« nur ein Kriterium für einen problematischen Internetkonsum.

Gesundheitliche und soziale Folgen der Internetsucht

International wird Internetsucht zunehmend als Suchterkrankung anerkannt. In Deutschland wird sie nicht als eigenständige Krankheit betrachtet, sondern wird mit anderen psychischen Störungen in Zusammenhang gebracht.

Internetsucht als stoffungebundene Abhängigkeit ist dann gegeben, wenn

- Über einen längeren Zeitraum der größte Teil der zur Verfügung stehenden Tageszeit für die Nutzung des Internets verwandt wird, verbunden mit der Einschränkung anderer Aktivitäten.
- Die Person die Kontrolle über ihre Internetnutzung verloren hat und Versuche zur Reduzierung oder die Nicht-Nutzung fehlschlagen.

- Die »Dosis« gesteigert werden muss, um zu positiven Gefühlen bei der Internetnutzung zu kommen, das heißt, es muss immer mehr Zeit investiert werden.
- Unwohlsein bei zeitweiliger Unterbrechung der Internetnutzung auftritt; dazu gehören Unruhe, Nervosität, Unzufriedenheit, Gereiztheit bis hin zur Aggression. Sie sind als »Entzugserscheinungen« zu bewerten.
- Sich negative soziale Konsequenzen aus der Internetnutzung entwickeln. Diese können sein: Ärger mit Lebenspartnerinnen oder Partnern, Kontaktabbruch zu Freunden, Probleme mit dem Arbeitgeber etc.

Auffälligkeiten am Arbeitsplatz und Hilfe

Zum Thema »exzessiver Internetkonsum« wurden bislang noch keine spezifischen Auffälligkeiten benannt – außer die umfangreiche Zeitspanne, die Betroffene online verbringen.

Eine – vielleicht typische – Entwicklung einer Internetabhängigkeit

»Im Erstgespräch stellte sich mir ein Mann vor. Mitte 30, verheiratet, Kinder. Er berichtet, ihm sei fristlos gekündigt worden, weil ihm vom Arbeitgeber nachgewiesen werden konnte (anhand von Log-Dateien), dass er erhebliche Anteile seiner Arbeitszeit in Chats verbrachte. Er sei für das Netzwerk einer großen Firma zuständig gewesen. Einige Monate vor der Kündigung sei er beauftragt worden, die Internet-Präsentation seines Unternehmens vorzubereiten. Per Zufall sei er auf die Seiten eines Fernsehkanals geraten und habe sich dort in die Chats »geklickt«. Er sei überrascht gewesen, wie offen dort über sehr intime Details gechattet wurde, habe sich davon angezogen gefühlt und habe begonnen, mit zu chatten. Nach und nach sei ihm die Geschichte »aus dem Ruder gelaufen«, er habe immer mehr Zeit damit verbracht. Zunächst sei niemandem aufgefallen, dass er immer weniger Zeit für seine eigentliche Arbeit hatte. Im Nachhinein aber sei ihm bekannt geworden, dass nach einigen Wochen Kollegen sich beim Vorgesetzten beschwert hätten, weil er auf Konferenzen und auch beim Gespräch mit den Kollegen immer häufiger recht unkonzentriert gewirkt habe, auch nichts Substanzielles mehr zu den Diskussionen habe beitragen können. Schließlich aber habe es eine Überprüfung des Fortschrittes seiner Aufgabe (Netzpräsentation) gegeben, dabei habe sich herausgestellt, dass er wenig mehr

als nichts dafür getan hatte. Eine Überprüfung der Log-Dateien habe dann schließlich zur Kündigung geführt.«
(Fallbeispiel aus der Humboldt-Universität Berlin, vom Therapeuten Gocht aufbereitet.)

Das Beispiel macht deutlich, wie wichtig die Sensibilisierung für das Thema im Betrieb ist. Gerade wenn ein exzessiver Internetgebrauch noch keine Sucht ist, kann man noch präventiv auf eine Verhaltensänderung hinwirken, bevor sich die Internetnutzung weitgehend der Eigenkontrolle entzogen hat. Neben Sanktionen sind vor allem Unterstützungsangebote zur Hilfe notwendig.

Anders als in der Therapie stoffgebundener Süchte, in der die Abstinenz vom Suchtmittel das Ziel ist, wird dies bei der Internetsucht meist nicht angestrebt, weil für viele Menschen der Umgang mit dem Internet eine berufliche Notwendigkeit ist. Ziel einer Therapie ist es hier, in erster Linie zusammen mit den Betroffenen Techniken für einen veränderten Umgang mit dem Internet zu entwickeln, z.B. setzen zeitlicher Grenzen für die Internetnutzung, meiden bestimmter suchtfördernder Internetseiten. Wichtig ist auch die Entwicklung von Alternativen zum süchtigen Verhalten.

2.11 Kaufsucht

Kaufsucht ist eine unauffällige, »diskrete« Sucht, aber ein inzwischen weit verbreitetes Phänomen. In der Regel bleibt sie lange unerkannt, denn schließlich konsumieren alle. Jeder kennt den Trostkauf, wenn man sich im Stillen belohnt für etwas, was nicht so gut gelaufen ist. Problematisch wird das Kaufen, wenn es zur dominanten Quelle des Selbstwertgefühls und der Selbstbestätigung wird.

Daten zur Kaufsucht

Kaufen kann auch

- als »Tranquilizer« dienen, um eine innere Unruhe zu betäuben, um Depressionen und Ängste zu überbrücken,

- als »Aufputschmittel« wirken: um sich Glücksgefühle zu verschaffen, um sich selbst zu beschenken, um eine innere Leere, ein »Loch in der Seele« zu füllen und den deprimierenden Alltag zu vergessen.

Die Sucht geht durch alle Schichten. Nach einer Untersuchung der Universität Hohenheim sind 9% der Bundesbürger kaufsüchtig, und 23% stark kaufsuchtgefährdet. Das durchschnittliche Erkrankungsalter liegt bei 18–25 Jahren, wobei überwiegend Frauen betroffen sind. Fast alle Kaufsüchtigen spezialisieren sich auf bestimmte Produkte und Kaufumgebungen. Frauen bevorzugen eher Kleidung, Schuhe, Schmuck und Bücher, Männer kaufen eher Prestige-Objekte, z.B. technische Geräte, Sportgeräte. Gefördert wird Kaufsucht auch dadurch, dass man rund um die Uhr im Internet einkaufen und größere Anschaffungen in Raten abzahlen kann.

Muster der Kaufsucht

Die Grenze zwischen Kauflust und Kaufsucht ist fließend und folgt bestimmten Mustern:

Kaufsüchtige folgen einem **Zwang**. Sie haben das Gefühl der Machlosigkeit gegenüber dem inneren Drang, etwas zu kaufen. Dieser Zwang ist größer als ihr eigener Wille und führt zum **Verlust der Selbstkontrolle**. Allein das Kaufen selbst verschafft Befriedigung, weniger der Besitz oder das Konsumieren der gekauften Waren. Es besteht der Zwang zur Steigerung, indem häufiger und teurer eingekauft wird, um die gleiche Befriedigung zu spüren. Ist wegen Geldnot kein Kaufen möglich, entwickeln sich Entzugserscheinungen. Typisch sind Schuldgefühle, Reue, Scham und Selbstzweifel, die auf die Glücksgefühle sehr schnell folgen.

Häufig werden die gekauften Gegenstände zu Hause gar nicht ausgepackt, nicht oder nur einmal benutzt, achtlos weggeräumt, verschenkt oder aus Angst vor Vorwürfen der Familie sogar versteckt oder weggeworfen. Aus dem Katalog bestellte Waren bleiben ungeöffnet in den Paketen; an den Kleidern hängen noch die Preisschilder; Lebensmittel werden im Keller gelagert und vergessen, bis sie ungenießbar geworden sind. Im Extremfall kommt es vor, dass Süchtige riesige Mengen an Sonderangeboten in eigens dafür angemieteten Räumen horten.

Gesundheitliche und soziale Folgen

Entzugserscheinungen können von einer inneren Unruhe über Unwohlsein bis hin zu psychosomatischen Erkrankungen und Selbstmordgedanken führen. Häufig leiden die Betroffenen zusätzlich an Depressionen, anderen Zwängen, Angststörungen, Essstörungen und Substanzmissbrauch.

Aus einer oft jahre- und jahrzehntelang anhaltenden Kaufsucht entstehen schwerwiegende Folgen. Soziale Folgen entstehen durch den allmählichen Verlust der Realität, Verlust sozialer Kontakte sowie Verlust des Arbeitsplatzes. Meist sind die Betroffenen völlig überschuldet oder gehen in Insolvenz. Manche versuchen diese Folgen mit illegalen Taten wie Diebstahl oder Unterschlagung zu verhindern.

Auffälligkeiten am Arbeitsplatz und Hilfeangebote

Kaufsüchtige sind am Arbeitsplatz lange Zeit unauffällig. Erst wenn Verschuldungsprobleme zu Gehaltspfändungen führen oder Eigentumsdelikte auftreten, werden betriebliche Stellen aufmerksam. Betriebliche Hilfeangebote sollten in solchen Fällen auf schnelle Vermittlung in professionelle Hände ausgerichtet sein, sowohl für die therapeutische Unterstützung wie für die Ordnung der finanziellen Angelegenheiten.

3 Sucht als Krankheit

»Die Krankheit Sucht stellt ausgerechnet in Frage, was die Menschen der westlichen Welt heute für ihre höchsten Werte halten: Freiheit, Individualität und Rationalität. Heimlich unterminiert sie die Freiheit, so dass die Betroffenen sich trotz ihrer Abhängigkeit noch lange ungebunden wähnen«, vermerkt C. Wiesemann in ihrem Buch »Die heimliche Krankheit«. Und weiter schreibt sie: »Süchtig kann vielmehr gerade derjenige schon sein, der sich subjektiv noch wohl befindet. Jeder ist aufgerufen, sich beständig daraufhin zu prüfen, ob sein Konsum von Alkohol und Nikotin genauso wie sein Verhältnis zu Arbeit und Sport nicht schon Züge von Abhängigkeit aufweist.« (Wiesemann 2000)

3.1 Bedeutung des Begriffs »Sucht«

Süchtige, so glauben viele, werden so genannt, weil sie auf der Suche nach etwas sind, was sie schließlich doch nicht finden, und deshalb immer wieder erneut zum Suchtmittel greifen. Der Begriff »Sucht« bezeichnete jedoch im Ursprung bis ins 16. Jahrhundert generell jede körperliche Erkrankung (gotisch siukan = krank sein).

Erst in der Folgezeit wurde der Begriff durch »Krankheit« ersetzt, während mit »Sucht« ein übersteigerter Hang, ein Laster oder eine den ganzen Menschen dominierende destruktive Tendenz beschrieben wurde. Im 18. Jahrhundert wurde mit »Sucht« eine negative Charaktereigenschaft oder ein abnormer Seelenzustand beschrieben. Im 19. Jahrhundert wurde »Sucht« in Verbindung gebracht mit einer »krankhaften Verformung von Vernunft und Willen«; aus dem Laster »Trunksucht« wurde eine Krankheit. Am Modell der Trunksucht entwickelte die Medizin ihr Krankheitskonzept der Sucht, das heute auf alle Arten der Abhängigkeit von körperlich und/oder seelisch abhängig machenden Substanzen angewandt wird.

3.2 Medizinisches Krankheitskonzept der Sucht

Das medizinische Krankheitskonzept des Alkoholismus wurde von E. M. Jellinek zwischen 1946 und 1960 entwickelt und von der Weltgesundheitsorganisation (WHO) in den Jahren 1952 bzw. 1954 verbreitet. Alkoholkrank ist demnach eine Person, die nicht mehr in der Lage ist, ihren Alkoholkonsum zu steuern (Kontrollverlust) oder ein Leben ohne Alkohol zu führen (Abstinenzverlust).

Das medizinische Krankheitskonzept des Alkoholismus liegt der vom Bundessozialgericht 1968 getroffenen Grundsatzentscheidung, wonach »Trunksucht« eine Krankheit im sozialversicherungsrechtlichen Sinne ist, zugrunde. Aus diesem Urteil heraus begründet sich der Anspruch der Alkoholkranken auf Heilbehandlung. Als Grundsatzurteil wirkt es seither auch in andere Rechtsbereiche, vor allem in das Arbeits- und Dienstrecht, hinein. Es begründet zudem die spätere Übertragung des Krankheitskonzepts auf andere Suchtformen, wie z.B. Medikamenten-, Drogen- oder Spielsucht (u.a. LSG Nordrhein-Westfahlen 1973, AZ L 16 Kr 221/72).

3.3 Entwicklung von Sucht

Hilfreich zum Verständnis der Entwicklung von Sucht ist das Ampelmodell der WHO. Es beschreibt den Prozess der Suchtentwicklung bei Alkohol aufgrund von Konsummustern.

Wie bei einer Ampel werden die **Signale des Konsumverhaltens** in drei Phasen eingeteilt:

- **Grüne Phase:** risikoarmer Konsum = alles im »grünen Bereich«, verantwortlicher Umgang mit Alkohol, gesundheitliches Risiko gering.
- **Gelbe Phase:** riskanter, schädigender Konsum = Achtung! Vorsicht »gelber Bereich«, hohes Gesundheitsrisiko, Suchtgefahr steigt mit Dauer des Konsums und Menge des Alkohols.
- **Rote Phase:** abhängiger Konsum = Gefahr! Stopp »roter Bereich«, Abhängigkeit eingetreten, Hilfe aufsuchen, Suchtmittelkonsum einstellen.

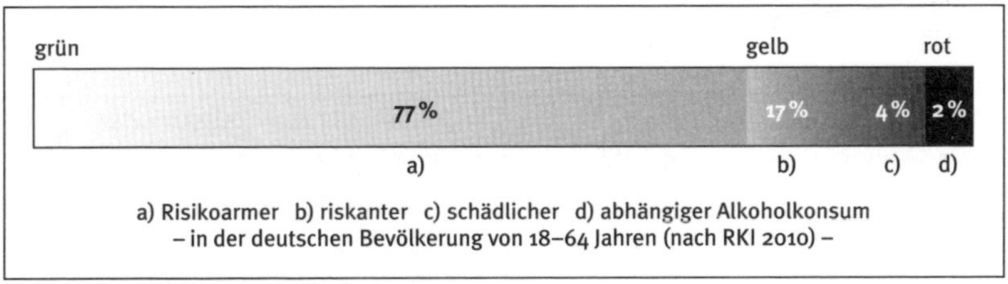

Abb. 5: Ampelmodell

Suchtprävention setzt bereits in der grünen Phase an, um riskantem Konsum und der weiteren Suchtentwicklung vorzubeugen. Die betriebliche Suchtprävention legt vor allem einen Schwerpunkt auf den verantwortlichen Umgang mit Suchtmitteln.

Es empfiehlt sich für alle, die Suchtmittel konsumieren, gelegentlich das eigene Konsumverhalten in den Blick zu nehmen und zu prüfen. Übermäßiger Konsum führt zu gesundheitlichen Schädigungen und steigert die Suchtgefahr.

Bei nichtstoffgebundenen Suchtformen besteht eine psychische Abhängigkeit zur süchtigen Verhaltensweise (z. B. Kaufen, Spielen, Essen). Sie erfüllen die gleichen Kriterien der Abhängigkeit wie bei den stoffgebundenen Süchten.

Wenn im familiären Bereich und am Arbeitsplatz Probleme wegen des Suchtmittelkonsums auftauchen – z. B. finanzielle Schwierigkeiten, Leistungsschwankungen, Fehlzeiten – sind dies sehr ernst zu nehmende Signale. Spätestens hier sollte die betriebliche Hilfe in Form von Gesprächsangeboten und Interventionen einsetzen.

Der Konsum kann sich in bestimmten Lebensphasen oder bei kritischen Lebensereignissen vom grünen in den gelben Bereich bewegen, z. B. bei Verlust eines nahe stehenden Menschen, des Arbeitsplatzes, bei finanziellen Krisen. Wenn in solchen Situationen die persönlichen Ressourcen nicht ausreichen und die sozialen Netzwerke nicht greifen, besteht eine erhöhte Suchtgefährdung.

Verantwortungsvoller Umgang mit Alkohol ist, wenn ...	Unangemessener Umgang mit Alkohol ist ...
• wegen des Geschmacks, • in kleineren Mengen *und* nicht täglich, • nur zu besonderen Anlässen getrunken wird, • in bestimmten Situationen auf Alkohol verzichtet wird, z. B. in der Schwangerschaft, am Arbeitsplatz, beim Autofahren, in Situationen mit Kindern und Jugendlichen, • Alkoholarme bzw. alkoholfreie Getränke bevorzugt werden.	• Trinken bis zum Rausch *oder* • täglicher Konsum *oder* • Konsum im Kindes- und Jugendalter *oder* • Konsum während der Schwangerschaft und Stillzeit *oder* • Konsum während unangemessener Situationen, z. B. im Straßenverkehr, am Arbeitsplatz, in Situationen mit Kindern und Jugendlichen, *oder* • Konsum als »Seelentröster« zur Problembewältigung *oder* • gezielter Konsum zum Abbau von Stress, Ängsten und Frustrationen *oder* • Konsum bei bestehenden gesundheitlichen Risiken oder Belastungen *oder* • Alkohol in Verbindung mit Medikamentengebrauch.

Festzuhalten ist, dass die Suchtentwicklung von vielen Faktoren abhängig ist. Das konkrete Suchtmittel ist daher nur als ein Faktor zu werten. Vereinfacht lassen sich die **Entstehungsbedingungen von Abhängigkeit im Zusammenwirken der folgenden Faktoren,** darstellen:

- Den spezifischen Wirkungen des jeweiligen Suchtmittels.
- Den individuellen seelischen und körperlichen Voraussetzungen der Person, u. a. Lernprozesse, Erfahrungen in der Familie und im Freundeskreis, Fähigkeiten im Umgang mit Belastungen und Konflikten, persönliche Konsummuster.

- Den Lebens- und Arbeitsbedingungen, sozialen Netzwerken und Unterstützungssystemen, Berufschancen, gesellschaftlichen Faktoren u. a. Konsumkulturen einer Familie, eines Landes oder einer Region.

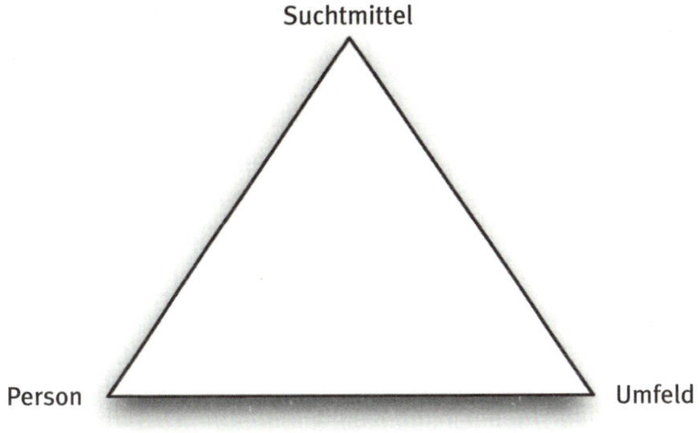

Abb. 6: Suchtdreieck

3.4 Diagnose der Suchterkrankung

Für die Entwicklung einer Suchterkrankung ist ein schleichender Übergang vom riskanten über den schädigenden zum abhängigen Konsum charakteristisch. Der fortgesetzte Suchtmittelgebrauch verändert mit der Zeit die körpereigenen Stoffwechselprozesse soweit, dass die Fähigkeit, den Konsum zu kontrollieren, immer mehr entgleitet. Das Suchtmittel wirkt auf das Gehirn und beeinflusst biochemische Prozesse, die spezifische Abläufe im Körper des Menschen steuern. Vor allem, wenn das körpereigene Belohnungssystem stimuliert wird und temporär ein gesteigertes Wohlgefühl erzeugt, nimmt die Attraktivität des Suchtmittels zu. Auf diese Weise kann es einen stetig stärker werdenden psychischen Druck erzeugen und kann sich zum so genannten Suchtdruck (»Craving«) steigern. Dieser »zwingt« die betroffene Person, den Konsum fortzusetzen, selbst wenn die euphorische Stimmung längst dem zwanghaften Drang, der Scham immer wieder zu unterliegen, gewichen ist. Die Fähigkeit, den Suchtmittelkonsum zu steuern, nimmt immer weiter ab.

Diagnosekriterien der Alkoholkrankheit nach unterschiedlichen Diagnoseschlüsseln
Es müssen immer bestimmte Kriterien innerhalb eines Zeitraums gleichzeitig vorkommen, z. B. bei der ICD 10, wenn drei der sieben Kriterien im letzten Jahr vorlagen. Vergleichbare Kriterien werden auch bei der Diagnose anderer Suchtformen herangezogen.

Audit (Alcohol Use Disorder Identification)	DSM-IV Schädlicher Gebrauch (Diagnostic and Statistic Manual of Mental Disorders IV)	DSM-IV Abhängigkeit (Diagnostic and Statistic Manual of Mental Disorders IV)	ICD 10 (International Classification of Diseases and Related Health Problems)
1. Häufigkeit des Konsums	1. erhebliche Probleme in Haushalt, Familie oder Schule wegen Substanzgebrauch	1. Toleranzentwicklung	1. starker Wunsch oder Zwang zum Konsum
2. Menge pro Trinktag	2. Substanzgebrauch in gefährlichen Situationen	2. Entzugssymptome oder Substanzgebrauch zur Abschwächung oder Vermeidung der Symptome	2. verminderte Kontrollfähigkeit bezüglich: • Beginn • Beendigung • Menge des Substanzkonsums
3. Häufigkeit: 6 oder mehr Gläser pro Trinktag	3. Probleme mit dem Gesetz wegen Substanzgebrauchs	3. Substanzgebrauch länger oder in größeren Mengen als beabsichtigt	3. körperliche und seelische Entzugserscheinungen bei Absetzen des Konsums
4. Kontrollminderung	4. soziale und zwischenmenschliche Probleme wegen Substanzgebrauchs	4. anhaltender Wunsch / erfolglose Versuche, Substanzgebrauch zu kontrollieren	4. Toleranzentwicklung (größere Mengen konsumieren müssen, um die gleiche Wirkung zu erzeugen)
5. Soziale Erwartungen können nicht erfüllt werden.		5. hoher Zeitaufwand für Beschaffung, Gebrauch und Erholung	5. eingeengtes Verhaltensmuster im Umgang mit der Substanz

Audit (Alcohol Use Disorder Identification)	**DSM-IV Schädlicher Gebrauch (Diagnostic and Statistic Manual of Mental Disorders IV)**	**DSM-IV Abhängigkeit (Diagnostic and Statistic Manual of Mental Disorders IV)**	**ICD 10 (International Classification of Diseases and Related Health Problems)**
6. morgendliches Entzugstrinken		6. Aufgabe / Einschränkung von sozialen, beruflichen und Freizeitaktivitäten	6. fortschreitende Vernachlässigung anderer Interessen zugunsten des Substanzkonsums
7. schlechtes Gewissen oder Schuldgefühle		7. fortgesetzter Substanzgebrauch trotz eindeutig schädlicher Folgen	7. anhaltender Substanzkonsum trotz des Nachweises eindeutiger schädlicher Folgen (z. B. Leistungsabfall, Arbeitsplatzverlust, Depressionen, körperliche Folgekrankungen)
8. Erinnerungslücken			
9. Verletzungen von sich selbst oder anderen			
10. Verwandter, Freund oder Arzt äußern Bedenken wegen Trinkverhalten.			
Pro Frage werden 0 bis 4 Punkte vergeben; bei 8 Punkten bezogen auf die letzten 12 Monate ergibt sich ein riskanter und schädlicher Alkoholkonsum.	**Missbrauch liegt vor, wenn eines der vier Kriterien erfüllt ist.**	**Abhängigkeit liegt vor, wenn mindestens drei der genannten Kriterien erfüllt sind.**	**Abhängigkeit liegt vor, wenn mindestens drei der genannten Kriterien während des letzten Jahres erfüllt sind.**

Abb. 7: Diagnosekriterien der Alkoholkrankheit nach unterschiedlichen Diagnoseschlüsseln

Ab dieser Phase des Abhängigkeitsprozesses wird von **Suchterkrankung** gesprochen.

Im Einzelfall sind die Verlaufsformen der Suchtentwicklung sehr variabel. Generell wird festgestellt, dass das Stadium der Abhängigkeit umso eher erreicht wird, je früher mit dem Gebrauch des Suchtmittels begonnen wurde. Unser Körper verfügt über ein sehr gutes »Gedächtnis« für Dinge oder Verhaltensweisen, die unkompliziert und schnell ein Wohlbefinden herstellen oder Erleichterung bringen. Je weniger erlernte Fähigkeiten und konkrete Möglichkeiten ein Mensch hat, seine seelische Balance herzustellen und seine psychosozialen Belastungen abzubauen, um so stärker können der Konsum des Suchtmittels und bestimmte Verhaltensweisen wie Essen, Kaufen oder ähnliche Ablenkungsmanöver diesen Zweck erfüllen.

Für die medizinische Feststellung einer Suchterkrankung hat man sich international auf spezifische **Diagnoseinstrumente** verständigt (Abb. 7). Für die Bestimmung von riskantem und schädigendem Konsum sowie Missbrauch von Suchtmitteln und Abhängigkeit bzw. Suchterkrankung sind dies die Diagnosesysteme AUDIT, DSM IV und ICD 10. Konkrete Kriterien liegen allerdings nur für den Konsum reinen Alkohols vor.

Als Abhängigkeitserkrankungen anerkannt werden von den gesetzlichen Krankenkassen Alkohol-, Nikotin-, Drogenabhängigkeit sowie das pathologische Spielen. Bei einer Nikotinabhängigkeit bieten die Krankenkassen Therapiemöglichkeiten über den § 20 SGB V. Bei anderen Abhängigkeitserkrankungen, wie Arbeitssucht, Esssucht, Internetsucht und Kaufsucht, erfolgt eine therapeutische Behandlung in der Regel über eine andere Diagnose einer psychischen bzw. psychosomatischen Störung.

3.5 Behandlung und Therapie der Suchterkrankung

Die Therapien bei Suchterkrankung variieren je nach der Eigenart des Suchtmittels, nach der Schwere der Erkrankung und des gewählten oder ärztlich verordneten Weges. Die therapeutischen Maßnahmen finden grundsätzlich außerhalb des Betriebes statt und gliedern sich in vier Schwerpunkte:

Behandlung und Therapie der Suchterkrankung				
1. Phase	**2. Phase**	**3. Phase**		**4. Phase**
Kontakt- und Motivationsphase	Entgiftungs-phase	Entwöhnungsphase Nachsorgephase		Nachsorgephase
		Ambulant	Stationär	
• Informations- und Aufklärungsgespräche. • Motivation zur Therapie. • Klärung, ob Abhängigkeitserkrankung vorliegt. • Beratung über geeignete therapeutische Maßnahmen. • Ansprechpartner: Beratungsstellen (extern), betriebliche Suchtbeauftragte, Betriebsarzt, Hausarzt. • Meist ambulant, aber auch stationär.	• Körperlicher Entzug bei stoffgebundenen Abhängigkeitserkrankungen. • Sollte unter medizinischer Aufsicht erfolgen, da Folgeschäden möglich (Delirium tremens). • Zeitliche Dauer abhängig von den Suchtmitteln. • Meist stationär, aber auch ambulant. • Kostenträger: in der Regel Krankenkasse.	• Abstinenz / »trocken/clean werden«[1], ggf. auch Reduktion des Konsums oder »kontrolliertes Trinken«. • Anerkannte Beratungsstelle vor Ort. • Vorteil: Die Betroffenen verbleiben in ihrem sozialen Umfeld und an ihrem Arbeitsplatz. • Kooperati on zwischen Betroffenem, Beratungsstelle und dem Betrieb ist vorteilhaft.	• Abstinenz, ggf. auch Reduktion des Konsums oder »kontrollierter Konsum«. • Meist in Fachkliniken für Abhängigkeitserkrankungen. • Clearingstationen bei illegalen Drogen. • Vorteil: Distanz zum problematischen Umfeld und geschützter therapeutischer Rahmen. • Gegen Ende der Therapie sollte Kontakt mit dem Betrieb aufgenommen werden, um Fragen der Wiedereingliederung abzusprechen.	• Ambulant. • Stabilisierung des Therapieerfolgs. • Berufliche Wiedereingliederung. • Unterstützung durch Selbsthilfegruppen, Suchtberatungsstellen, Psychotherapeuten, betrieblichen Suchtbeauftragten, Hausarzt, Krankenkassen.

Die in mehreren Phasen abgrenzbare Behandlung der Suchtabhängigkeit bildet aus therapeutischer Sicht eine Einheit. Versicherungsrechtlich kann die Zuständigkeit aber bei mehreren Versicherungen liegen. Abzugrenzen ist vor allem die kostenmäßige Zuständigkeit für die Entwöhnungsbehandlung, die in der Regel bei den Rentenversicherungsträgern liegt. Von den Krankenkassen werden dagegen in der Regel die Kosten für alle anderen medizinischen Leistungen getragen. Fehlen Versicherungsansprüche, dann kann die Sozialhilfe (Hartz IV) in Betracht kommen.

[1] **Abstinenz** bedeutet, auf das Suchtmittel ganz zu verzichten, was von abhängigen Konsumenten durchaus als positive Erfahrung erlebt wird, wie z. B. viele ehemalige Nikotinabhängige das »Nicht-mehr-rauchen-Müssen« als echte Bereicherung im Leben empfinden.
»Trocken« werden bedeutet in Bezug auf das Suchtmittel, sich seiner abhängigen Denk- und Handlungsmuster bewusst zu werden, sie zu erkennen und zu überwinden. Vor allem soll gelernt werden, Anforderungen zu bewältigen, Konflikte auszuhalten und zu lösen, ohne nach dem Suchtmittel zu greifen.

Abb. 8: Phasen der Suchttherapie

Die Therapie bei nicht-stoffgebundenen Abhängigkeitserkrankungen, wie Spielsucht, Arbeitssucht, Kaufsucht, Internetsucht, Essstörungen und anderen Verhaltensweisen, die suchtförmig entgleisen, hat in der Regel die Unterbrechung des bestehenden Suchtmusters zum Ziel. Dazu gehört es vor allem, die Bedingungen zu beeinflussen, die das Suchtverhalten bisher auslösten oder verstärkten. Die Therapie hilft außerdem, Gründe für das süchtige Verhalten offenzulegen und die Ressourcen zur Bewältigung der zugrunde liegenden Probleme zu stärken. Eine vollständige Abstinenz ist bei einigen stoffungebundenen Suchtformen nicht möglich, da z. B. bei Spielsucht, Essstörungen oder Arbeitssucht das Verhalten nicht völlig eingestellt werden kann.

Der Erfolg der Therapie hängt von vielen Faktoren ab. Dabei spielt die Motivation der abhängigen Person eine besondere Rolle. Hat sie den ernsthaften Wunsch, mit dem Suchtmittelkonsum aufzuhören, dann stehen die Chancen gut, dieses Ziel auch zu erreichen. Immerhin schaffen es ca. 50 % der Betroffenen, nach einer Therapie langfristig abstinent zu bleiben. Generell gilt: Je eher ein Suchtproblem in Angriff genommen und behandelt wird, desto besser ist die Erfolgsaussicht.

3.6 Erneuter Konsum nach Therapie

Als »erneuter Konsum« wird bezeichnet, was gemeinhin als Rückfall beschrieben wird. Mit dem Begriff **Rückfall** wird in der Suchttherapie der Prozess beschrieben, der den erneuten Suchtmittelkonsum nach einer Entgiftung *und* Entwöhnung sowie einer längeren oder kürzeren Phase der Trockenheit betrifft. Bei praktisch allen Suchterkrankungen gehört die Möglichkeit der Wiederaufnahme des Suchtmittelkonsums oder des nicht stofflich gebundenen Suchtverhaltens zum spezifischen Krankheitsbild. Dabei ist die Rückfallgefahr in den ersten Wochen und Monaten am größten: Rund ein Drittel der Abhängigen greift in diesem Zeitraum erneut zum Suchtmittel. Entscheidend ist jedoch, wie sie mit dem Vorfall umgehen. Denn: Rückfall ist nicht gleich Rückfall.

Es handelt sich um einen »Ausrutscher« oder »Vorfall« im Leben einer betroffenen Person, wenn die Rückkehr zur Abstinenz aus eigener Kraft, gegebenenfalls mit Unterstützung von Selbsthilfegruppen oder therapeutischer Beratung, bald wieder erreicht werden kann. Kommt es aber wieder zu den alten, abhängigen Konsum- und Verhaltensmustern, dann liegt ein Rückfall vor. Der regelmäßige Besuch einer Selbsthilfegruppe ist für viele Suchtkranke – vor allem in der ersten Zeit nach der Entwöhnungstherapie – eine wichtige Hilfe bei der Rückfallprävention.

Suchtkranke, die nach einer Entwöhnungstherapie erneut Suchtmittel konsumieren, sollten nicht vorschnell als unmotiviert und abstinenzunfähig angesehen werden. Im Gesundungsprozess suchtkranker Menschen gilt ein derartiger »Vorfall« als nicht ungewöhnlicher Schritt. Diese Sicht setzt sich in der Suchtkrankenhilfe nur zögernd durch und wird bei der Arbeitsrechtsprechung noch nicht berücksichtigt. Gegenwärtig werden Rückfälle häufig als Verschulden des Betroffenen ausgelegt. Vor dem Hintergrund der heutigen fachlichen Erkenntnisse – und besonders der kritischen arbeits- und disziplinarrechtlichen Würdigung des Rückfalls – ist eine Differenzierung dringend erforderlich.

Als Ursachen für die Wiederaufnahme des Suchtmittelkonsums oder des süchtigen Verhaltens kommen u. a. Stress, familiäre Konflikte, Kränkungen oder Krisen am Arbeitsplatz infrage. Es kann aber auch einfach der Versuch dahinter stehen, auszuprobieren, ob die Rückkehr zu einem »normalen« Suchtmittelkonsum wieder möglich ist. Und manchmal ist die Versuchung oder der Druck einfach zu groß, um beim Anblick oder dem Gedanken an das Suchtmittel zu widerstehen. Dies fällt besonders schwer, wenn einem z. B. die Zigarette oder das Bier geradezu aufgedrängt wird und man kein »Spielverderber« sein möchte.

Zu Rückfällen kann es auch immer noch nach langen Jahren einer abstinenten Lebensweise kommen. Schwere Rückfälle machen meist einen erneuten Entzug und eine weitere Therapie notwendig.

Ehemals Alkoholabhängigen wird empfohlen, alkoholhaltige Lebensmittel und Medikamente zu meiden. Das gilt ebenso für die so genannten »alkoholfreien« Biere, Weine und Sektgetränke. Nicht nur, weil ihr Geschmack an alkoholhaltige Getränke und ihre Wirkung erinnert, sie können selbst ohne besondere Kennzeichnung noch bis zu 0,5 % Alkohol enthalten.

Fortgesetzter Konsum

Wenn Personen, die eine Entwöhnungstherapie durchlaufen haben, den Suchtmittelkonsum weiterhin fortsetzen, so ist das nicht generell das Zeichen einer nicht erfolgreich verlaufenen Therapie. Denn dies würde in der Tat die Fortsetzung des abhängigen Konsum- oder Verhaltensmusters bedeuten. Wenn jedoch der Konsum erheblich vermindert fortgeführt wird, kann das entweder das persönliche Therapieziel der abhängigen Person gewesen sein oder es hat sich um einen Missbrauch gehandelt. Dies kann in einem Fürsorgegespräch mit der betroffenen Person geklärt werden. Für den Betrieb entscheidend ist in diesem Fall, ob erneute arbeits- und leistungsbedingte Auffälligkeiten sichtbar werden, die eine Intervention nach dem Stufenplan erforderlich machen.

3.7 Psychische Störungen am Arbeitsplatz

Suchterkrankungen gehören zum Formenkreis der psychischen Störungen und Verhaltensstörungen. Sie gehen nicht selten auch mit anderen Formen psychischer Störungen einher, und umgekehrt können die Grenzen von psychischen Störungen und Suchtverhalten fließend sein (z. B. bei der Einnahme von Psychopharmaka).

Neben den psychischen Störungen und Verhaltensstörungen durch Suchtmittel gehören u. a. auch Schizophrenie und wahnhafte Störungen, affektive Störungen, neurotische Störungen, Verhaltensauffälligkeiten, Persönlichkeits- und Verhaltensstörungen oder Entwicklungsstörungen zum Bereich psychischer Erkrankungen bzw. zu psychischen Störungen mit Krankheitswert.

Für den Arbeitsbereich bedeutsam sind depressive Störungen und Angsterkrankungen.

Aus dem Gesundheitsbericht 2006 des Bundes geht hervor, dass 15 % der Frauen und 8 % der Männer innerhalb eines Jahres eine depressive Phase durchleben. Eine Angststörung erleben jede fünfte Frau und jeder zehnte Mann innerhalb eines Jahres. Die meisten klingen jedoch nach einiger Zeit wieder ab.

Psychische Störungen sind bereits die vierthäufigste Ursache für krankheitsbedingte Fehlzeiten. Seit 1991 stieg die Zahl der Krankheitstage durch psychische Störungen um etwa 33 %. Dieser ansteigende Trend ist in der Arbeitsunfähigkeitsstatistik seit deren Einführung im Jahre 1976 zu beobachten.

In den vergangenen Jahren wurde in allen hoch industrialisierten Ländern ein starker Anstieg der depressiven Erkrankungen beobachtet. Die Ursachen dafür sind noch unklar, häufig wird jedoch der Stress in der Gesellschaft, z. B. in Form von gestiegener Beanspruchung und Unsicherheit durch die persönliche und berufliche Situation, mit verantwortlich gemacht.

Bei Frauen werden Depressionen im Durchschnitt doppelt so häufig wie bei Männern diagnostiziert. Dies kann mit den unterschiedlichen sozialen Rollen und Zuschreibungen zusammenhängen, da deutlich mehr Männer an depressionsbedingten Selbsttötungen sterben als Frauen. In Großbritannien hat man spezielle Kampagnen an Männer gerichtet, die sich ihrer Krankheit meist schämen, diese verheimlichen und so nicht die notwendige Hilfe erhalten.

Durch Psychotherapien sind viele psychische Erkrankungen heutzutage gut behandelbar. Angesichts der Zunahme der behandlungsbedürftigen Personen beschäftigt sich auch die pharmakologische Forschung mit der Suche nach neuen wirksamen Substanzen zur Angst- und Depressionsbehandlung. Bei der Behandlung mit Psychopharmaka ist allerdings das Problem der Gewöhnung und Abhängigkeit wieder zu beachten.

In vielen Fällen treten psychische Störungen in Verbindung mit Suchtmittelkonsum und suchtbedingten Verhaltensweisen auf. In der betrieblichen Praxis ist es sehr schwer, in solchen Fällen zu unterscheiden, welche Störung primär ist. Deshalb sollte immer, wenn Suchtmittel im Spiel sind, der Stufenplan mit seinem Hilfeangebot konsequent zur Anwendung kommen.

Bei psychischen Erkrankungen stehen dem Betrieb bisher nur Konzepte der Suchtprävention und -hilfe zur Verfügung. Für andere psychische Störungen ist dieses Konzept nicht einfach übertragbar. Es gibt jedoch erste Ansätze, wie beispielsweise das »HILFE-Konzept« der Betriebskrankenkasse, das sich mit Informationen und Hilfestellungen beim Umgang mit Depressionen speziell an den Betrieb wendet.

4 Arbeitsbedingungen und Suchtmittelgebrauch

4.1 Suchtfördernde Arbeitsbedingungen

Belastende Arbeitsbedingungen können zu einem »riskanten« Gesundheitsverhalten beitragen und die Entstehung von Suchterkrankungen mit verursachen oder verstärken. Gerade in hoch belastenden und sehr angespannten Stresssituationen ist oft der Griff zu suchtfördernden Stoffen wie Nikotin, Alkohol oder Tabletten nicht weit, um kurzfristig eine stimulierende, entspannende oder schmerzlindernde Wirkung zu erreichen.

Riskantes Gesundheitsverhalten lässt sich in allen betrieblichen Hierarchieebenen finden. Gefährdet sind z. B. Führungskräfte, wenn Überforderung, hoher Verantwortungsdruck und Statusunsicherheit zusammentreffen. Auf der Ebene des mittleren Managements kann es zur bekannten Stress verstärkenden »Sandwich-Position« kommen. Weibliche Führungskräfte verfügen meist über weniger berufliche Netzwerke, auf die sie in psychisch und sozial kritischen Situationen zurückgreifen können.

Als die größte Gesundheitsgefahr des 21. Jahrhunderts wird von der WHO der Stress, insbesondere am Arbeitsplatz und als Folge von Arbeitslosigkeit, genannt. Internationale Studien zeigen Zusammenhänge zwischen arbeitsbedingtem Stress und psychischen Gesundheitsstörungen auf, z. B. bei Burnout, chronischer Erschöpfung und depressiver Verstimmung.

»Arbeitsbedingter Stress wird verstanden als emotionale und psychophysiologische Reaktion auf ungünstige und schädliche Aspekte der Arbeit, des Arbeitsumfeldes und der Arbeitsorganisation. Stress ist ein Zustand, der durch hohe Aktivierungs- und Belastungsniveaus gekennzeichnet ist und oft mit Gefühlen verbunden ist, man könne die Situation nicht bewältigen.« (Europäische Kommission, Generaldirektion V, 1997)

Abb. 9: Betriebliche Ursachen von Suchtgefährdung

Das Spektrum der Belastungen am Arbeitsplatz hat sich in den letzten Jahrzehnten in Richtung Zunahme psychischer Belastungen verschoben. Die »klassischen« arbeitsbedingten Gesundheitsgefährdungen wie Unfälle, Lärm, Hitze/Kälte, Gefahrstoffe oder körperlich schwere Arbeit sind jedoch nach wie vor verbreitet. Dabei können sich physische und psychische Belastungen gegenseitig verstärken. Arbeitswissenschaftliche Studien zeigen übereinstimmend, dass von psychischen Fehlbelastungen gewerbliche Beschäftigte und Angestellte gleichermaßen betroffen sind: Beide arbeiten in wachsendem Maße unter hohem Leistungs- und Termindruck, müssen vielfach mehrere Arbeiten zugleich bewältigen und häufige Unterbrechungen bei der Arbeit verkraften. Sie haben Angst selbst vor kleinen Fehlern, die große finanzielle Risiken nach sich ziehen können, und müssen permanent bis an die Grenzen ihrer Leistungsfähigkeit arbeiten.

»Psychische **Belastung** wird verstanden als die Gesamtheit der erfassbaren Einflüsse, die von außen auf den Menschen zukommen und auf ihn psychisch einwirken. Psychische **Beanspruchung** wird verstanden als die individuelle, zeitlich unmittelbare und nicht langfristige Auswirkung der psychischen Belastung im Menschen in Abhängigkeit von seinen individuellen Voraussetzungen und seinem Zustand.« (DIN 33405/ISO)

Langfristig wirken sich Stressfolgen durch psychische Fehlbelastungen auf die Gesundheit aus. Dazu zählen insbesondere: psychosomatische Beschwerden und Erkrankungen sowie die Beeinträchtigung des Wohlbefindens. Oft gelingt es nicht, den Stress »abzupuffern«, da Maßnahmen zur Beseitigung oder Abfederung von Belastungen fehlen oder wenn die Führungskräfte ihre Vorgesetztenfunktion nicht wahrnehmen (können) und Konflikte und psychologische Kleinkriege am Arbeitsplatz effizientes Arbeiten unmöglich machen.

Unzufriedenheit entsteht vor allem dann, wenn

- Beschäftigte ihre Arbeitsprobleme nicht mit den Vorgesetzten besprechen können.
- Vorgesetzte die Arbeitsleistung ihrer Mitarbeiter nicht oder zuwenig anerkennen.
- Vorgesetzte Aufgaben und Verantwortungsbereiche nicht eindeutig zuweisen.
- Vorgesetzte nicht über die fachlichen und sozialen Führungsqualifikationen verfügen, um gesundheitsorientiert zu führen.

Die Auswirkungen psychischer Belastungen schlagen auch betriebswirtschaftlich zu Buche: Störungen, Arbeitsunfälle, Qualitätseinbußen, erhöhte Suchtgefahren und krankheitsbedingte Fehlzeiten sind möglicherweise die Folge.

Körperliche und psychische Belastungsfaktoren

Kurzzeitig einwirkende psychische Belastungen und (Fehl-)Beanspruchungen führen in der Regel nicht zu andauernden gesundheitlichen Schäden, beeinträchtigen aber das Wohlbefinden. Die negativen Auswirkungen von Stress entstehen, wenn durch Dauerbelastungen zusätzliche Energie aufgebracht werden muss und es keine Möglichkeiten gibt, den Stress abzubauen.

Arbeitsbelastungen, die Stress auslösen können und damit suchtgefährdend sind:	
1. Stressoren aus der Arbeitsaufgabe • Zu hohe quantitative und qualitative Anforderungen. • Fehlende Eignung, mangelnde Berufserfahrung. • Zeit- und Termindruck. • Unvollständige, partialisierte Aufgaben. • Informationsüberfluss. • Arbeitstempo. • Unklare Aufgabenübertragung, widersprüchliche Anweisungen. • Unerwartete Unterbrechungen und Störungen. • Defekte Arbeitsmittel. • Fehlende Erholung und Entspannung.	**2. Stressoren aus der Arbeitsrolle** • Verantwortung. • Konkurrenzverhalten unter den Mitarbeitern. • Fehlende Unterstützung und Hilfeleistungen. • Enttäuschung, fehlende Anerkennung (Gratifikationskrisen). • Konflikte mit Vorgesetzten und Mitarbeitern. • Belastungen durch Führungsprobleme.
3. Stressoren aus der materiellen Umgebung • Umgebungseinflüsse: Lärm, mechanische Schwingungen, Kälte, Hitze, Beleuchtung, chemisch-toxische Stoffe, elektromagnetische und ionisierende Strahlen usw. • Arbeitsgestaltung. • Komplexe technische Systeme: Überforderung des menschlichen Denk- und Urteilsvermögens oder Überschreitung der Informationsaufnahme und Informationsverarbeitungskapazität.	**4. Stressoren aus der sozialen Umgebung** • Betriebsklima. • Wechsel der Umgebung, der Mitarbeiter/ Vorgesetzten und des Aufgabenfeldes. • Strukturelle Veränderungen im Unternehmen. • Informationsmangel. • Konflikte mit Kunden und Lieferanten. • Mobbing.
5. Stressoren aus der Arbeitsplatzeinbindung • Isolation (Einzelarbeitsplatz). • Dichte (Großraumbüro).	**6. Stressoren aus dem Personensystem** • Angst vor Aufgaben, Misserfolg, Tadel und Sanktionen. • Ineffiziente Handlungsstile. • Familiäre, private Konflikte.

Abb. 10: Stress auslösende Arbeitsbelastungen

Das Risiko einer gesundheitlichen Störung aufgrund psychischer Belastungen wächst insbesondere dann,

- wenn dauerhaft hohe Anforderungen und die Unmöglichkeit, selber auf die Anforderungen einzuwirken, zusammentreffen.
- wenn der natürliche Rhythmus aus Belastung und Entspannung / Erholung (z. B. durch ständige Überstunden) aus dem Gleichgewicht gerät.
- wenn das Verhältnis von (Arbeits-)Leistung und Gegenleistung in Form von Anerkennung, Aufstiegsmöglichkeiten oder Bezahlung als ungerecht empfunden wird.

Stress und Bewältigungsverhalten

Die Fähigkeit, Stress zu empfinden, ist prinzipiell eine positive Eigenschaft und eine lebenswichtige Funktion, die es Menschen in Krisensituationen ermöglicht, zusätzliche körperliche und seelische Kräfte zu mobilisieren. In der Regel wird dadurch das Denkvermögen geschärft und die Fähigkeit, Aufgaben und Probleme rascher zu lösen, wird unterstützt.

Bei der Frage, ob Stress grundsätzlich als gesundheitsriskanter Faktor eingeschätzt werden muss, ist zwischen **kontrollierbarem Stress** und nicht kontrollierbarem Stress zu unterscheiden. Ist der Stress kontrollierbar, erlebt der Mensch ihn als Herausforderung, die bewältigt werden kann und belohnt wird. Stress in Form der Herausforderung wird als notwendig betrachtet für die persönliche Weiterentwicklung. **Unkontrollierter Stress** dagegen kann Krankheiten verursachen, wenn die Anforderungen am Arbeitsplatz hoch sind *und* der arbeitende Mensch wenig Einfluss auf seine Arbeitsbedingungen hat; wenn es weiterhin zu wenig soziale Unterstützung von Seiten der Vorgesetzten oder aus dem Kreis der Kollegen gibt und wenn die Gratifikationen (Arbeitsentgelt, Anerkennung und Status u. a.) nicht angemessen sind.

Beschäftigte entwickeln unterschiedliche Muster von Verhalten und Eigenaktivität bei der Lösung von Problemen oder in Konfliktsituationen. Ein gutes Selbstwertgefühl und die Überzeugung, den Anforderungen der Umwelt gewachsen zu sein, sind Grundeigenschaften, die hel-

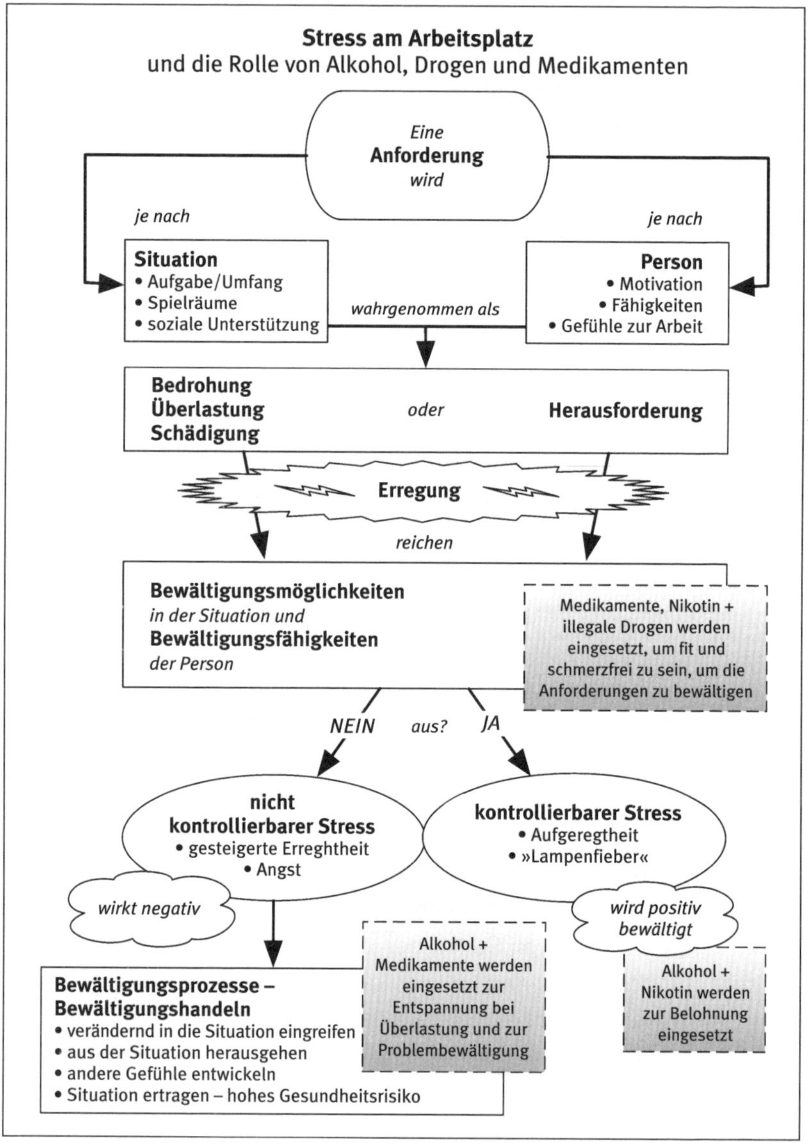

Abb. 11: Stress und die Rolle von Suchtmitteln

fen, den negativen Auswirkungen von Belastungen besser widerstehen zu können. Selbstwertgefühl und Selbstvertrauen können durch den Stressprozess in Mitleidenschaft gezogen werden, wenn z. B. fortwährende Misserfolge und Belastungen Selbstzweifel wecken. Positive Veränderungen der Situation, der Anforderungen und der sozialen Unterstützung können dagegen helfen, das Selbstwertgefühl zu stabilisieren.

Angebote zur Stressprävention und -bewältigung im Rahmen der betrieblichen Gesundheitsförderung sind eine wichtige Maßnahme zur Stärkung der persönlichen Ressourcen. Bewährt haben sich vor allem diejenigen Konzepte, in denen auch die konkreten betrieblichen Verhältnisse einbezogen werden.

4.2 Gesundheitsfördernde Arbeitsbedingungen

Nach der Definition der WHO ist »Gesundheit [...] der Zustand vollständigen körperlichen, geistigen und sozialen Wohlbefindens und nicht das Freisein von Krankheiten und Gebrechen«. Neuere Definitionen ergänzen: »Gesundheit ist eine Fähigkeit zur Problemlösung und Gefühlsregulierung, durch die ein positives seelisches und körperliches Befinden – insbesondere ein positives Selbstwertgefühl – und ein unterstützendes Netzwerk sozialer Beziehungen erhalten und wiederhergestellt wird.« (Badura 2003)

Gute Möglichkeiten für die Verbesserung von Sicherheit und Gesundheit am Arbeitsplatz bietet seit 1996 das **Arbeitsschutzgesetz** (ArbSchG). Es verpflichtet den Arbeitgeber zu Arbeitsschutzmaßnahmen zur Verhütung von Unfällen und arbeitsbedingten Gesundheitsgefahren einschließlich Maßnahmen der menschengerechten Gestaltung der Arbeit. Arbeit und Arbeitsbedingungen müssen an die Voraussetzungen der Menschen angepasst und seine Persönlichkeit gefördert werden. Auf dieser Grundlage sollte auch die betriebliche Suchtprävention aufbauen (s. Kapitel 5).

Ergänzend bietet die betriebliche Gesundheitsförderung unterschiedliche Möglichkeiten, um suchtfördernde Arbeitsbedingungen aufzuspüren, beispielsweise können bei der Gefährdungsermittlung oder einer Mitarbeiterbefragung Fragen zum psychischen Stress, zum Stressverhalten und Suchtmittelkonsum aufgenommen werden. Auch Gesundheitszirkel bieten die Möglichkeit im kleinen, geschützten Rahmen von Beschäftigten vor Ort die Belastungen der Arbeit und Suchtrisiken zu thematisieren und Lösungen zu finden.

Damit lässt sich die betriebliche Gesundheitsförderung unmittelbar mit der betrieblichen Suchtprävention verbinden, um suchtfördernde Arbeitsbedingungen abzubauen und persönliche Ressourcen der Beschäftigten zu stärken. Ein wichtiger Ansatz ist dabei die Salutogenese von Aaron Antonovsky. Die Salutogenese geht der Frage nach: »Was hält Menschen gesund?«. Gesundheit ist ein Prozess, in dem Menschen, wenn sie ausreichende Ressourcen besitzen, ein positives Selbstbild und ein Gefühl der Zuversicht entwickeln, das sie befähigt, in kritischen Situationen zu handeln, diese zu bewältigen und gesund zu bleiben (Kohärenzgefühl).

Um gesund zu bleiben am Arbeitsplatz sollten die Kriterien »guter Arbeit« berücksichtigt werden.

Der »DGB-Index Gute Arbeit« wird jährlich bei Einzelpersonen und in Betrieben erhoben und dokumentiert (www.dgb-index-gute-arbeit.de). Als Ergebnis einer Befragung im Rahmen der »Initiative Neue Qualität der Arbeit« (www.inqa.de) wurden 2004 die 20 wichtigsten Aspekte »guter Arbeit« aus der Sicht von abhängig Beschäftigten veröffentlicht:

- Festes, verlässliches Einkommen.
- Sicherheit des Arbeitsplatzes.
- Arbeit soll Spaß machen.
- Behandlung »als Mensch« durch Vorgesetzte.
- Unbefristetes Arbeitsverhältnis.
- Förderung gegenseitiger Unterstützung unter Kollegen.
- Gesundheitsschutz bei Arbeitsplatzgestaltung.
- Arbeit soll als sinnvoll empfunden werden.
- Stolz auf die Arbeit sein können.
- Vielseitige/abwechslungsreiche Arbeit.

- Einfluss auf die Arbeitsweise.
- Vorgesetzte sorgen für gute Arbeitsplanung.
- Eigene Fähigkeiten weiterentwickeln können.
- Vorgesetzte vermitteln Lob/Anerkennung, konstruktive Kritik.
- Verantwortungsvolle Arbeitsaufgaben.
- Vorgesetzte kümmern sich um fachliche/berufliche Entwicklung.
- Vorgesetzte haben Verständnis für individuelle Probleme.
- Regelmäßige Einkommenssteigerungen.
- Arbeitsfehler analysieren, um Ursachen zu beheben.
- Vorgesetzte unterstützen bei der Arbeit.

Unterstützung durch die Sozialgesetzgebung
Berufsgenossenschaften (§ 14 SGB VII) und Krankenkassen (§ 20 SGB V), die verpflichtet sind, bei der Bekämpfung arbeitsbedingter Gesundheitsgefahren zusammenzuarbeiten, bieten den Betrieben ihre Unterstützung bei der betrieblichen Prävention und Gesundheitsförderung an. Die Handlungsfelder und Anforderungen der betrieblichen Gesundheitsförderung wurden in einem Leitfaden der Arbeitsgemeinschaft der Spitzenverbände der Krankenkassen festgelegt.

Die **Angebote zur betrieblichen Gesundheitsförderung** umfassen unter anderem:

1. Die Förderung der individuellen Kompetenzen zur Stressbewältigung am Arbeitsplatz mit den Zielen:
   - Negative Folgen für die physische und psychische Gesundheit aufgrund von chronischen beruflichen Stresserfahrungen zu vermeiden oder zu reduzieren.
   - Die individuellen Bewältigungskompetenzen zu stärken.
   - Die Maßnahmen in ein umfassendes Konzept der betrieblichen Gesundheitsförderung einzubinden.
2. Die gesundheitsgerechte Mitarbeiterführung mit den Zielen:
   - Führungskräfte für Zusammenhänge zwischen ihrem Verhalten und der Gesundheit der Mitarbeiter, dem Wohlbefinden und den psychophysischen Belastungen zu sensibilisieren.

- Bei der Entwicklung eines mitarbeiterorientierten und gesundheitsgerechten Führungsstils zu unterstützen.
- Psychische Fehlbelastungen auf Seiten der Mitarbeiter zu reduzieren sowie Wohlbefinden zu fördern.
- Strategien zu einer gesundheitsgerechten Bewältigung des eigenen Führungsalltags zu erwerben.
- Die Vorbildfunktion der Führungskräfte zu stärken.

3. Die Suchtprävention mit den Schwerpunkten:
   a) »rauchfrei im Betrieb« mit den Zielen:
   - Die gesundheitlichen Interessen der nichtrauchenden Beschäftigten (Nichtraucherschutz gemäß § 5 ArbStättV) durchzusetzen.
   - Die Motivation rauchender Beschäftigter zu stärken, mit dem Rauchen aufzuhören.
   - Die Raucherquoten und den Tabakkonsum im Betrieb zu reduzieren.

   b) »Punktnüchternheit« (null Promille am Arbeitsplatz) mit den Zielen:
   - Die Beschäftigten, die Führungskräfte und die betrieblichen Entscheider zu sensibilisieren hinsichtlich des Einflusses von – auch geringen Mengen – Alkohol und anderen psychisch wirksamen bzw. berauschenden Suchtmitteln auf Leistungsfähigkeit, Arbeitssicherheit und Arbeitsunfähigkeit.
   - Eine betriebliche Kultur von »null Promille« am Arbeitsplatz aufzubauen.
   - Die Führungskräfte zu sensibilisieren hinsichtlich ihrer Führungsverantwortung unter dem besonderen Aspekt der Suchtmittelprävention.
   - Die betrieblichen Entscheider und Führungskräfte zu motivieren, betriebsinterne oder externe Fachkompetenzen zur Problemlösung sowie zur Vernetzung mit inner- und außerbetrieblichen Präventionsangeboten und Hilfsmaßnahmen einzubeziehen.
   - die Mitarbeiter mit auffälligem Verhalten aufgrund von riskantem Konsum frühzeitig aufzuklären und eine Änderungsbereitschaft zu fördern,

- den Suchtmittelkonsum und die dadurch bedingten Unfallzahlen zu senken.

Für diese und weitere Maßnahmen zur Suchtprävention und Gesundheitsförderung im Betrieb werden von Krankenkassen und Berufsgenossenschaften Seminar- und Beratungsangebote sowie sachliche und organisatorische Unterstützung bereitgestellt.

5 Suchtpräventionsprogramm

Betriebliche Suchtpräventionsprogramme sollten im wahrsten Sinne des Wortes ein Programm sein, also etwas, das man systematisch aufbaut und entwickelt. In vielen Betrieben gibt es einzelne Aktionen und Maßnahmen der Suchthilfe und der Suchtprävention. Was oft fehlt, ist ein Gesamtkonzept, das die Maßnahmen miteinander verknüpft und verlässliche Strukturen bereitstellt. Ein betriebliches Suchtpräventionsprogramm bietet den organisatorischen Rahmen, um diese Maßnahmen in ein betriebliches Gesundheitsmanagement einzubetten und sie mit dem Arbeitsschutz und der Gesundheitsförderung zu verknüpfen. Zugleich gestaltet es die Schnittstellen zur Personal- und Organisationsentwicklung.

Die betriebliche Suchtprävention und -hilfe ist als Gesamtkonzept entwickelt worden, für das bestimmte Standards gelten. Dazu gehört u.a., dass darüber eine Betriebsvereinbarung abgeschlossen wird. Darin sind die Ziele, die Aufgaben, die Maßnahmen und die Umsetzungsschritte der betrieblichen Suchtprävention und -hilfe sowie die jeweiligen Verantwortlichkeiten festgeschrieben. Die Elemente eines Suchtpräventionsprogramms sind in Abb. 12 dargestellt.

Abb. 12: Betriebliches Suchtpräventionsprogramm

5.1 Steuerkreis

Die Organisation und Lenkung eines betrieblichen Suchtpräventionsprogramms sollte durch einen **Steuerkreis** erfolgen. Er hat die Aufgabe, die notwendigen Entscheidungen zum Aufbau eines Suchtpräventionsprogramms zu treffen und die Einbindung in die betrieblichen Strukturen zu gewährleisten.

Besetzung des Steuerkreises	
in größeren Betrieben	in kleineren Betrieben
Je ein Vertreter von • Geschäftsführung. • Personalabteilung. • Betriebsrat. • Schwerbehindertenvertretung. • Sozial-/Suchtberatung. • Betriebsarzt. • Sicherheitsfachkraft. • Ggf. Gleichstellungsbeauftragte, Jugend- und Auszubildendenvertretung, Vertretung der leitenden Angestellten, weitere interne oder externe Experten.	Je ein Vertreter von • Geschäftsführung, Betriebsleitung. • Betriebsrat und Schwerbehindertenvertretung (soweit vorhanden). • Betriebsärztlicher und sicherheitstechnischer Dienst. • Ansprechperson für Suchtfragen (soweit vorhanden). • Externe Berater z. B. der Krankenkassen, Berufsgenossenschaft oder Beratungsstelle.

Aufgabe des Steuerkreises ist es:

- Die Ziele des Suchtpräventionsprogramms zu erarbeiten, dessen Umsetzung auf seine Wirksamkeit zu überprüfen (Evaluation) und die langfristige Planung der Suchtprävention und -hilfe sicherzustellen.
- Die Rahmenbedingungen für die interne Suchtberatung zu klären und die fachlichen Standards zu sichern (u. a. Qualifizierung, Supervision, Schweigepflicht) oder die Zusammenarbeit mit externen Einrichtungen (u. a. Beratungsstellen, Krankenkassen) zu vereinbaren.
- Maßnahmen und Aktionen zur Suchtprävention zu beschließen und Mittel dafür bereitzustellen.

- Koordination, Auswertung sowie Aktualisierung von Maßnahmen und Aktionen vorzunehmen.
- Informationen und Hilfeangebote für die Beschäftigten bereitzustellen.
- Seminarangebote für die Personalverantwortlichen – soweit möglich in Zusammenarbeit mit der Personalentwicklung – verbindlich zu organisieren.
- In Kooperation mit dem Arbeits- und Gesundheitsschutz arbeitsbedingte Risiken zu analysieren und abzubauen.
- Die interne und externe Vernetzung der Suchtprävention und -hilfe zu fördern.

Der Steuerkreis tagt nach Bedarf, mindestens jedoch einmal jährlich, um die Wirkungen der vorbeugenden und unterstützenden Maßnahmen auszuwerten und um das Suchtpräventionsprogramm gegebenenfalls zu korrigieren und weiterzuentwickeln. Die Beratung und Hilfe im Einzelfall gehört dagegen nicht zu seinen Aufgaben.

5.2 Vorbeugende Aktivitäten

Suchtprävention wird unterschieden in Primär-, Sekundär- und Tertiärprävention (Krankheitenvorbeugung, -früherkennung und -nachsorge).

Die vorbeugende Arbeit gehört zum Bereich der **Primärprävention.** Hier greifen Angebote und Maßnahmen der Suchtprävention, des Arbeitsschutzes und der Gesundheitsförderung ineinander, z. B.:

- Informations- und Aufklärungsveranstaltungen, betriebliche Suchtwochen, Aktionstage, Ausstellungen (Materialien u. a. erhältlich bei Krankenkassen, BGen, BZgA, DHS, Suchtberatungsstellen).
- Informationsmaterialien für alle Beschäftigten oder bestimmte Zielgruppen (z. B. Frauen, Männer, Auszubildende, ausländische Arbeitnehmer).
- Tagesordnungspunkte zum risikoarmen Umgang mit Suchtmitteln und zu Suchtproblemen in Betriebs- und Abteilungsversammlungen.
- Jugend- und Auszubildendenversammlungen zum Thema (z. B. zur Wirkung legaler und illegaler Drogen und Folgen des Konsums).

- Veränderung der Konsumkultur im Betrieb (z.B. kein Verkauf von Suchtmitteln, keine alkoholhaltigen Geschenke, Fruchtcocktails statt Alkohol bei Feiern).
- Seminare zu gesundheitsförderlichen Führungsstrukturen und mitarbeiterorientiertem Führungsstil, Coaching für Vorgesetzte.
- Abbau physischer und psychischer Belastungen am Arbeitsplatz (z.B. Stress auslösende Arbeitsbedingungen, Zeitdruck, Überstunden, Störungen im Arbeitsablauf), Gefährdungsanalyse.
- Maßnahmen zur Verbesserung des Betriebsklimas (z.B. Teamentwicklung, Konfliktregelungen).
- Kostenlose nichtalkoholische Getränke am Arbeitsplatz.
- Kantinenangebote nach empfohlenen Ernährungsrichtlinien.
- Förderung der Gesundheitskompetenzen der Beschäftigten (z.B. durch Unterweisung, Gesundheitszirkel und Personalentwicklung).

Angebote zur Information und Aufklärung

Suchtpräventionsprogramme können eine große Breite und Vielfalt von Angeboten umfassen. Die Erfahrung zeigt, dass Menschen sich bei »problematischen« Themen eher öffnen, wenn sie mit positiven Botschaften und kreativen Ideen verbunden sind. Bei der Suchtprävention und -hilfe gibt es allerdings Grenzen der Kreativität insbesondere dann, wenn fachliche Anforderungen und ethische bzw. humane Regeln verletzt werden.

Um zu verhindern, dass Angebote der betrieblichen Suchtprävention an den Beschäftigten »vorbeigehen«, ist es ratsam, bei der Planung die unterschiedlichen Bedürfnisse und Zugangswege zu berücksichtigen.

Angebote für spezielle Arbeitnehmergruppen – Auszubildende
Für spezifische Arbeitnehmergruppen lassen sich gezielt präventive Angebote gestalten. Besonders häufig werden in den Betrieben gesonderte Präventionsveranstaltungen für Jugendliche und Auszubildende organisiert.

Suchtprävention für Auszubildende im Gesundheitsprogramm der Ford Werke GmbH, Fertigung Saarlouis
Seit über 20 Jahren gibt es bei den Ford-Werken in Saarlouis ein Suchtpräventionsprogramm für die Auszubildenden, das sie während ihrer Ausbildungsjahre begleitet.
Im 1. Ausbildungsjahr informiert ein zweitägiges Seminar »Sucht ist Flucht« über die Wirkung und Auswirkungen von legalen und illegalen Drogen, insbesondere Alkohol und Marihuana. In Zusammenarbeit mit einem Therapiezentrum berichten Betroffene über ihre Drogenkarriere. Auch Verhaltenssüchte (Ess-, Internet- und Spielsucht) bei jungen Menschen werden angesprochen. Im 2. und 3. Ausbildungsjahr finden verschiedene soziale Projekte in Form einer freiwilligen Projektwoche im Therapiezentrum statt. Die Auszubildenden arbeiten dort mit Klienten an einem gemeinsamen Projekt. Ziel ist es, mit suchtkranken Menschen ins Gespräch zu kommen und gemeinsam etwas »auf die Beine« zu stellen. Auf diese Weise wurden im Therapiezentrum ein Volleyballplatz angelegt, der Grillplatz mit Pflastersteinen versehen und eine Grillhütte gebaut.
Der persönliche Austausch mit Suchtkranken und dabei »hautnah« die Gefahren von Abhängigkeit zu erleben, stellt eine persönliche Bereicherung dar und trägt zur Weiterentwicklung sozialer Kompetenzen bei.
Im Rahmen unserer Suchtprävention werden Ausbilder und Vorgesetzte alle zwei Jahre über die Wirkung und Auswirkungen von legalen und illegalen Drogen am Arbeitsplatz geschult, um bei Auffälligkeiten am Arbeitsplatz schnell handeln und Hilfe anbieten zu können.
(Franz-Rudolf Noh, Betriebliche Suchtberatung, Ford-Werke GmbH, Fertigung Saarlouis)

Auch mit kleinem Budget kann man eine breite Wirkung erreichen. In einem Chemieunternehmen gestaltete ein Ausbildungsjahrgang im Rahmen eines Projekts eine Ausstellung zum Thema »Arbeitsplatz und

Sucht«. Zielgruppe waren alle Beschäftigten des Betriebes. Die Ausstellung wurde von den Auszubildenden im Kantinenbereich präsentiert. Bild- und Texttafeln sowie kreativ gestaltete Objekte bildeten einen ansprechenden Rahmen für anregende Gespräche über riskanten Suchtmittelgebrauch, Suchtprobleme und Faktoren im Arbeitsleben, die zu einer Suchtgefährdung beitragen können.

5.3 Regelungen zum Umgang mit Suchtmitteln

5.3.1 Verbote und einschränkende Regelungen

Regelungen zur Einschränkung des Suchtmittelkonsums in Form von Alkoholverboten im Betrieb haben eine lange Tradition (s. Kapitel 1). In den letzten Jahren wurden sie vermehrt auch für den Gebrauch von illegalen Drogen und schließlich für den Tabakkonsum getroffen. Solche generellen Regelungen zum Umgang mit Suchtmitteln im Betrieb sind in jedem Falle mitbestimmungspflichtig.

Alkohol-, Drogen- und Rauchverbote können in der Tat dazu beitragen, den Suchtmittelkonsum der Beschäftigten zu senken. Allerdings ziehen solche Verbote auch immer Kontrollen nach sich, die oftmals sachlich nicht angemessen und rechtlich problematisch sind (s. Kapitel 9).

Im Sinne der Suchtprävention sollten Verbote und Sanktionen die Vorbeugung und Hilfe nicht ersetzen. Regelungen des Suchtmittelkonsums greifen in die persönlichen Rechte der Beschäftigten ein. Ziel ist daher, die betroffene Person in den Prozess aktiv einzubeziehen, sie wieder zu integrieren und ihr eine Perspektive zu geben.

Ein Suchtpräventionsprogramm bietet allen Beteiligten die Chance, eine andere Haltung zum Suchtmittelkonsum zu entwickeln. Unternehmensleitungen und auch Betriebsräte sind oft der Meinung, dass ein Verbot von Alkohol oder illegalen Drogen im Betrieb das Problem des Suchtmittelkonsums und der Arbeitssicherheit lösen würden. Damit wiegen sich viele Verantwortliche jedoch in falscher Sicherheit.

Die Vorschrift des § 15 BGV A 1 besagt, dass Beschäftigte, die sich oder andere durch den Gebrauch von Suchtmitteln gefährden könnten, nicht eingesetzt werden dürfen. Zur Einschränkung von Unfall- und Gesundheitsgefährdungen sollten daher klare Regeln aufgestellt werden. Im Sinne der Suchtprävention muss bei Übertretung der Regeln vom Personalverantwortlichen konsequent interveniert werden, was in jedem Falle ein Beratungs- und Hilfeangebot einschließt (s. Kapitel 5.4.2). Verstöße rechtfertigen jedoch nicht zwangsläufig den Einsatz von Suchtmitteltests.

Ohne konsequente Intervention und Hilfe sind Verbote bei Verstößen von Regeln abzulehnen. Besonders suchtgefährdete Beschäftigte, die ihren Konsum nicht mehr steuern können, würden bestraft, erhielten aber keine notwendige Unterstützung zur Lösung ihres Suchtproblems. Verbote ohne Prävention und Hilfe entsprechen nicht dem Prinzip des Suchtpräventionsprogramms.

5.3.2 Veränderung der Konsumkultur: Punktnüchternheit bei der Arbeit

Grundprinzip der Suchtprävention heißt: Verantwortliches Handeln durch Information, Aufklärung und Beratung fördern und Hilfe zur Selbsthilfe leisten. Betriebliche Suchtprävention setzt sich auf diese Weise für gesunde und sichere Arbeitsbedingungen und einen suchtmittelfreien Arbeitsplatz durch Punktnüchternheit ein. **Punktnüchternheit** bedeutet im Umgang mit Alkohol: null Promille bei der Arbeit. Das Prinzip ist auch auf andere Suchtmittel zu übertragen.

Es ist denkbar einfach, geht es doch darum, dass alle Beschäftigten eigenverantwortlich vor und während der Arbeitszeit auf den Suchtmittelkonsum verzichten. Ziel ist die Vermeidung riskanten Konsums, die Umgehung von Leistungs- und Qualitätsverlusten und die Verbesserung der Arbeitssicherheit.

Für die Durchsetzung der Punktnüchternheit müssen die Mitarbeiter gewonnen werden. Verbindliche Regeln und Absprachen im Betrieb gemeinsam mit den Beschäftigten können zu einer anderen Betriebskultur im Umgang mit Suchtmitteln, besonders Alkohol, beitragen. Anders als beim Alkoholverbot geht es nicht darum, Regelverletzungen zu ahnden und zu sanktionieren, sondern sich auf einen verantwortungsbewussten Umgang mit Suchtmitteln am Arbeitsplatz zu einigen. Eine zentrale Rolle spielt dabei das Vorbildverhalten der Personalverantwortlichen und die aktive Unterstützung durch die Interessenvertretungen.

5.4 Interventionen bei Auffälligkeiten

Auffälligkeiten so früh wie möglich anzusprechen, sollte das Ziel betrieblicher Suchtprävention sein. Ein solcher Fall liegt vor, wenn ein Beschäftigter während der Arbeit unter dem Einfluss von Suchtmitteln steht.

5.4.1 Intervention bei Gefährdung der Arbeitssicherheit

Arbeit unter dem Einfluss von Alkohol, illegalen Drogen und anderen berauschenden Mitteln, zu denen explizit auch Medikamente zählen, gilt als Arbeitssicherheitsrisiko. Vorgesetzte müssen in Situationen, in denen Beschäftigte sich selbst oder andere gefährden könnten, gemäß § 7 (2) BGV A 1 tätig werden.

Orientierung für das Vorgehen gibt eine (in einer BV festgelegte) abgestimmte Verfahrensweise bei akuter Einschränkung der Arbeitsfähigkeit durch Alkohol, illegale Drogen und Medikamente:

- Bei Hinweisen darauf, dass ein Beschäftigter unter akutem Einfluss berauschender Mittel steht, hat der Vorgesetzte unmittelbar zu prüfen, ob eine sicherheitsrelevante Einschränkung der Arbeitsfähigkeit vorliegt oder ob der Beschäftigte die Arbeit fortsetzen kann.
- Vorgesetzte sind gehalten, auch den Hinweisen aus dem Kreis der Beschäftigten nachzugehen.
- Als Kriterium für die Entscheidung reicht der »Beweis des ersten Anscheins« aufgrund der allgemeinen Lebenserfahrung des Vorgesetzten, ein Alkohol- oder Drogentest ist nicht erforderlich.
- Der Vorgesetzte zieht mindestens eine weitere Person, möglichst aus dem Betriebsrat hinzu (Beweishilfe).

- Der Beschäftigte wird auf die Möglichkeit hingewiesen, sich zum Gegenbeweis einem Test auf Suchtmittelgebrauch zu unterziehen oder bei Medikamenten die Eignung für die Tätigkeit (betriebs-)ärztlich bestätigen zu lassen.
- Wird der Beschäftigte nach Hause entlassen, trägt der Arbeitgeber die Verantwortung für den sicheren Heimweg.
- Veranlasst der Vorgesetzte einen Heimtransport, hat der Beschäftigte die Kosten zu tragen.
- Ist der Beschäftigte durch eigenes Verschulden an seiner Arbeitsleistung gehindert, besteht für die ausgefallene Arbeitszeit kein Anspruch auf Entgelt.
- Nach einem solchen Vorfall führt der Vorgesetzte zeitnah ein Gespräch nach dem Stufenplan des Interventionsleitfadens.

Ein Risiko für die Arbeitssicherheit können auch überlange Arbeitszeiten bei Arbeitssucht oder mangelnde Nahrungsaufnahme bei Essstörungen sein, die ein Handeln des Vorgesetzten erfordern. Auch in solchen Fällen sollte das betrieblich abgestimmte Verfahren zur Anwendung kommen. Die Personalverantwortlichen sind für das Handeln bei Verstößen gegen die Arbeitssicherheit zu schulen.

5.4.2 Leitfaden für Gespräche bei Auffälligkeiten

In betrieblichen Suchtpräventionsprogrammen sind Gespräche nach dem Stufenplan ein eingeführtes und bewährtes Verfahren.

Ziel des Stufenplans ist es

- die betroffene Person mit den Auffälligkeiten zu konfrontieren.
- zu verdeutlichen, welche konkreten Änderungen im Arbeitsverhalten erwartet werden.
- Konsequenzen aufzuzeigen, die sich aus einem fortgesetzten Fehlverhalten zukünftig ergeben.
- Hilfen anzubieten und Perspektiven zu eröffnen.

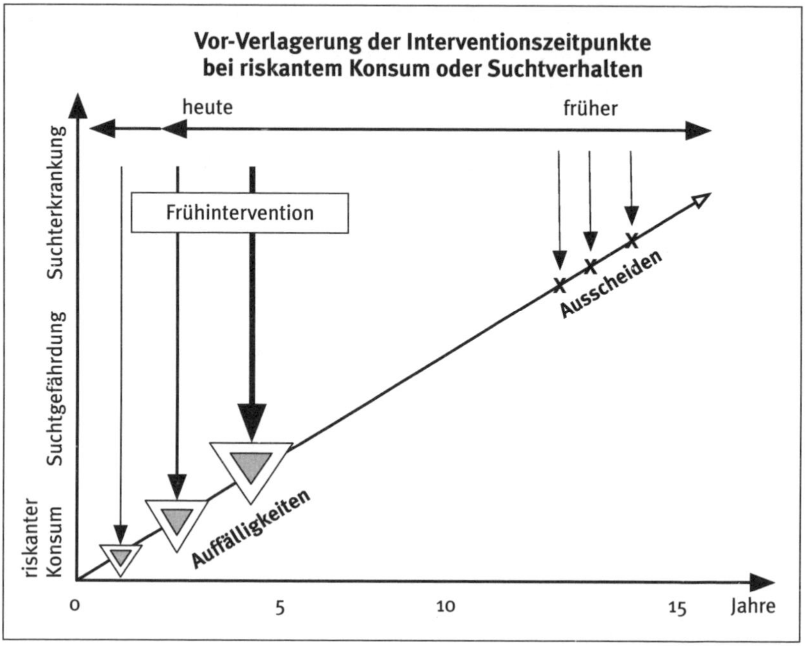

Abb. 13: Frühintervention durch Vorverlagerung der Interventionszeitpunkte

Stufenpläne setzen den Zeitpunkt oft sehr spät an, wenn bereits Symptome von Suchtgefährdungen oder -erkrankungen sichtbar geworden sind. Die Erfolgsaussichten sind besser, wenn schon bei frühen Anzeichen eines riskanten Konsum- oder Suchtverhaltens ein erstes Gespräch mit der betroffenen Person geführt und damit der Interventionszeitpunkt vorverlagert wird.

Auch wenn ein eindeutiger Zusammenhang zum Suchtmittelkonsum und/oder Suchtverhalten noch nicht belegbar ist, müssen betriebliche Interventionen immer bei Auffälligkeiten im Arbeits- und Leistungsverhalten ansetzen. Um gesundheitliche Gefährdungen abzuwenden, sollte schon bei ersten Auffälligkeiten, die auf mögliche gesundheitliche Störungen schließen lassen, ein Fürsorgegespräch, ggf. auch ein Klärungsgespräch geführt werden.

Fürsorge- und Klärungsgespräche sind **nicht** Teil des Stufenverfahrens. Sie sind ein Angebot an die Beschäftigten und ermöglichen es dem Vorgesetzten, im Sinne gesundheitsorientierter Führung bei Auffälligkeiten frühzeitig tätig zu werden.

Der Stufenplan bleibt wie bisher bestehen und kommt **immer** dann zur Anwendung, **sobald Auffälligkeiten in Verbindung mit Suchtmittelkonsum oder Suchtverhalten gebracht werden** können.

Vorteile einer **konsequenten Frühintervention** im Fürsorge- und Klärungsgespräch sind:

- Mögliche Verhaltenskorrekturen bei riskantem Konsum ohne »Gesichtsverlust«.
- Frühere Signale für die Notwendigkeit weiterer Interventionen und betrieblicher Hilfe bei fortgesetztem Risikoverhalten.
- Vermeidung gesundheitlicher Gefährdungen und Einstieg in eine Suchtkarriere.
- Reduzierung der Gefahr, sich in Co-Verhalten zu verwickeln.

A Fürsorgegespräch

Das Fürsorgegespräch ist ein Mitarbeitergespräch bei *Auffälligkeiten im Arbeits- und Leistungsverhalten von Beschäftigten, die zu Störungen im Arbeitsablauf und -umfeld führen (können).*

Anlass: Bei Signalen einer auffälligen Verhaltensänderung:

- Verschlechterung des Arbeits- und Leistungsverhaltens.
- Gehäufte Abwesenheiten, Fehlzeiten.
- Störungen im sozialen Verhalten.
- Zunahme von Beschwerden.
- Veränderung im äußeren Erscheinungsbild.

Die Ursachen können in verschiedenen Bereichen liegen, z.B. psychische Krisen, gesundheitliche Störungen, Konflikte am Arbeitsplatz, Stress, Überforderung oder riskanter Suchtmittelgebrauch.

Fürsorgegespräch

Klärungsgespräch

Interventionsleitfaden

Stufenplan	Beteiligte°	Hilfsangebote	Sanktionen
1. Intervention	Vorgesetzter • betroffene Person	• Informationsmaterial • Hinweis auf interne / externe Beratung › Rückmeldesprăche	Keine
2. Intervention	Vorgesetzte BR-Mitglied* Suchtbeauftragter* • betroffene Person	• Aufforderung: Kontaktaufnahme zur Suchtberatung › Rückmeldesprăche	Keine
3. Intervention	Vorgesetzte BR-Mitglied* Suchtbeauftragter* Personalabteilung • betroffene Person	• Auflage: Aufsuchen der Suchtberatung › Rückmeldesprăche	Abmahnung (sofern die Voraussetzungen dafür Vorliegen)
4. Intervention	Vorgesetzte BR-Mitglied* Suchtbeauftragter* Personalabteilung • betroffene Person	• Schriftliche Auflage, eine Beratungsstelle aufzusuchen • Fallbegleitung › regelmäßige Rückmeldesprăche	Abmahnung (sofern die Voraussetzungen dafür Vorliegen)
5. Intervention	Vorgesetzte BR-Mitglied* Suchtbeauftragter* Personalabteilung • betroffene Person	• Sofortige Einleitung einer Therapie • ggf. Angebot der Wiedereinstellung nach einer Therapie › Rückmeldegesprăche	Androhung bzw. Einleitung des Kündigungs-verfahrens

° Bei schwerbehinderten Personen ist die Schwerbehindertenvertretung zu beteiligen.
* Die betroffene Person muss mit der Teilnahme einverstanden sein.

Abb.14: Interventionskette/Stufenplan

Ziel des Fürsorgegespräches ist es, bereits zum Zeitpunkt von Auffälligkeiten präventiv einzugreifen, um einem riskanten Konsum von Suchtmitteln oder Medikamenten vorzubeugen und den einzelnen Beschäftigten frühzeitig zu signalisieren, dass sie Unterstützung von Seiten des Arbeitgebers bzw. des Vorgesetzten erwarten können, wenn sie es wünschen. Es soll dazu beitragen, dass sichtbar werdende Probleme am Arbeitsplatz sich nicht verfestigen.

Beteiligte sind der Beschäftigte und der unmittelbare Vorgesetzte. Das Gespräch ist vertraulich!

Inhalte des Gesprächs:

- Anlass benennen: »Ich mache mir Sorgen. Mir fallen in der letzten Zeit Veränderungen bei Ihnen auf.« (Veränderungen konkret benennen)
- Persönlichen Eindruck ansprechen: »Bei mir ist der Eindruck entstanden, dass Sie zurzeit Probleme haben, die sich bei Ihrer Arbeit auswirken.«
- Nachfragen und Unterstützung anbieten: »Liege ich mit meinem Eindruck richtig?« – »Sie können mit meiner Unterstützung rechnen. Ich möchte Sie gerne wieder als zuverlässige Mitarbeiterin/als zuverlässigen Mitarbeiter sehen.«
- Hilfeangebote benennen: »Ich empfehle Ihnen, sich an ... zu wenden. Die können Ihnen weiterhelfen.«

B Klärungsgespräch

Das Klärungsgespräch ist ein Mitarbeitergespräch, das die *Vernachlässigung arbeitsvertraglicher Pflichten voraussetzt, auch wenn diese nicht erkennbar im Zusammenhang mit Suchtmittelmissbrauch oder süchtigem Verhalten* stehen.

Anlass: Bei Vernachlässigung arbeitsvertraglicher Pflichten in Verbindung mit persönlichen, gesundheitlichen oder sozialen Problemen.

Ziel des Klärungsgespräches ist es, konkret die Auffälligkeiten und die Erwartungen an das zukünftige Verhalten zu benennen. Es werden Schritte vereinbart und ein Rückmeldegespräch angekündigt. Es werden (soweit erforderlich) Unterstützungsangebote aufgezeigt. Das Klärungsgespräch ist nicht Bestandteil des Stufenplans.

Beteiligte sind der Beschäftigte und der unmittelbare Vorgesetzte. Das Gespräch ist vertraulich!

Inhalte des Gesprächs:

- Anlass beschreiben, benennen der konkreten Fakten: Zeit, Ort, Vorfall.
- Persönlichen Eindruck ansprechen: »Bei mir ist der Eindruck entstanden, dass Sie zurzeit Probleme haben, die mit zu diesem Vorfall geführt haben.«
- Aufzeigen der Erwartungen an das weitere Verhalten: »Ich erwarte von Ihnen, dass sich das Verhalten bzw. der Vorfall zukünftig nicht wiederholt.«
- Besorgnis ausdrücken: »Ich mache mir Sorgen, dass sich dahinter ein persönliches Problem verbirgt.«
- Hinweis auf Hilfeangebote: »Sollte ich mit meiner Annahme recht haben, empfehle ich Ihnen, sich an ... zu wenden. Die können Ihnen weiter helfen.«
- Konkrete Vereinbarung der weiteren Schritte: »In jedem Fall erwarte ich aber von Ihnen zukünftig, dass Sie ... (konkrete Schritte vereinbaren).«
- Festlegen eines weiteren Gesprächs: »Ich werde die weitere Entwicklung verfolgen und möchte mit Ihnen am ... (Termin in ca. 4 bis 8 Wochen für Rückmeldegespräch) darüber ein weiteres Gespräch führen.«

Nachbereitung: Der Vorgesetzte fertigt eine Gesprächsnotiz zu dem Gespräch an, die dem Beschäftigten ausgehändigt wird. Bei weiter bestehender Auffälligkeit ist nach dem Klärungsgespräch zu entscheiden, ob ein offizielles Mitarbeitergespräch angesetzt werden soll. Sind zwischenzeitlich ein Suchtmittelgebrauch oder suchtbedingte Verhaltensweisen aufgefallen, werden ausschließlich Gespräche nach dem Stufenplan geführt.

C Rückmeldegespräch

Das Rückmeldegespräch findet statt, sofern keine weiteren Auffälligkeiten sichtbar geworden sind. Je nach Lage des Einzelfalls wird es ca. 4 bis 8 Wochen nach dem Interventionsgespräch angesetzt. Ziel des Rückmeldegesprächs ist es, Beschäftigten eine Rückmeldung über beobachtbare positive Veränderungen, über die Einhaltung von Absprachen, die Erledigung von Aufträgen zu geben. Rückmeldegespräche können nach Fürsorge- und Klärungsgesprächen geführt werden und nach den einzelnen Stufengesprächen, sofern eine positive Entwicklung eingetreten ist.

D Gespräche nach dem Stufenplan

Der Stufenplan enthält eine Folge von Interventionsgesprächen, bei denen die Auffälligkeiten am Arbeitsplatz in Verbindung mit Suchtmittelgebrauch und suchtbedingten Verhaltensweisen gebracht werden. Jedes Gespräch enthält ein verbindliches Hilfeangebot. Die Gespräche werden immer offizieller, mit mehr Beteiligten und verstärkten Konsequenzen.

Anlass: Die erste Interventionsstufe wird immer dann angesetzt, wenn es bei ersten Auffälligkeiten von Beschäftigten Hinweise auf Suchtmittelgebrauch oder suchtbedingte Verhaltensweisen gibt. Die unmittelbare Intervention ist deshalb so wichtig, weil die betroffenen Personen bei riskantem Konsum ihr Verhalten verändern können, bevor sie ihre Gesundheit und ihren Arbeitsplatz weiter gefährden. Ist eine Verhaltensänderung aus eigener Kraft nicht mehr möglich und gibt es erneute Auffälligkeiten, so soll die betroffene Person möglichst frühzeitig fachgerechte Hilfe erhalten. Die gestufte Intervention ist der beste Weg, um dieses Ziel zu erreichen.

Ziel des Stufenplans ist es, bei den angesprochenen Personen eine Verhaltensänderung anzustoßen und die Bereitschaft zu verstärken, sich gegenüber Hilfeangeboten zu öffnen.

Beteiligte des ersten Stufengesprächs sind die *betroffene Person* und der *unmittelbare Vorgesetzte*. Das Gespräch bleibt vertraulich.

Bei weiteren Auffälligkeiten werden die nächsten Stufengespräche angesetzt. Daran sind im Weiteren beteiligt: *nächst höherer Vorgesetzter, Personalabteilung* sowie *Betriebsrat, Suchtberatung*, letztere nicht gegen das Einverständnis der betroffenen Person. Bei Vorliegen einer Schwerbehinderung ist in jedem Fall die *Vertretung der Schwerbehinderten* einzubeziehen. Bei Jugendlichen bzw. Auszubildenden ist die Jugend- und Auszubildendenvertretung (JAV) hinzuzuziehen.

Erstes Interventionsgespräch – Stufe 1

Es liegt in der Verantwortung des unmittelbaren Vorgesetzten, das Gespräch zu führen. Es kann nicht an die Suchtberatung »abgegeben« werden.

Anlass: Vernachlässigung arbeitsvertraglicher Pflichten bzw. Auffälligkeiten, die im Zusammenhang mit Suchtmitteln stehen.

Ziel: Dem angesprochenen Beschäftigten wird frühzeitig die Chance zur Korrektur des beanstandeten Verhaltens gegeben.

Beteiligte: betroffene Person, Vorgesetzter (Vier-Augen-Gespräch)

Vorbereitung: Das Gespräch ist vertraulich zu führen und muss vom Vorgesetzten sorgfältig vorbereitet werden. Dabei sollte er die Sozial- oder Suchtberatung einbeziehen.

Inhalte des Gesprächs:

- Benennen der Auffälligkeiten anhand konkreter Fakten (Vorfall, Zeit, Ort) entlang der vorbereiteten Notizen; (siehe Checkliste im Anhang).
- Ansprechen des riskanten Suchtmittelkonsums bzw. suchtbedingten Verhaltens und Herstellen der – angenommen – Verbindung zum veränderten Arbeits- und Leistungsverhalten.
- Hinweis auf die Betriebsvereinbarung und Erläuterung des Stufenplans und Hinweis auf weitere Konsequenzen bei fortgesetzten Auffälligkeiten (Aushändigen des Stufenplans).
- Hilfeangebot: Empfehlung, eine interne oder externe fachliche Beratung aufzusuchen; ggf. auf Wunsch der betroffenen Person Kontakt herstellen zur internen oder externen Sucht- oder Sozialberatung.

- Mitteilen der Erwartungen an das weitere Arbeits- und Leistungsverhalten, Treffen klarer Vereinbarungen.
- Festsetzen eines Rückmeldegesprächs in ca. 4 bis 8 Wochen, sofern keine erneuten Auffälligkeiten sichtbar werden.
- Hinweis, dass bei erneuten Auffälligkeiten die zweite Stufe eingeleitet wird.

Nachbereitung: Das Gespräch der Stufe 1 hat noch keine personellen oder disziplinarischen Konsequenzen. Verändert sich das Verhalten in der abgesprochenen Weise, dann erfolgt ein Rückmeldegespräch und die Interventionskette wird ausgesetzt.

Der Vorgesetzte hält den Zeitpunkt und die Ergebnisse des Gesprächs in einer persönlichen Notiz fest.

Zweites Interventionsgespräch – Stufe 2

Anlass: Bei weiteren Auffälligkeiten im Arbeits- und Leistungsverhalten in Verbindung mit Suchtmittelgebrauch oder süchtigem Verhalten wird ein Gespräch der Stufe 2 angesetzt.

Ziel: Deutliche Konfrontation mit den Auffälligkeiten und nachdrücklicher Hinweis, dass das beanstandete Verhalten im Weiteren zu arbeitsrechtlichen Konsequenzen führen wird. Dem angesprochenen Beschäftigten soll klar werden, dass er sein Verhalten ändern muss. Wenn dies aus eigener Kraft nicht möglich ist, wird die Annahme von Hilfe erwartet.

Beteiligte: Betroffene Person, Vorgesetzter, Betriebsrat, Suchtbeauftragter

Vorbereitung: Das Gespräch wird vom beteiligten Personenkreis ohne die betroffene Person vorbereitet. Dabei wird insbesondere abgestimmt, welche Hilfeangebote gemacht und welche Konsequenzen aufgezeigt werden sollen.

Inhalte des Gesprächs:

- Benennen der seit dem letzten Gespräch dokumentierten Vorfälle und weiter bestehender Auffälligkeiten im Arbeits- und Leistungsverhalten.

- Erneutes Aufzeigen des vermuteten Zusammenhangs zum Suchtmittelkonsum bzw. suchtbedingten Verhalten.
- Der betroffenen Person wird Gelegenheit zur Stellungnahme gegeben.
- Hinweis auf die Betriebsvereinbarung und die Ziele dieses Gesprächs im Rahmen des Stufenplans.
- Hilfeangebot: verbindliche Aufforderung, eine interne oder externe Ansprechperson aufzusuchen und sich über Beratungsangebote informieren zu lassen; auf Wunsch der betroffenen Person Herstellen eines Kontakts zur internen oder externen Suchtberatung.
- Mitteilen der Erwartungen an das weitere Arbeits- und Leistungsverhalten, Treffen klarer Vereinbarungen.
- Aufzeigen von Konsequenzen im weiteren Fortgang des Stufenplans bei erneuten Auffälligkeiten; Hinweis an die betroffene Person, dass der Vorgesetzte das Verhalten in der nächsten Zeit im Blick haben wird.
- Festsetzen eines Rückmeldegesprächs in ca. 4 bis 8 Wochen, sofern keine erneuten Auffälligkeiten sichtbar werden.

Nachbereitung: Das Gespräch wird schriftlich festgehalten. In der Gesprächsnotiz sind insbesondere die beanstandeten Auffälligkeiten, die Erwartungen an das veränderte Verhalten sowie die angebotenen Hilfen konkret aufgeführt. Die Gesprächsnotiz wird an die Personalabteilung geleitet. Die betroffene Person bekommt eine Kopie ausgehändigt.

Drittes Interventionsgespräch – Stufe 3

Anlass: Beim nächsten Vorfall der Vernachlässigung arbeitsvertraglicher Pflichten und Fortbestehen des riskanten Suchtmittelgebrauchs bzw. des suchtbedingten Verhaltens wird ein Gespräch der Stufe 3 angesetzt.

Ziel: Deutliche Konfrontation mit den Auffälligkeiten und den arbeitsvertraglichen Pflichtverletzungen. Der betroffenen Person soll klar werden, dass sie mit ihrem Verhalten den Arbeitsplatz gefährdet. Auf die Notwendigkeit, professionelle Hilfe anzunehmen, wird nachdrücklich hingewiesen.

Beteiligte: Betroffene Person, Vorgesetzte, Betriebsrat, Suchtbeauftragter, Personalabteilung

Vorbereitung: Das Gespräch wird vom beteiligten Personenkreis ohne die betroffene Person vorbereitet. Dabei wird insbesondere abgestimmt, welche Hilfeangebote und Auflagen gemacht und welche Konsequenzen gezogen werden sollen. Außerdem muss die Gesprächsführung festgelegt werden.

Inhalte des Gesprächs:

- Benennen des seit dem letzten Gespräch dokumentierten Vorfalls und weiter bestehender Auffälligkeiten im Arbeits- und Leistungsverhalten sowie des riskanten Suchtmittelgebrauchs oder der suchtbedingten Verhaltensweisen.
- Darstellen der nicht eingehaltenen Verabredungen.
- Der betroffenen Person wird Gelegenheit zur Stellungnahme gegeben.
- Hinweis auf die Betriebsvereinbarung und die Ziele dieses dritten Gesprächs im Stufenplan.
- Verdeutlichung der Notwendigkeit, professionelle Hilfe anzunehmen, da eine Suchtgefährdung nicht ausgeschlossen werden kann.
- Hilfeangebote: Auflage, den betrieblichen Suchtbeauftragten anzusprechen und eine Beratungsstelle aufzusuchen; auf Wunsch der betroffenen Person wird ein Kontakt zur externen Suchtberatung hergestellt; Aufforderung, einen Nachweis zu erbringen, dass ein Beratungsgespräch stattgefunden hat.[1]
- Räumt die betroffene Person im Gespräch ein Suchtproblem ein, wird sie mit besonderem Nachdruck aufgefordert, sich in Beratung und/oder Therapie zu begeben. Dafür wird ihr Unterstützung zugesichert (Freistellung für Beratung/Therapie u. a.).
- Mit Verweis auf die in Stufe 2 angekündigten arbeitsrechtlichen Konsequenzen wird eine Abmahnung ausgesprochen, sofern die Voraussetzungen hierfür vorliegen (s. Kapitel 8).

1 Der Nachweis kann nur mit Einverständnis der betroffenen Person eingefordert werden. Eine Nichtvorlage des Nachweises kann nicht sanktioniert werden.

- Mitteilen der Erwartungen an das Verhalten, Treffen klarer Vereinbarungen.
- Ankündigung von Konsequenzen bei erneuten Auffälligkeiten und Aufzeigen der nächsten Stufen des Stufenplans; es wird ihr klargemacht, dass es sich bei den Auffälligkeiten um Pflichtverletzungen handelt, die bei Fortsetzung den Arbeitsplatz gefährden können.
- Hinweis, dass der Vorgesetzte das Verhalten weiterhin im Blick haben wird.
- Vereinbaren eines Rückmeldegesprächs in ca. 4 bis 8 Wochen, sofern keine erneuten Auffälligkeiten sichtbar werden mit dem Hinweis, dass für die Dauer eines Jahres in vierteljährlichem Abstand weitere Rückmeldegespräche angesetzt werden.

Nachbereitung: Das Gespräch wird schriftlich festgehalten und der Personalabteilung zugeleitet. Die betroffene Person erhält eine Kopie der Gesprächsnotiz und bestätigt den Empfang. Der Suchtbeauftragte bzw. ein Personalverantwortlicher übernimmt die Fallbegleitung und hält – mit Einverständnis der betroffenen Person – den Kontakt zur Beratungs- und Therapieeinrichtung.

Viertes Interventionsgespräch – Stufe 4

Anlass: Ist keine positive Veränderung feststellbar, erfolgt bei einem erneuten Vorfall arbeitsvertraglicher Pflichtverletzung und Fortbestehen des riskanten Suchtmittelgebrauchs bzw. des suchtbedingten Verhaltens das Gespräch der 4. Stufe.

Ziel: Deutliche Konfrontation mit den Auffälligkeiten und den arbeitsvertraglichen Pflichtverletzungen. Der betroffenen Person soll klar werden, dass sie mit ihrem Verhalten den Arbeitsplatz akut gefährdet. Es wird auf den letzten Schritt des Stufenplans hingewiesen. Da eine Suchtgefährdung nicht auszuschließen ist, wird sie erneut nachdrücklich aufgefordert, sich in Beratung und Therapie zu begeben.

Beteiligte: Betroffene Person, Vorgesetzte, Personalabteilung, Betriebsrat, Suchtbeauftragter

Vorbereitung: Das Gespräch wird vom beteiligten Personenkreis ohne die betroffene Person vorbereitet und das weitere Vorgehen abgestimmt, insbesondere Hilfeangebote, Konsequenzen und Auflagen. Die Gesprächsführung wird festgelegt.

Inhalte des Gesprächs:

- Benennen der seit dem letzten Gespräch dokumentierten Vorfälle und weiter bestehender Auffälligkeiten im Arbeits- und Leistungsverhalten sowie des riskanten Suchtmittelgebrauchs oder der suchtbedingten Verhaltensweisen.
- Darstellen der nicht eingehaltenen Verabredungen.
- Der betroffenen Person wird Gelegenheit zur Stellungnahme gegeben.
- Hinweis auf die Betriebsvereinbarung und die Ziele dieses vierten Gesprächs im Stufenplan.
- Sofern die betroffene Person in diesem oder in einem der vorherigen Stufengespräche ein Suchtproblem eingeräumt hat, wird die Aufforderung zur Aufnahme oder Fortsetzung von Beratung und/oder Therapie bekräftigt.
- Hilfeangebote: schriftliche Aufforderung, innerhalb von zwei Wochen eine anerkannte Beratungsstelle aufzusuchen und therapeutische Hilfe in Anspruch zu nehmen und darüber einen Nachweis zu erbringen[2], da eine Suchtgefährdung nicht mehr ausgeschlossen werden kann.
- Beauftragung des Suchtbeauftragten bzw. eines Personalverantwortlichen mit der Fallbegleitung, um mit Einverständnis der betroffenen Person den Kontakt zur Beratungs- und Therapieeinrichtung herzustellen und zu halten.
- Vereinbarung regelmäßiger Kontakte mit dem Suchtbeauftragten, falls die Person mit einer weitergehenden Fallbegleitung nicht einverstanden ist.

2 Der Nachweis kann nur mit Einverständnis der betroffenen Person eingefordert werden. Eine Nichtvorlage des Nachweises kann nicht sanktioniert werden.

- Sofern im Einzelfall die Voraussetzungen dafür vorliegen: Aussprechen der in Stufe 3 angekündigten Abmahnung (s. Kapitel 8); weiterhin wird der betroffenen Person klargemacht, dass es sich bei den Auffälligkeiten um Pflichtverletzungen handelt, die bei Fortsetzung den Arbeitsplatz gefährden können.
- Vereinbaren von Rückmeldegesprächen für die Dauer eines Jahres in vierteljährlichem Abstand, beginnend mit dem ersten Rückmeldegespräch in ca. 4 bis 8 Wochen.

Nachbereitung: Das Gespräch wird schriftlich festgehalten und der Personalabteilung zugeleitet. Die betroffene Person erhält eine Kopie der Gesprächsnotiz und bestätigt den Empfang. Im Falle einer Suchterkrankung kann die Ablehnung von Beratung und Therapie bei fortgesetzten Auffälligkeiten auch eine personenbedingte Kündigung nach sich ziehen.

Fünftes Interventionsgespräch – Stufe 5

Anlass: Bei einem erneuten Vorfall arbeitsvertraglicher Pflichtverletzung und Fortbestehen des riskanten Suchtmittelgebrauchs bzw. des suchtbedingten Verhaltens erfolgt das Gespräch der 5. Stufe.

Ziel: Der betroffenen Person soll deutlich werden, dass sie ihren Arbeitsplatz nur erhalten kann, wenn sie sich unmittelbar in Therapie begibt.

Beteiligte: Betroffene Person, Vorgesetzte, Personalabteilung, Betriebsrat, Suchtbeauftragter

Vorbereitung: Das Gespräch wird vom beteiligten Personenkreis ohne die betroffene Person vorbereitet und das Vorgehen abgestimmt.

Inhalte des Gesprächs:

- Benennen des seit dem letzten Gespräch dokumentierten Vorfalls und weiter bestehender Auffälligkeiten im Arbeits- und Leistungsverhalten sowie des riskanten Suchtmittelgebrauchs oder der suchtbedingten Verhaltensweisen.
- Darstellen der nicht eingehaltenen Verabredungen.
- Hinweis auf die Betriebsvereinbarung und die Ziele dieses letzten Gesprächs im Stufenplan.

Variante A	Variante B
• Hilfeangebot: Nachweis der sofortigen Einleitung einer Therapie. • Bei Annahme des Hilfeangebots wird der Suchtbeauftragte bzw. ein Personalverantwortlicher mit der Fallbegleitung beauftragt und hält – mit Einverständnis der betroffenen Person – den Kontakt zur Beratungs- und Therapieeinrichtung. • Ist die betroffene Person nicht bereit, sich unverzüglich in Therapie zu begeben, wird das Kündigungsverfahren eingeleitet.	• Sofern im Einzelfall die Voraussetzungen dafür vorliegen, wird das Kündigungsverfahren eingeleitet. • Hilfeangebot: Aufnahme einer Therapie und Nachweis des erfolgreichen Abschlusses. • Bei Annahme des Hilfeangebots innerhalb der Kündigungsfrist wird nach erfolgreich abgeschlossener Therapie die Fortsetzung des Arbeitsverhältnisses zugesichert. • Dieses Angebot erfolgt unter der Voraussetzung einer Verlängerung der Kündigungsfrist bis zum Ende der Maßnahme.

Abb. 15: Varianten des Interventionsgesprächs – Stufe 5

5.4.3 Umgang mit erneutem Konsum nach Therapie

Während traditionell jede zeitweise Wiederaufnahme des Konsums nach einer Therapie als Rückfall angesehen wurde, gilt dies in der Fachwelt heute als ein nicht selten vorkommendes Ereignis innerhalb des Genesungsprozesses, dem die betroffene Person aktiv begegnen kann (s. Kapitel 3.6). Für einen Rückfall ist also nicht der Suchtmittelkonsum als solcher entscheidend, sondern ob die Person wieder in die suchtbedingten Konsummuster und Verhaltensweisen zurückfällt.

Der erneute Konsum nach Therapie sollte in jedem Fall Anlass für ein Mitarbeitergespräch sein, um das weitere Vorgehen zu klären. Solange dadurch keine erneuten Auffälligkeiten im Arbeits- und Leistungsverhalten entstehen, sollte in einem vertraulichen Gespräch die Sorge um die mögliche gesundheitliche Gefährdung des Mitarbeiters zum Ausdruck gebracht werden. Es können konkrete Vereinbarungen für den Umgang mit dem Suchtmittel am Arbeitsplatz vereinbart werden (z. B. Punktnüchternheit bei der Arbeit, regelmäßige Beratung durch den Betriebsarzt bei Medikamenteneinnahme).

Wenn Auffälligkeiten in Verbindung mit erneutem Suchtmittelkonsum zu Verstößen gegen arbeitsvertragliche Pflichten führen, ist die Wiederaufnahme der Stufengespräche angebracht. Mit welcher Stufe die Gespräche fortgesetzt werden, entscheiden in der Regel die Beteiligten der Stufe 3 ohne die betroffene Person. Dabei ist zu beachten, dass ein Rückfall immer im Einzelfall zu bewerten ist und entsprechende Hilfeangebote erfolgen sollten.

Regelungen für den erneuten bzw. fortgesetzten Konsum nach einer therapeutischen Maßnahme sollten in einer Betriebsvereinbarung zur Suchtprävention getroffen werden. Dazu gehört auch die Unterstützung der Teilnahme an Nachsorgemaßnahmen (ambulante Beratung, Selbsthilfegruppen). Es wäre völlig falsch, einen Rückfall zu decken und darauf zu vertrauen, dass die betroffene Person schon selbst damit umzugehen weiß. Die KLAR-Regeln (s. Kapitel 7) helfen auch nach der Therapie. Kollegen und Vorgesetzte sollten umgehend ein offenes Gespräch suchen und den – vermuteten – Rückfall ansprechen.

5.4.4 Wiedereingliederung

Bei einer betrieblichen Wiedereingliederung sind grundsätzlich zwei Perspektiven zu betrachten: zum einen die Unterstützung der betroffenen Person, die zurückkommt; zum anderen die Anforderungen aus der Sicht des Betriebes und speziell des Teams, in dem die Integration gelingen muss. Unter beiden Perspektiven ist die Wiedereingliederung zu gestalten.

Die Wiedereingliederung von suchtkranken Beschäftigten nach einer stationären Therapie ist deshalb schon immer ein fester Bestandteil der im Betrieb geregelten Hilfeangebote gewesen. Dabei sind unterschiedliche Eingliederungsverfahren zu berücksichtigen.

Stufenweise Wiedereingliederung nach § 74 SGB V

Die stufenweise Wiedereingliederung ist ein Verfahren, bei dem der suchtkranke Beschäftigte während oder nach einer Therapie seine bisherige Tätigkeit schon teilweise wieder aufnimmt. In dieser Zeit bleiben die Arbeitsunfähigkeit und die Krankengeldzahlung bestehen. Der Erkrankte wird nach einem vom behandelnden Arzt oder der Klinik vorgeschlagenen Stufenplan schrittweise an die Belastungen des alten Arbeitsplatzes herangeführt.

Der Arbeitgeber und der an den Arbeitsplatz zurückkehrende Beschäftigte müssen der Wiedereingliederung zustimmen. Eine gute Wiedereingliederung ist nur gewährleistet, wenn die betroffene Person, das Team und der Vorgesetzte durch den Suchtbeauftragten, die Schwerbehindertenvertretung, den Betriebsrat oder den Betriebsarzt fachlich begleitet werden.

Betriebliches Eingliederungsmanagement (BEM) nach § 84,2 SGB IX

Das BEM hat zum Ziel, Beschäftigte, die innerhalb eines Jahres länger als 6 Wochen ununterbrochen oder wiederholt arbeitsunfähig sind, durch das verbindliche Angebot eines Eingliederungsverfahrens zu unterstützen. Mit Zustimmung der betroffenen Person und in Abstimmung mit dem Betriebsrat ggf. unter Hinzuziehung der Schwerbehindertenvertretung und des Betriebsarztes sollen Maßnahmen durchgeführt werden, um erneuter Arbeitsunfähigkeit vorzubeugen und den Arbeitsplatz zu erhalten.

Insofern bietet das BEM auch die rechtliche Grundlage, suchtgefährdeten und -kranken Beschäftigten bei längerer Arbeitsunfähigkeit oder nach einer stationären Therapie Eingliederungsmaßnahmen anzubieten. Sie sind eindeutig eine Zielgruppe für das BEM. Aber: Das für den Arbeitgeber rechtlich verbindliche Angebot des BEM kann vom Beschäftigten abgelehnt werden, ohne dass ihm dadurch Nachteile entstehen dürfen. Er ist allerdings darauf hinzuweisen, dass bei einer möglichen krankheitsbedingten Kündigung die Nichtteilnahme am BEM sich negativ auswirken kann.

Dagegen ist es gerade die Stärke der betrieblichen Suchthilfekonzepte, insbesondere des Stufenplans und der Wiedereingliederungsregelungen, dass sie unter Berücksichtigung der Besonderheiten von Suchterkrankungen eine Verbindlichkeit gegenüber der betroffenen Person herstellen. Es ist daher zu empfehlen, das BEM weiterhin durch ein Verfahren im Falle von Suchtgefährdung oder -erkrankung zu konkretisieren und zu ergänzen.

Der Betriebsrat hat darauf zu achten, dass die Verfahren des BEM und des Suchtpräventionsprogramms aufeinander abgestimmt werden und die beteiligten Personen kooperieren.

Betriebliche Regelungen der Wiedereingliederung
In den meisten Suchtpräventionsprogrammen ist das Verfahren der Wiedereingliederung nach Beendigung einer stationären Suchttherapie in den Betriebsvereinbarungen geregelt. In der Praxis finden sich je nach Situation unterschiedliche Vorgehensweisen.

Während der Therapie werden in der Regel betriebliche Vertreter (Suchtbeauftragte, Vorgesetzte, Kollegen) in die Klinik eingeladen, sofern die betroffene Person damit einverstanden ist. Die betroffene Person führt gemeinsam mit ihrem Therapeuten ein Gespräch mit den betrieblichen Vertretern, in dem über den Erfolg der Therapie informiert und über konkrete Schritte der Wiedereingliederung beraten wird.

War der Kontakt zu dem suchtkranken Beschäftigten während der Therapie unterbrochen, wird der Suchtbeauftragte oder ein Personalverantwortlicher beauftragt, zeitnah zum Abschluss der therapeutischen Maßnahme Kontakt zu der betroffenen Person aufzunehmen. Dabei wird auf das betriebliche Wiedereingliederungsverfahren hingewiesen und ein Integrationsgespräch vereinbart. In dem Gespräch, das entweder (mit Einverständnis der betroffenen Person) in der Therapieeinrichtung stattfindet oder nach ihrer Rückkehr im Betrieb, werden Unterstützungsmöglichkeiten und konkrete Schritte für eine erfolgreiche Wiedereingliederung am Arbeitsplatz abgesprochen. Das Gespräch wird vom Vorgesetzten und dem Suchtbeauftragten vorbereitet. Auf Wunsch der betroffenen Person nehmen ein Mitglied des Betriebsrats und/oder weitere Personen an diesem Gespräch teil.

Angesprochen werden sollten insbesondere:

- Erwartungen an die zukünftige Zusammenarbeit.
- Veränderungen von Arbeitsabläufen und Arbeitsaufgaben, im Einzelfall veränderte Aufgabenzuschnitte.
- Belastungen am Arbeitsplatz, die einen Rückfall fördern könnten und die Möglichkeit ihrer Beseitigung.
- Schritte der Re-Integration in das Arbeitsteam.
- Maßnahmen der Personalentwicklung.
- Unterstützung bei der Nachsorge.
- Gemeinsame Absprachen (»Kontrakt«) zwischen Vorgesetzten und der betroffenen Person über Rückmeldung bei Auffälligkeiten oder Schwierigkeiten.

Integration in das Arbeitsteam braucht Bereitschaft auf beiden Seiten.
Die Arbeitsgruppe hat in der bisherigen Zusammenarbeit mit der suchtkranken Person lange Zeit viel ausgleichen müssen. In ihrer Abwesenheit ist nicht selten endlich spürbar Ruhe eingekehrt. Kommt die Kollegin oder der Kollege aus der Therapie zurück, muss sich das Team wieder neu organisieren. Häufig besteht die Befürchtung, dass es erneut zu Störungen und Belastungen kommt. Daher ist eine gute Wiedereingliederung nicht nur für die zurückkehrende Person, sondern auch für das kollegiale Arbeitsumfeld und die Vorgesetzten wichtig. So kann vorgebeugt werden, damit die betroffene Person wie auch das Team – bewusst oder unbewusst – nicht wieder in alte Verhaltensmuster verfallen.

5.5 Qualifizierung der Führungskräfte

Qualifizierung der Personalverantwortlichen gehört verbindlich zum Suchtpräventionsprogramm. Eine hohe Quote von geschulten Führungskräften sichert sachgerechtes Handeln bei riskantem Konsum und Suchtgefährdung. Seminarkonzepte sollten vom zeitlichen und inhaltlichen Rahmen sowie methodisch auf die Zielgruppe abgestimmt sein.

Personalverantwortliche sollten durch die Qualifizierung:

- Den Sinn der Suchtprävention und konsequenter Interventionen nachvollziehen können.
- Bestärkt werden, ihre Verantwortung in der Personalführung wahrzunehmen und bei Auffälligkeiten am Arbeitsplatz frühzeitig das Gespräch mit den Mitarbeitern zu suchen.
- Über die Wirkung des so genannten Co-Verhaltens bei Suchtgefährdung aufgeklärt werden.
- Bei Auffälligkeiten im Arbeits- und Leistungsverhalten Beschäftigter einschätzen lernen, wann eine Intervention angebracht ist.
- Erkennen, dass Suchterkrankung am Ende einer längeren Phase riskanten und schädigen Verhaltens und Konsums steht und daher ein frühzeitiges Eingreifen zur Abwendung gesundheitlicher Gefährdungen am Arbeitsplatz notwendig ist.
- Fürsorge- und Klärungsgespräche sowie Stufenplangespräche führen können (Gesprächsübung im Rollenspiel).
- Das Für und Wider einer Intervention abwägen können und wissen, wo sie sich gezielt Unterstützung für die Lösung der Situation holen können.

Die Qualifizierungsbereitschaft ist dort am größten, wo von der Unternehmensleitung eine verbindliche Teilnahme erwartet wird. Das kann durch Zielvereinbarung, als Baustein in der verbindlichen Führungskräfteentwicklung oder als Qualifikationsvoraussetzung bei Bewerbungen auf Führungspositionen sichergestellt werden.

5.6 Beratung und Hilfeangebote

Beratung und Hilfeangebote sind ein Kernbestandteil des betrieblichen Suchtpräventionsprogramms, die als Unterstützungsmaßnahmen für die Beschäftigten im Rahmen des Gesundheitsschutzes und der Gesundheitsförderung betrachtet werden. In diesem Sinne können sie jedoch nur wirken, wenn ihre Tätigkeit der absoluten Schweigepflicht unterliegt. Eine entsprechende Regelung muss entweder in die Betriebsvereinbarung oder in die schriftliche Beauftragung von Beratungspersonen aufgenommen werden, da es für betriebliche Suchtberater keine allgemein gültige gesetzliche Verpflichtung vergleichbar der ärztlichen Schweigepflicht gibt.

Die Teilnahme an Beratung, Therapiemaßnahmen und an Selbsthilfegruppen sowie die Behandlung von Suchtgefährdeten und -kranken unterliegt dem Persönlichkeitsschutz. Beschäftigte dürfen dazu nicht gezwungen werden. Sie sind im Rahmen der betrieblichen Suchtprävention immer als Hilfeangebote zu formulieren, deren Ablehnung nicht sanktioniert werden kann. Maßnahmen der Suchttherapie dürfen generell nur außerhalb des Betriebs stattfinden.

5.6.1 Betriebliche Beratung

Je nach Betriebsgröße und Betriebskultur gibt es unterschiedliche innerbetriebliche Beratungsangebote. In der Praxis finden sich die folgenden Formen:

- **Nebenamtliche Beratung** durch betriebliche Suchtkrankenhelfer/ Ansprechpersonen für Suchtfragen.
- **Hauptamtliche Beratung** durch qualifizierte betriebliche Sozialberater oder Suchtbeauftragte. Ein Verhältnis von einer hauptamtlich in Vollzeit besetzten internen Beratung auf 2000 bis 3000 Beschäftigte gilt als angemessen.
- **Haupt- und nebenamtliche Beratung** als Kombination von hauptamtlichen Suchtberatern/Suchtbeauftragten und nebenamtlich tätigen Ansprechpersonen.
- Beratung durch **externe Dienstleister** (Krankenkassen, Berufsgenossenschaften und Unfallversicherungen, Suchtberatungseinrichtungen und private Anbieter, Employee Assistent Programm [EAP]).

Beratungsangebote nach Betriebsgrößen		
Klein- und Handwerksbetriebe Klein- und Handwerksbetriebe, soziale Einrichtungen oder andere kleinere Organisationseinheiten (bis ca. 50 Beschäftigte) sollten für Aktivitäten zur Suchtprävention und -hilfe entweder • auf die Unterstützung von Beratungsstellen zurückgreifen, • sich an ein bestehendes regionales Netzwerk anschließen, • mit anderen Betrieben kooperieren (z. B. bei der Durchführung von Seminaren für Personalverantwortliche) oder • einen Vertrag mit einem externen Dienstleister abschließen.	**Kleinere Mittelbetriebe** Kleineren Mittelbetrieben oder entsprechenden Dienststellen (bis ca. 200 Beschäftigte) steht der nebenstehend aufgezeigte Weg in gleicher Weise offen. Darüber hinaus sollten im Betrieb aber alternativ • ein oder mehrere Beauftragte benannt werden, die in engem Kontakt mit externen Beratungseinrichtungen stehen, • eine nebenamtliche Ansprechperson für Suchtfragen qualifiziert und eingesetzt werden, • eine hauptamtliche Sucht- und Sozialberatung stundenweise eingerichtet werden.	**Größere Mittelbetriebe, Großbetriebe** Bei größeren Mittelbetrieben und Großbetrieben sollte in jedem Fall eine interne Beratung eingerichtet werden, die alternativ • hauptamtlich besetzt wird, • durch eine Kombination von Hauptamtlichen und Nebenamtlichen getragen wird, • durch einen externen Dienstleister oder • durch eine Kombination von nebenamtlichen Ansprechpersonen und externem Dienstleister bedient wird.

Für **alle Modelle** gilt, dass Grundlage des internen Beratungsangebots das vom Arbeitskreis/Steuerungsgremium erarbeitete Suchtpräventions- und Suchthilfekonzept sein sollte. Es beschreibt Ziele, Inhalte, Art und Aufgaben der internen Suchthilfe sowie Pflichten und Rechte der in der Suchtberatung tätigen Personen. Darin sollten auch die sächlichen Voraussetzungen (Anbindung der Stelle, Räume, Ausstattung) festgeschrieben sein.

Die Bereitstellung eines Beratungsangebots im Betrieb leistet einen Beitrag zur Arbeitssicherheit, zur Gesundheitsförderung und zur Qualität der Arbeit. Es ergänzt andere betriebliche Angebote durch frühzeitige Beratung und Unterstützung bei Problem- und Konfliktsituationen, Störungen am Arbeitsplatz und trägt zur Entspannung des Betriebsklimas sowie zur Stärkung gesundheitlicher Ressourcen und darüber zur Kosteneinsparung bei.

Aufgaben der betrieblichen Beratung

Grundsätzlich steht das Angebot allen Beschäftigten des Betriebes und deren Angehörigen offen, die sich für ihre Fragen und Probleme Unterstützung durch Beratung holen wollen. Ein Schwerpunkt der Aufgaben liegt in der Suchtberatung.

Beratung bei Suchtgefährdung

Sofern das Interventionskonzept konsequent eingehalten wird, kommen Beschäftigte zur internen Beratung, um sich über Hilfemöglichkeiten zu informieren. Viele nehmen auch die Gelegenheit wahr, die nächsten Schritte zu klären und einzuleiten. Therapeutische Maßnahmen finden grundsätzlich außerhalb des Betriebes statt.

Personen mit riskantem Konsum oder suchtgefährdete Beschäftigte werden im ersten Stufengespräch vom Vorgesetzten auf das Hilfeangebot hingewiesen. Spätestens ab dem zweiten Interventionsgespräch wird dieser Personenkreis dazu angehalten, eine Beratung aufzusuchen. Die **interne Beratung** bietet ihnen z. B.

- Informationen über interne Hilfen und externe Beratungsangebote.
- Individuelle Beratung zur Klärung weiterer Schritte, falls gewünscht.
- Begleitende Beratung bei ambulanter Therapie.
- Fachliche Begleitung bei Schritten zur Konsumreduzierung (z. B. Raucherentwöhnung, kontrolliertes Trinken).

Personen, bei denen ein drittes oder weiteres Stufengespräch erforderlich ist, sind in der Regel bereits stärker in Suchtgefährdung oder Abhängigkeit verstrickt und können das Fehlverhalten kaum noch aus eigener Kraft und allein überwinden. Sie benötigen zusätzlich ein **weitergehendes Hilfeangebot:**

- Vermittlung in externe Beratungs- und Therapieeinrichtungen.
- Auf Wunsch begleitende Beratung vor, während und nach einer Therapie (Fallbegleitung).
- Auf Wunsch Mitwirkung an der Gestaltung des individuellen Hilfeplans in der Therapie im Rahmen des Fallmanagements (Case Managements).
- Vorbereitung und Begleitung bei der Wiedereingliederung nach der Therapie.
- Unterstützung bei der Nachsorge und Rückfallvorbeugung.
- Beratung von Angehörigen.

Beratung von Führungskräften

Den größten Anteil an der Suchtberatung nimmt in der Regel die gezielte Unterstützung der Vorgesetzten zur Klärung und Vorbereitung von Interventionen ein. Im Einzelnen geht es dabei um die:

- Beratung zum Umgang mit auffälligen Beschäftigten.
- Aufklärung über Fürsorgepflichten und rechtliche Aspekte.
- Vorklärung, welche Form der Intervention angebracht ist.
- Vorbereitung von Gesprächen.
- Moderation von Gesprächen zwischen Vorgesetzten und Mitarbeitern außerhalb des Stufenverfahrens.
- Vorbereitung von Stufenplangesprächen mit den Gesprächsbeteiligten.
- Information über Hilfeangebote.
- Nachbereitung von Gesprächen, Verfolgung des weiteren Entwicklungsverlaufs.
- Unterstützung bei der Wiedereingliederung.

- Beratung bei der Veränderung Sucht fördernder Arbeitsbedingungen in Kooperation mit dem Arbeitsschutz.
- Beratung bei der Umsetzung eines gesundheitsorientierten Führungsstils.

Beratung für das kollegiale Umfeld

Bei Suchtproblemen am Arbeitsplatz sind es häufig die Personen aus dem kollegialen Umfeld, die zuerst eine Auffälligkeit wahrnehmen. In dieser Phase suchen sie aus Fürsorglichkeit den Weg zur internen Beratung, um zu klären, wie sie aus ihrer Situation heraus weiter vorgehen können, weil sie sich scheuen, den Vorgesetzten anzusprechen. Sie nutzen die Vertraulichkeit der Beratung. Ihnen hilft die:

- Beratung zum Umgang mit dem auffälligen Kollegen.
- Stabilisierung in der kritischen Situation.
- Klärung der Verantwortlichkeiten und weiterer Schritte.
- Information über interne und externe Hilfeangebote.
- Möglichkeiten der Ansprache der betroffenen Person.
- Vorbereitung und Begleitung des Teams bei Wiedereingliederung.

5.6.2 Externe Angebote zur Beratung, Therapie und Selbsthilfe

Betriebliche Suchtprävention und Suchthilfe ist in engem Zusammenwirken der Betriebe mit den Einrichtungen des Suchthilfesystems entstanden. Dabei kommt dem Betrieb die Rolle der frühen Intervention bei Auffälligkeiten zu und dem Hilfesystem der Part der Beratung und Behandlung von suchtgefährdeten Beschäftigten. Informationen über das regionale Angebot an Beratungsstellen und Selbsthilfegruppen sind bei den Landesstellen für Suchtfragen in den Bundesländern zu erfragen (siehe Anhang).

Beratungsstellen
Suchtberatungsstellen sind die Anlaufstellen für die Einleitung und Durchführung therapeutischer Maßnahmen in der Suchthilfe und sind in jeder Region zu finden.

Die Arbeit von Suchtberatungsstellen basiert auf dem Prinzip der Freiwilligkeit der Beratung, Schweigepflicht gegenüber Dritten sowie Unabhängigkeit gegenüber anderen Institutionen. Sie bieten »Hilfe zur Selbsthilfe« und arbeiten im Therapieverbund mit anderen Einrichtungen und Selbsthilfegruppen zusammen. Als anerkannte Behandlungsstellen müssen sie die Anforderungen des Rentenversicherungsträgers erfüllen.

Suchtberatungsstellen werden überwiegend unterhalten von Wohlfahrtsverbänden z.B. Arbeiterwohlfahrt (AWO), Deutscher Caritasverband (CV), Diakonisches Werk (DW), Deutsches Rotes Kreuz (DRK), Paritätischer Wohlfahrtsverband (DPWV).

Selbsthilfeverbände und Selbsthilfegruppen
Ein wichtiges Standbein in der Suchthilfe sind die Selbsthilfeverbände mit ihren verschiedenen Gruppenangeboten. Sie sind bundesweit oder regional organisiert und bieten in Städten und Gemeinden Selbsthilfegruppen an. Das örtliche Angebot wird in Broschüren und im Internet veröffentlicht, wo man Ort, Zeit und telefonische Ansprechpartner erfahren kann.

Selbsthilfegruppen dienen
- dem Erfahrungsaustausch von Betroffenen und Angehörigen.
- der Reflexion der eigenen Situation und der Entwicklung von Krankheitseinsicht.
- der Entscheidungshilfe über geeignete therapeutische Maßnahmen.
- der Integration in das soziale Umfeld.
- der Stabilisierung zum abstinenten Leben.

Hilfe für Suchtgefährdete und Suchtkranke

Suchtkranke Beschäftigte müssen selbst herausfinden, welche Selbsthilfegruppe für sie persönlich geeignet ist. Die Beratungsstelle sollte sie hierbei unterstützen. Bei einigen Selbsthilfegruppen können auch Personen, die noch Suchtmittel konsumieren, an Gruppensitzungen teilnehmen, andere erwarten Abstinenz.

Bekannte Selbsthilfegruppen für den Bereich Alkohol sind: Selbsthilfe Sucht in der AWO, Anonyme Alkoholiker (AA), Blaues Kreuz, Bundesverband Freundeskreise für Suchtkrankenhilfe, Guttempler, Kreuzbund e.V. Auch für süchtige Verhaltensweisen gibt es inzwischen Selbsthilfegruppen z.B. für Spielsüchtige, Essgestörte etc. Adressen dazu sind im Anhang oder über die Nationale Kontakt- und Informationsstelle zur Anregung und Unterstützung von Selbsthilfegruppen (NAKOS) zu erhalten.

Hilfe für Angehörige (Familie, Arbeitskollegen)

Viele Suchtberatungsstellen bieten spezielle Gesprächsangebote für Angehörige und das Umfeld von Betroffenen an und beziehen sie in ambulante Therapiemaßnahmen ein.

Es gibt außerdem spezielle Selbsthilfegruppen für Angehörige von Suchtmittelgefährdeten und Abhängigkeitskranken zum Austausch und zur gegenseitigen Unterstützung. Diese Gesprächskreise sind u.a. angesiedelt bei den verschiedenen Selbsthilfegruppen z.B. AlAnon (Gesprächskreis für Angehörige) oder Alateen (Gesprächskreis für Kinder) bei den Anonymen Alkoholikern.

Auch Fachkliniken bieten im Rahmen der Therapie Seminare an, in denen Angehörige eingeladen werden, gemeinsam mit der suchtmittelabhängigen Person an der Genesung zu arbeiten. Einige Fachkliniken bieten spezielle Betriebsseminare an, in der betroffene Beschäftigte gemeinsam mit Interessenvertretungen und Vorgesetzten den Therapiefortschritt reflektieren und die Rückkehr in den Betrieb vorbereiten.

5.7 Qualitätssicherung und Marketing

Aktivitäten in der betrieblichen Suchtprävention entstehen häufig durch das soziale Engagement einzelner Personen oder Gruppen. Ein entscheidender Schritt in der Verstetigung ist neben der Verankerung des Programms in einer Betriebsvereinbarung die Qualitätssicherung und die Öffentlichkeitsarbeit, insbesondere das interne Marketing des Angebots. Besteht im Betrieb bereits ein Qualitätsmanagement, kann das Suchtpräventionsprogramm darin integriert werden, z. B. durch Aufnahme der Präventions- und Interventionsprozesse in das Qualitätshandbuch.

Qualitätsentwicklung und -sicherung des Suchtpräventionsprogramms
Suchtprävention umfasst komplexe betriebliche Prozesse. Es spielen soziale, rechtliche und wirtschaftliche Aspekte ebenso eine Rolle wie betriebliche Strukturen und Interessen. Soziales Engagement stößt schnell an Grenzen, wenn die nötige Professionalität bei der Entwicklung von Angeboten, Interventionskonzepten, Kooperations- und Kommunikationsstrukturen fehlt. Bei der Entwicklung des Suchtpräventionsprogramms ist es bereits im Vorfeld der Betriebsvereinbarung erforderlich, dass sich die Beteiligten über die aktuellen Qualitätsstandards informieren. In der Praxis orientiert man sich oftmals an den Programmen anderer Betriebe, ohne deren rechtliche und fachliche Aktualität zu überprüfen.

Für betriebliche Suchtpräventionsprogramme wurden Standards von der Deutschen Hauptstelle für Suchtfragen (DHS) entwickelt. Sie bieten eine gute Arbeitshilfe für den Aufbau des Angebots und die Verhandlung einer Betriebsvereinbarung. Sie können ebenso als Raster für die regelmäßige (jährliche) Überprüfung (Evaluation, Controlling) des Programms dienen. Die Muster-Betriebsvereinbarung im Anhang gibt den fachlichen und rechtlichen Stand wieder.

Evaluation und **Controlling** sind wichtige Instrumente zur Verankerung und Weiterentwicklung des eigenen Suchtpräventionsprogramms und ermöglichen:

- Lernprozesse aller Beteiligten, vor allem in der Aufbauphase.
- Die Beurteilung des Bedarfs und der Angemessenheit von Angeboten, z. B. der internen Beratung.
- Eine Überprüfung der Qualität und der Wirksamkeit der Maßnahmen, z. B. von Seminarangeboten.
- Eine gezielte Weiterentwicklung des Angebots und die Setzung von Schwerpunkten.
- Eine Absicherung der finanziellen und personellen Ressourcen.

Üblich ist die Selbstevaluation anhand der vom Steuerkreis festgelegten Ziele des Suchtpräventionsprogramms. Im Sinne eines kontinuierlichen Verbesserungsprozesses sind die Indikatoren, der zeitliche Turnus und die verantwortlichen Personen für die Evaluation festzulegen.

Jährlicher Bericht der internen Beratung

Mögliche Struktur des Berichts:

- Wie ist der konkrete Auftrag in der
  - Suchtvorbeugung, Suchtberatung, Suchthilfe?
  - Welche Schwerpunkte wurden im zurückliegenden Jahr verfolgt?
- Daten zur Beratungsarbeit
  - Art und Anzahl der Beratungsfelder, z. B.
    - → Suchtberatungen (nach Suchtmitteln, -formen differenziert)
    - → psychische Krisen und Störungen
    - → Konflikte am Arbeitsplatz
  - Art und Anzahl der innerbetrieblichen Kontakte
  - Art und Anzahl der Informations- und Schulungsveranstaltungen
- Präventionsarbeit
  - Inhaltsbereiche der Tätigkeiten/Aktionen
    - → Informationsbereiche (Suchtmittel, -formen usw.)
    - → eingesetzte Materialien
    - → Seminar-/Schulungsangebote
- Eigene Fortbildungen/Supervisionen.
- Beteiligung in Netzwerken.
- Qualitätsentwicklung des Programms – Erhebungen/Fragebögen/Interviews.
- Bewertung der eigenen Tätigkeit/Zielevaluation.
- Auswertung und Aufzeigen des Weiterentwicklungsbedarfs.

Wenn es eine interne Beratungseinrichtung (Suchtberatung, Suchtbeauftragte) gibt, so sollte dem Steuerkreis jährlich ein Bericht vorgelegt werden. Dabei geht es nicht um die Kontrolle der Beratungstätigkeit anhand der bearbeiteten Fälle. Qualität misst sich keinesfalls an der Senkung der Fallquoten in der Beratung. Denn im Betrieb hängt die Häufigkeit vor allem von der Qualifizierung und der Interventionsbereitschaft der Verantwortlichen ab. Durch den Bericht erhält die interne Beratung die Möglichkeit, systematisch auf Stärken sowie auf Schwachstellen des Präventionsprogramms hinzuweisen. Dabei sind die Anforderungen der Schweigepflicht und des Datenschutzes in jedem Fall zu beachten.

Öffentlichkeitsarbeit

Öffentlichkeitsarbeit ist mehr als nur die Bekanntmachung des Suchtpräventionsprogramms am Schwarzen Brett oder im Intranet. Im Sinne des Mottos »Tue Gutes und rede darüber« muss im Betrieb regelmäßig über die Angebote informiert werden, z. B. auf Betriebsversammlungen, in wichtigen betrieblichen Gremien (Führungskräfterunden), im Intranet und in Betriebszeitungen. Die Präsentation sollte zeitgemäß und attraktiv sein. Wie beim Marketing sollten die Bedarfe und Anregungen der Beschäftigten aufgegriffen werden. Es geht nicht nur um die negativen Seiten von Suchtproblemen und Suchterkrankung. Angebote der betrieblichen Suchtprävention sollten so gestaltet sein, dass sie die Gesundheit und Lebensfreude stärken, um so den riskanten Suchtmittelgebrauch überflüssig zu machen.

Das »Image der Flasche« allein reicht nicht mehr aus, um die Beschäftigten anzusprechen. Anregungen für kreative und hintersinnige Präventionskonzepte finden sich in der Drogenprävention und in der Kampagne »Aktion Alkohol – Verantwortung setzt die Grenze«.

Für eine erfolgreiche Öffentlichkeitsarbeit kommt es aber nicht nur auf die Inhalte, sondern auch auf die Verpackung an. Selbst gestaltete Flyer oder Plakate wecken bei den Beschäftigten oft keine Aufmerksamkeit, weil die Botschaften »nicht gut rüber kommen«. Hier ist zu empfehlen, entweder Marketing- oder Werbeexperten hinzuzuziehen oder auf Materialien der BZgA oder der DHS zurückgreifen, die meist über die regionalen Beratungsstellen zu beziehen sind.

5.8 Einbindung in das integrierte Gesundheitsmanagement (IGM)

Seit Ende der 90er Jahre werden betriebliche Aktivitäten zur Gesundheit der Beschäftigten unter dem Dach des integrierten oder betrieblichen Gesundheitsmanagements gebündelt. IGM bzw. BGM ist der organisatorische Rahmen für die Umsetzung der betrieblichen Gesundheitspolitik. Im IGM finden sich die Angebote des Arbeits- und Gesundheitsschutzes, der Gesundheitsförderung und der Sozialberatung sowie das betriebliche Suchtpräventionsprogramm und das betriebliche Eingliederungsmanagement.

Ein wichtiges Ziel des IGM ist es, gesundheitlichen Risiken und Gefährdungen am Arbeitsplatz vorzubeugen, betrieblichen Ursachen von gesundheitlichen Beeinträchtigungen nachzugehen und auf deren Beseitigung hinzuwirken.

Um zur Verbesserung der Gesundheitssituation und Arbeitszufriedenheit beizutragen, müssen die Ressourcen und die Gesundheitskompetenz der Mitarbeiter gefördert werden. Im IGM wird dem Wohlbefinden der Beschäftigten ein hoher Stellenwert eingeräumt, der durch Mitarbeiterbeteiligung und einen gesundheitsorientierten Führungsstiel erreichbar ist. Für die Umsetzung des Leitbildes »gesunder Betrieb« arbeiten Interessenvertretungen, Unternehmensleitungen, Führungskräfte aller Ebenen und zuständige Fachdienste eng zusammen. Ein entsprechendes Lenkungsgremium begleitet die Verzahnung der Bereiche Arbeitsschutz, Gesundheitsförderung, Suchtprävention und Sozialberatung und koordiniert ihre Schnittstellen. Es stellt ebenso die Verknüpfung mit der Personal- und Organisationsentwicklung sowie dem Qualitätsmanagement her.

Aufgabe des betrieblichen Gesundheitsmanagements ist die Ausgestaltung und Weiterentwicklung der betrieblichen Gesundheitspolitik,

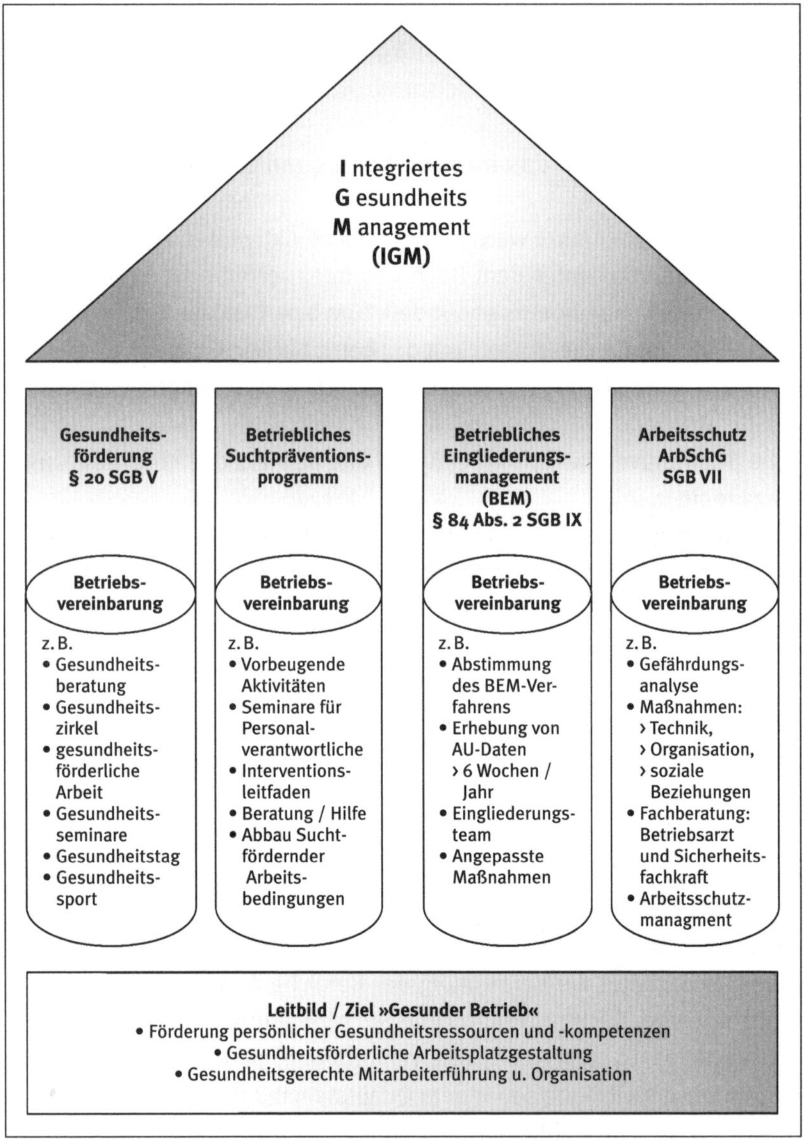

Abb. 16: Integriertes Gesundheitsmanagement (IGM)

insbesondere durch zielgerichtete Maßnahmenentwicklung, die Auswahl von Instrumenten nach fachlichen Standards, der Einsatz professioneller Fachkräfte und die Überprüfung der Wirksamkeit gesundheitsbezogener Aktivitäten, mit besonderem Fokus auf ihre Wirkung für die verschiedenen Arbeitnehmergruppen. Ein integriertes Gesundheitsmanagement, das auch die Gefährdungsermittlung, Gesundheitszirkel, Mitarbeiterbefragungen, Maßnahmen eines gesundheitsförderlichen Arbeits- und Betriebsklimas umfasst, bietet gute Anknüpfungspunkte für (sucht-)präventive Aktivitäten. Wird im Betrieb ein IGM eingerichtet, ist darauf zu achten, dass ein Suchtpräventionsprogramm integriert wird.

Mit der Einbindung des Präventionsprogramms in das IGM wird das Handlungsfeld »Sucht« aus dem betrieblichen »Schattendasein« herausgeholt. Häufig kann sich die interne Beratung im IGM besser positionieren, als es einer isolierten sozialen Anlaufstelle im Betrieb möglich ist. Durch die Zusammenarbeit mit den anderen Einrichtungen und den Führungskräften wird der Blick aller Beteiligten geschärft. Vorbeugende Maßnahmen können überzeugender wirken und die Hilfeangebote für Suchtgefährdete können früher einsetzen. Schließlich sichert das IGM langfristig auch die materiellen und personellen Ressourcen für die Suchtprävention, denn sie ist ein verpflichtender Teil des betrieblichen Arbeits- und Gesundheitsschutzes.

6 Rollen und Aufgaben im Betrieb

In diesem Kapitel werden die wesentlichen Akteure im Suchtpräventionsprogramm mit ihren jeweiligen Rollen und Aufgaben vorgestellt. Zum einen sind es die Personalverantwortlichen, darunter die Führungskräfte, die Personalabteilung und die Interessenvertretungen. Zum anderen sind es die verschiedenen Fachkräfte, die in der betrieblichen Suchtprävention und Suchthilfe mit spezifischen Aufgaben eingebunden sind. In der betrieblichen Praxis kommt es vor allem darauf an, die Schnittstellen für die Kooperation zu gestalten.

6.1 Führungskräfte

6.1.1 Vorgesetzte

Den Vorgesetzten kommt eine Schlüsselrolle im betrieblichen Suchtpräventionsprogramm zu. Sie sind die erste offizielle Instanz, wenn im Arbeitsbereich ein Eingreifen im Zusammenhang mit Auffälligkeiten im Arbeits- und Sozialverhalten erforderlich wird. Arbeitgeber haben im Rahmen der Fürsorgepflicht nach § 618 BGB darauf zu achten, dass die Gesundheit der Mitarbeiter bei der Arbeit nicht gefährdet wird. Das Arbeitsschutzgesetz konkretisiert die Ausgestaltung der Fürsorgepflicht.

Aufgaben der Vorgesetzten

Die Aufgabe des Vorgesetzten umfasst die Gestaltung und Organisation der Arbeit, die fachliche Leitung (Anleitungs-, Kontroll- und Überwachungsfunktion) sowie die Personalführung (Motivation und Fürsorge).

- Bei der Arbeitsgestaltung und -organisation hat der Vorgesetzte darauf zu achten, dass die Arbeit menschengerecht und gesundheitsförderlich gestaltet wird. Das gilt insbesondere für suchtfördernde Arbeitsbedingungen. Ihm obliegt die Ermittlung und Beurteilung arbeitsbedingter Gesundheitsgefahren in seinem Arbeitsbereich.

- Zur Anleitung gehören u. a. die Arbeitseinweisung, das Setzen von Zielen sowie die Unterweisung für die Sicherheit und Gesundheit bei der Arbeit.
- Zur Kontrolle gehören u. a. die Verfolgung der Arbeitsergebnisse, die Überwachung eines ordnungsgemäßen Betriebsablaufs, die Beachtung der Arbeitssicherheit sowie die Einhaltung gesetzlicher, tarifvertraglicher und betrieblicher Bestimmungen. Dazu zählt z. B. auch die Kontrolle eines vereinbarten Verbots von Suchtmitteln.
- Zur Personalführung zählen u. a. die Motivation der Beschäftigten, die Gestaltung eines guten Arbeitsklimas, die Förderung der Zusammenarbeit und Kommunikation sowie das Abpuffern von Belastungen durch soziale Unterstützung. In diesem Rahmen können Vorgesetzte ihre Mitarbeiter auch für Punktnüchternheit bei der Arbeit gewinnen.

Rolle der Vorgesetzten bei Verstoß gegen die Arbeitssicherheit

Vorgesetzte sind verantwortlich für die Durchführung präventiver Maßnahmen im Arbeitsschutz, u. a. riskantem Suchtmittelkonsum und Suchtgefährdung vorzubeugen. Nach BGV A 1 haftet jeder Vorgesetzte in seinem Verantwortungsbereich dafür, dass von seinen Mitarbeitern nicht gegen die Arbeitssicherheit verstoßen wird, insbesondere während der Arbeit keine Gefahr durch Suchtmittelkonsum ausgeht, und es verpflichtet ihn zur Intervention bei akuter Beeinträchtigung der Arbeitsfähigkeit (Kap. 5.4.1). Die Verantwortung der Vorgesetzten zur Intervention ist auch ein Gebot der gesundheitsförderlichen Führung.

Der Vorgesetzte muss Entscheidungen treffen

- Er muss zunächst entscheiden, ob die auffällige Person die Arbeit fortsetzen kann, ohne sich oder andere zu gefährden. Dabei hat er seinem persönlichen Eindruck zu folgen und auch Hinweisen aus dem Kollegenkreis nachzugehen. Zur Beurteilung der Einschränkung sollte mindestens eine weitere Person, möglichst ein Betriebsratsmitglied hinzugezogen werden.
- Zur Feststellung der Beeinträchtigung reicht die eigene Beobachtung von Indizien, wie z. B. Alkoholfahne, schwankender Gang, geistige Abwesenheit, verwaschene Sprache, aus. Ein Suchtmitteltest ist nicht Voraussetzung und kann auch nicht erzwungen werden. Aufgrund der Fürsorgepflicht muss der Arbeitgeber dem Arbeitnehmer Gelegenheit geben, durch entsprechende Tests (z. B. beim Betriebsarzt) den Verdacht auszuräumen, sofern er dies wünscht.
- Muss die Person vom Arbeitsplatz entfernt werden, ist immer im Einzelfall zu entscheiden, welche Maßnahme angebracht ist. Je nach Art der Auffälligkeit und dem Grad des »Rauschzustandes« bzw. der »Bewusstseinseinschränkungen« muss entweder für die beaufsichtigte Unterbringung im Betrieb oder für den gesicherten Nachhauseweg der betroffenen Person gesorgt werden. Wird eine akute gesundheitliche Gefährdung angenommen, muss ein Arzt (Betriebsarzt, Notarzt) gerufen werden.
- Lässt der Vorgesetzte einen Mitarbeiter trotz erkennbar berauschtem Zustand arbeiten, haftet er bei einem eventuell daraus entstehenden Unfall und kann von der Unfallversicherung in Regress genommen werden.
- Die im Interventionsleitfaden (s. Kapitel 5.4.2) vorgesehenen Fürsorge- und Klärungsgespräche und der Stufenplan erleichtern es dem Vorgesetzten, sich den Problemen der Mitarbeiter in angemessener Form zuzuwenden und so zu verhindern, dass sich das problematische Verhalten verfestigt.

Bei Auffälligkeiten im Zusammenhang mit Suchtmittelgebrauch oder suchtbedingten Verhaltensweisen liegt die Verantwortung beim Vorgesetzten, den Stufenplan einzuleiten. In diesem Verfahren geht es neben der Hilfe bei riskantem Konsum und Suchtgefährdung auch um disziplinarische Angelegenheiten. Nur der Vorgesetzte ist weisungsbefugt, um in den Stufengesprächen Verhaltensänderungen zur Erfüllung der arbeitsvertraglichen Pflichten einzufordern. Dazu gehören die Ausübung des so genannten konstruktiven Drucks sowie die Kontrolle von Auflagen und disziplinarischen Maßnahmen.

Der Vorgesetzte hat im Rahmen seiner Fürsorgepflicht darauf zu achten, dass der Stufenplan immer mit konkreten Hilfeangeboten verbunden ist.

Er hat dafür zu sorgen, dass Beschäftigte im Verfahren des Stufenplans nicht diskriminiert und bloßgestellt werden.

Ebenso liegt es in seiner Verantwortung, dass Beschäftigte in seinem Arbeitsbereich nicht zum Suchtmittelkonsum animiert werden.

Führen von Interventionsgesprächen

Zur Vorbereitung der Interventionsgespräche sollten Vorgesetzte Kontakt mit den zuständigen Stellen im Betrieb (z.B. Betriebsrat, Suchtbeauftragter, Betriebsarzt, Schwerbehindertenvertretung) aufnehmen und sich beraten lassen. Hilfreich ist eine **Checkliste für Interventionsgespräche** zur Vorbereitung, Durchführung und Nachbereitung von Gesprächen (s. Anhang).

Hinweise für Vorgesetzte

- Vor dem Gespräch fachliche Beratung einholen, um das Gespräch sachgerecht und lösungsorientiert zu führen.
- Signalisieren, dass die betroffene Person als Mensch und Mitarbeiter geschätzt wird, jedoch die riskanten Verhaltensweisen nicht toleriert werden. Die Intervention des Vorgesetzten kann von der betroffenen Person dann leichter akzeptiert werden.
- Keine Diagnose stellen, z.B. »Sie sind suchtkrank.« Oder: »Du bist Alkoholiker.« Besser: »Ich befürchte, die Auffälligkeiten können etwas mit Ihrem Suchtmittelgebrauch zu tun haben.« Oder: »Nach dem, was

ich über Alkohol weiß, ist das nicht mehr gesund.« Oder: »Ein Suchtproblem kann nicht mehr ausgeschlossen werden.«

- Der Stufenplan ist ein Hilfeangebot und keine Verfolgungsanleitung für gefährdete Mitarbeiter. Daher sollte sich der Vorgesetzte beim Vorgehen auf die Betriebsvereinbarung und den Stufenplan stützen.
- Die betroffene Person wird über die betriebsinternen Hilfeangebote informiert und es wird ihr empfohlen, frühzeitig eine Beratung in Anspruch zu nehmen (ggf. auch externe Beratungsangebote einbeziehen).
- Mit der betroffenen Person ist zu klären, welche beruflichen Leistungen, welches Arbeits- und Sozialverhalten von ihr in der Zukunft erwartet wird.
- In einem zeitlichen Abstand sollte in einem Rückmeldegespräch besprochen werden, wie weit die Anforderungen erfüllt wurden und wie vom Vorgesetzten die weitere Entwicklung der betroffenen Person gesehen wird.

Was hält Vorgesetzte ab, bei Suchtgefährdungen frühzeitig zu handeln?

Dies können beispielsweise sein:

- Nicht geklärte Zuständigkeiten.
- Keine Rückendeckung durch Führungskräfte und Betriebsrat.
- Fehlende Betriebsvereinbarung mit Interventionsverfahren.
- Eigene Unsicherheit in der Einschätzung der Situation.
- Ungeklärtes Rollenverständnis als Vorgesetzter.
- Unsicherheit mit Gesprächen bei Suchtmittelauffälligkeit.
- Fehlende Sensibilität für das Problem.
- Persönliche Nähe zur betroffenen Person.
- Angst um seinen Ruf als guter Vorgesetzter.
- Angst vor den Reaktionen der betroffenen Person.
- Zeitdruck und Angst vor dem Arbeitsaufwand.
- Befürchtungen, dem Mitarbeiter zu schaden.
- Eigener riskanter Umgang mit Suchtmitteln.

6.1.2 Unternehmensleitung

Die Unternehmensleitung hat nach dem Arbeitsschutzgesetz die Pflicht zur Information und Vorbeugung von gesundheitlichen Gefahren bei der Arbeit. Ein Suchtpräventionsprogramm kann entscheidend zum Arbeitsschutz und zum Erfolg der Gesundheitsförderung beitragen. Die Unternehmensleitung übernimmt die Verantwortung und stellt die notwendigen personellen, organisatorischen und finanziellen Ressourcen bereit. Sie sorgt dafür, dass alle Führungsebenen zur Umsetzung verpflichtet und verbindlich dafür qualifiziert werden.

Die notwendige Handlungssicherheit bei der Umsetzung des Suchtpräventionsprogramms wird durch eine Betriebsvereinbarung hergestellt. Es sollte in das betriebliche Gesundheitsmanagement eingebunden werden.

Die Unternehmensleitung muss gegenüber Mitarbeitern und Führungskräften eine klare Haltung vertreten, sodass die primären Ziele des Suchtpräventionsprogramms deutlich werden: die Gesundheitsförderung sowie die Hilfe für Suchtgefährdete. Es kann nicht das Ziel sein, eine Selektion oder Disziplinierung von auffälligen und kranken Mitarbeitern vorzunehmen.

- Beschäftigte müssen sich z.B. darauf verlassen können, dass sie betroffenen Personen wirksam helfen, wenn sie den Prozess aktiv unterstützen und mit dem Vorgesetzten über den riskanten Konsum oder Suchtprobleme in ihrem Umfeld sprechen.
- Vorgesetzte brauchen Rückendeckung, wenn sie Beschäftigte bei Auffälligkeiten ansprechen. Fälle von riskantem Konsum oder Suchtgefährdung dürfen daher nicht automatisch als Führungsschwäche der zuständigen Führungskraft ausgelegt werden.
- Führungskräfte müssen Signale setzen für einen verantwortlichen Umgang mit Suchtmitteln, z.B. Punktnüchternheit (»null Promille«) im Betrieb. Sie haben hier Vorbildfunktion. Die Duldung z.B. unterschiedlicher Trinkkulturen innerhalb der Beschäftigtengruppen ist das falsche Signal. Es macht wenig Sinn, ein Alkoholverbot auszusprechen, wenn gleichzeitig die riskanten Konsumkulturen im Betrieb bestehen bleiben.

6.2 Personalverwaltung

Das Aufgabenspektrum der Personalverwaltung umfasst die Einstellung der Beschäftigten, die Vorlage des Arbeitsvertrages, die Betreuung im laufenden Arbeitsverhältnis und das Ausscheiden aus dem Betrieb z.B. durch Kündigung, Auflösung des Arbeitsvertrages oder Eintritt ins Rentenalter. Sie bearbeitet die Arbeits-, Urlaubs- und Fehlzeiten der Mitarbeiter und führt die Personalakten. In ihre Verantwortung fällt weiterhin die Personaldatenverwaltung, Entgeltabrechnung und die Sozialverwaltung. Alle diese Bereiche können im Rahmen des Suchtpräventionsprogramms eine Rolle spielen. Dabei müssen in jedem Fall die Beteiligungs- und Mitbestimmungsrechte des Betriebsrats beachtet werden.

Im laufenden Arbeitsverhältnis erfolgt im Rahmen der Personalbetreuung die Beratung der Mitarbeiter und Vorgesetzten, z.B. bei Laufbahngestaltung, Arbeitszeitregelungen, Konflikten, Suchtgefährdung, Leistungsveränderungen und beruflichen Problemen, Fragen der Rehabilitation und Schwerbehinderung.

Aufgaben der Personalverwaltung beim Suchtpräventionsprogramm

- Bei Einstellung sollte die Personalverwaltung dem neuen Mitarbeiter Informationsmaterial zur Suchtprävention aushändigen und auf bestehende betriebliche Regelungen zur Suchtprävention hinweisen (z.B. Punktnüchternheit, Nichtraucherschutz, Konsumeinschränkungen oder Verbote von Suchtmittel).
- Im Rahmen der Zeiterfassung werden auch die Fehlzeiten festgehalten. Neben Arbeitsunfähigkeitszeiten tritt bei riskantem Suchtmittelkonsum und Suchtproblemen häufig unentschuldigtes Fehlen auf. Stellt die Personalverwaltung eine Häufung solcher Vorfälle fest, sollte sie initiativ werden, um eine frühzeitige Intervention anzustoßen.
- Wurde aus Gründen der Arbeitssicherheit eine Entfernung vom Arbeitsplatz notwendig, ist die Personalverwaltung für die Regelung des Entgeltabzuges zuständig.

- Im Stufenplan setzt die Beteiligung der Personalverwaltung an den Interventionsgesprächen spätestens ab der 3. Stufe ein, sofern eine entsprechende Betriebsvereinbarung abgeschlossen wurde (s. Kapitel 5). Im Rahmen des Stufenplans ist es die Rolle der Personalverwaltung, die im Prozess anfallenden Abmahnungen auszusprechen und gegebenenfalls das Kündigungsverfahren bei fortgesetztem Suchtverhalten einzuleiten. Im Rahmen des Stufenplans kann bei Suchtproblemen auch ein Zusatz zum Arbeitsvertrag notwendig werden, um individuelle Absprachen rechtlich abzusichern.
- Bei der Wiedereingliederung von Beschäftigten nach längerer Krankheit muss die Personalverwaltung initiativ werden (§ 74 SBG V und § 84,2 SGB IX; s. Kapitel 5.4.3).
- Kehren Abhängigkeitserkrankte nach erfolgreicher Therapie zurück in den Betrieb, klärt die Personalverwaltung zusammen mit dem Vorgesetzten, dem Suchtbeauftragten und dem Betriebsrat, ob die betroffene Person wieder in den alten Arbeitsbereich zurückkehrt oder ggf. einen anderen Arbeitsplatz erhält. Dies gilt ebenso für Mitarbeiter, denen im fortgesetzten Stufenverfahren gekündigt wurde und die eine Wiedereinstellungszusage erhalten haben.
- Für die Auflösung des Arbeitsverhältnisses aufgrund von Verstößen gegen arbeitsvertragliche Pflichten in Verbindung mit riskantem Konsum oder bei Suchtproblemen muss die Personalverwaltung häufig prüfen, inwieweit eine verhaltens- oder eine krankheitsbedingte Kündigung infrage kommen kann.

6.3 Betriebsrat

Die Mitglieder des Betriebsrats nehmen als gewählte Vertreter der beschäftigten Arbeitnehmer die Beteiligungsrechte nach dem Betriebsverfassungsgesetz (BetrVG) war. Die Aufgaben des Gremiums »Betriebsrat« umfassen alle sozialen, personellen und wirtschaftlichen Angelegenheiten des Betriebes. Der Betriebsrat überwacht die Einhaltung der Gesetze und hat eine Gestaltungsfunktion, z. B. für die betriebliche Suchtprävention und -hilfe, den Arbeitsschutz und die Gesundheitsförderung. Um dem Betriebsrat die Erfüllung seiner Aufgaben zu ermöglichen, stehen ihm eine ganze Reihe von Rechte zur Verfügung.

(Erläuterungen der Beteilungsrechte des Betriebsrats, s. Kapitel 8)
Der Betriebsrat sollte seine Beteiligungsrechte aktiv nutzen, um die betriebliche Suchtprävention und -hilfe über eine Betriebsvereinbarung fest zu verankern.

Aufgaben des Betriebsrats beim Suchtpräventionsprogramm

- Als Mitglied des Steuerkreises beteiligt sich der Betriebsrat an der Entwicklung, Qualitätssicherung und Weiterentwicklung des Suchtpräventionsprogramms. Er setzt sich dafür ein, dass die Zielsetzungen des Programms eingehalten werden und die Angebote sich an alle Beschäftigten des Betriebes richten.
- Der Betriebsrat sorgt für die Beteiligung der Beschäftigten an der Entwicklung und Umsetzung des Suchtpräventionsprogramms, indem z. B. die Vertrauensleute oder Sicherheitsbeauftragten aktiv einbezogen werden. Er muss offen sein für die Hinweise und Vorschläge der Beschäftigten. Um die Arbeit des Betriebsrats zu unterstützen, ist es sinnvoll, eine Arbeitsgruppe zur Suchtprävention einzurichten. Nach § 80 Abs. 2 Satz 3 BetrVG hat der Betriebsrat die Möglichkeit, das Wissen sachkundiger Arbeitnehmer zu nutzen.
- Der Betriebsrat muss im Abstimmungsprozess der Interventionen bei Auffälligkeiten eine klare Haltung einnehmen. Er unterstützt das erforderliche konsequente Vorgehen, denn nur dieses bietet eine wirksame Hilfe für die betroffenen Personen. Er muss aber gleichzeitig darauf achten, dass die Belange und Rechte der betroffenen Person gewahrt werden.
- Damit Personalverantwortliche ihre Aufgaben in der Suchtprävention und -hilfe sachgerecht wahrnehmen können, muss sich der Betriebsrat dafür einsetzen, dass sie verbindlich qualifiziert werden. Der Be-

triebsrat sollte auch an die Qualifizierung seiner eigenen BR-Mitglieder in Sachen Suchtprävention und -hilfe denken.

- Der Betriebsrat muss gewährleisten, dass die Rahmenbedingungen für den Einsatz und die Arbeit der Suchtbeauftragten und/oder der AfS gegeben sind. Das betrifft die fachlichen Voraussetzungen (insbesondere Qualifizierung, Beauftragung, Freistellung, fachliche Weisungsfreiheit und Schweigepflicht) sowie die räumlichen und sachlichen Bedingungen für die Beratungstätigkeit.
- Der Betriebsrat sorgt für die Einbindung des Betriebsarztes, der Fachkraft für Arbeitssicherheit und der Schwerbehindertenvertretung in das Suchtpräventionsprogramm.
- Der Betriebsrat schafft Transparenz und setzt sich für die Akzeptanz der Suchtprävention und -hilfe ein, z. B. durch einen regelmäßigen Bericht über den Stand des Suchtpräventionsprogramms auf den Betriebsversammlungen.
- Die Mitglieder des Betriebsrats beteiligen sich aktiv an Informationsveranstaltungen und Aktionen in der Suchtprävention und sind mit ihrem Verhalten, insbesondere im Umgang mit Suchtmitteln, ein Vorbild für die Beschäftigten.

Unabhängig von der Einbindung des Betriebsrates in den Stufenplan ab Stufe-2-Gesprächen hat ein Beschäftigter nach BetrVG grundsätzlich das Recht, bei Gesprächen mit Vorgesetzten ein Betriebsratsmitglied seines Vertrauens zur Unterstützung oder Vermittlung hinzuzuziehen. Dies gilt auch für Fürsorge- und Klärungsgespräche sowie für das sogenannte Vieraugengespräch der 1. Interventionsstufe.

Rollenkonflikte

Im Rahmen der Suchtprävention ist die Rolle der Mitglieder des Betriebsrats nicht immer einfach. Vor allem bei Interventionen, wenn Beschäftigte durch Suchtmittelgebrauch oder suchtbedingte Verhaltensweisen auffällig geworden sind und disziplinarische Folgen anstehen. In solchen Situationen kann das Betriebsratsmitglied leicht in einen Loyalitätskonflikt geraten. Was in Konfliktsituationen ein solidarisches und angemessenes Handeln der Interessenvertretung erfordert, kann in Verbindung mit einem riskanten Suchtmittelgebrauch schnell zu einem kontraproduktiven Co-Verhalten führen (s. Kapitel 7).

Rollenkonflikte können für Mitglieder von Betriebsräten wie für andere Beteiligte auch entstehen, wenn durch eine Person mehrere betriebliche Funktionen wahrgenommen werden. Ist beispielsweise ein Betriebsratsmitglied gleichzeitig Suchtbeauftragter oder AfS, kann diese Aufgabenvermischung bei der Beratung zu Verwirrungen führen und unter Umständen erhebliche Probleme nach sich ziehen. Für den Vorgesetzten ist in diesem Falle nicht klar, ob es sich um eine »Botschaft« aus der Sicht des Gremiums Betriebsrat oder aus der Sicht des Suchtbeauftragten handelt.

Wie soll die betroffene Person reagieren, wenn das Betriebsratsmitglied AfS und gleichzeitig auch Vorgesetzter ist? Ein Betriebsratsmitglied muss sich daher seine unterschiedlichen Rollen bewusst machen. Insbesondere muss er seine spezifische Rolle im Suchtpräventionsprogramm klären, um selbst klar zu bleiben und sich nicht zu verstricken. Für die anderen Beteiligten muss klar sein, in welcher Funktion das Betriebsratsmitglied gerade tätig ist. Mitglieder von Betriebsräten, die sich mit der Suchtprävention und -hilfe befassen wollen, sollten sich für diese Aufgabe qualifizieren, damit sie kompetent bei Suchtfragen handeln können. Die Ausbildung zur AfS im Betrieb bietet eine gute fachliche Grundlage.

6.4 Vertrauensperson für schwerbehinderte Menschen

Die Funktionen und Aufgaben der betrieblichen Vertrauenspersonen für schwerbehinderte Menschen sind im SGB IX zur Beschäftigungssicherung und -förderung von schwerbehinderten Menschen festgelegt. Rechte und Befugnisse der Schwerbehindertenvertretung bestimmen sich nach § 96 SGB IX. Als Interessenvertretung der schwerbehinderten Beschäftigten sind sie einerseits für deren Belange und Probleme zuständig, andererseits sind sie aber auch Ansprechpartner für den Arbeitgeber, den Betriebsrat, das Integrationsamt sowie andere Institutionen in allen Themen, die schwerbehinderte Beschäftigte betreffen. Insofern sind sie eine Art Schnittstelle im Betrieb und damit ein wichtiger Multiplikator für die Themen der betrieblichen Suchtprävention und -hilfe.

Aufgaben der Schwerbehindertenvertretung im Suchtpräventionsprogramm

- Die Schwerbehindertenvertretung ist Mitglied des Steuerkreises. Sie berät in allen Angelegenheiten, die schwerbehinderte Personen oder ihnen gleichgestellte Beschäftigte betreffen.
- Im Rahmen des Suchtpräventionsprogramms arbeiten sie auf der Grundlage des § 96 SGB IX sowie auf der Grundlage des § 84 SGB IX bei der Wiedereingliederung von schwerbehinderten Beschäftigten mit dem Suchtbeauftragten und/oder der AfS zusammen.
- Die Schwerbehindertenvertretung berät Vorgesetzte bei Auffälligkeiten von schwerbehinderten Personen am Arbeitsplatz. Es ist daher notwendig, dass sie mit den Interventionskonzepten vertraut ist und sich für die Suchtprävention und -hilfe qualifiziert.
- Bei psychischen Problemen am Arbeitsplatz oder der Wiedereingliederung von behinderten Menschen mit einer Suchterkrankung stellt die Schwerbehindertenvertretung – wenn psychologische Fachberatung notwendig ist – den Kontakt zum Integrationsfachdienst her.
- Die Schwerbehindertenvertretung beteiligt sich aktiv an den Informationsveranstaltungen und Aktionen im Rahmen des Suchtpräventionsprogramms.
- Die Schwerbehindertenvertretung hat eine gesetzliche Verpflichtung zur Verschwiegenheit (§ 96 Abs. 8 SGB IX). Sie berät und unterstützt Beschäftigte bei der Beantragung des Schwerbehindertenstatus.

6.5 Interne Suchtberatung

Die interne Suchtberatung ist eine »Einrichtung«, für die Aufgabenbereiche in der Suchtprävention und Suchthilfe sowie im betrieblichen Gesundheitsmanagement festgelegt sind. Die Aufgaben werden von hauptamtlichen und/oder nebenamtlichen Beschäftigten wahrgenommen.

Für die **hauptamtliche Suchtberatung** gibt es in der betrieblichen Praxis unterschiedliche Bezeichnungen: betriebliche Sozialarbeit oder -beratung, Mitarbeiterberatung, Konfliktberatung, Suchtbeauftragte(r), Gesundheitsbeauftragte(r) oder Fachkraft für Suchtprävention. Hier wird die Bezeichnung **Suchtbeauftragte** oder **Suchtbeauftragter** gewählt, um deutlich zu machen, dass die Suchtprävention und -hilfe im Auftrag des Arbeitgebers erfolgt und in die betrieblichen Prozesse und Strukturen eingebunden ist.

Für **nebenamtliche Kräfte,** die eine interne Suchtberatung wahrnehmen, gibt es die Bezeichnungen Suchtkrankenhelfer/-in, Suchthelfer/-in oder kollegiale und soziale Ansprechpartner/-in. In Anlehnung an die Standards zur betrieblichen Suchtprävention wird hier die Bezeichnung **»Ansprechperson für Suchtfragen« (AfS)** gewählt.

Die internen Einrichtungen der Suchtberatung unterscheiden sich in Abhängigkeit von der Größe und der Struktur des Betriebes. In der Regel erstreckt sich das Angebot auf die folgenden Elemente des betrieblichen Suchtpräventionsprogramms:

- Die Beratung des Steuerkreises zum Themenkreis Prävention von riskantem Suchtmittelkonsum und suchtbedingten Verhaltensweisen und Beteiligung an der Umsetzung der Maßnahmen.
- Die Beratung von Personalverantwortlichen und Interessenvertretungen zur Vorbereitung von Interventionen sowie Beteiligung an deren Qualifizierung.
- Die Beratung und Hilfe für Beschäftigte und im gewissen Rahmen auch für deren Angehörige.

Die interne Suchtberatung übernimmt eine verantwortungsvolle Aufgabe. Beratung und Hilfe suchende Personen müssen auf die fachgerechte Unterstützung vertrauen können. Bei Beratungen im Rahmen der betrieblichen Interventionskette geht es u.a. für die betroffene Person um den Arbeitsplatz und für die Vorgesetzten um befriedigende Lösungen. Deshalb muss das Angebot der internen Beratung (unabhängig davon, ob es von haupt- oder von nebenamtlichen Kräften wahrgenommen wird) einen professionellen Grundstandard erfüllen. Wo dieser intern nicht gewährleistet werden kann, sollten externe Einrichtungen mit der Beratung beauftragt werden.

Um die Qualität der internen Suchtberatung sicherzustellen, müssen in einer Betriebsvereinbarung zum Suchtpräventionsprogramm auch die Anforderungen, die Aufgaben und die Ausstattung der Beratung geregelt werden. Dazu gehört insbesondere auch die Verpflichtung zur Verschwiegenheit sowie zur Beachtung des Persönlichkeits- und Datenschutzes (s. Muster-BV im Anhang).

6.5.1 Betriebliche Suchtbeauftragte

Die Aufgaben des hauptamtlichen Suchtbeauftragten sind vielfältig und beschränken sich nicht allein auf die Rolle des Beraters.

Aufgaben des Suchtbeauftragten im Suchtpräventionsprogramm

- Der Suchtbeauftragte ist Mitglied im Steuerkreis und übernimmt die Geschäftsführung bzw. Koordination des Steuerkreises. Die Aufgaben im Rahmen des Suchtpräventionsprogramms werden in der Betriebsvereinbarung festgelegt. In Abstimmung mit dem Steuerkreis ist er verantwortlich für die Erstellung von Konzepten zur Aktualisierung und Weiterentwicklung des betrieblichen Suchtpräventionsprogramms und dessen Qualitätssicherung. In diesem Rahmen berät er insbesondere die Geschäftsleitung, den Betriebsrat sowie die anderen Interessenvertretungen in Fragen der Suchtprävention und Suchthilfe.
- Der Suchtbeauftragte ist in das interne betriebliche Netzwerk von Arbeitsschutz, Gesundheitsförderung, Personalentwicklung im Rahmen des Gesundheitsmanagements eingebunden.

Der Suchtbeauftragte:

- Ist zuständig für Information und Aufklärung über riskanten Konsum und Suchtgefährdung.
- Unterbreitet Vorschläge zur Beseitigung von suchtförderlichen Arbeitsbedingungen und Ursachen für einen erhöhten Suchtmittelgebrauch im Betrieb.
- Liefert Beiträge für die Gesundheitsförderung sowie die Personalentwicklung.
- Stellt das interne Suchtberatungsangebot sicher und unterstützt die Personalverantwortlichen, insbesondere die Vorgesetzten, bei der Einleitung von Maßnahmen nach den Grundsätzen der Betriebsvereinbarung und der Vorbereitung von Gesprächen nach dem Interventionsleitfaden.
- Berät die Beschäftigten in Suchtfragen und informiert über interne und externe Hilfen.
- Ist zuständig für die Beratung auffälliger Personen, die von sich aus ihr Konsum- und/oder Suchtverhalten verändern wollen, und leitet sie an die entsprechenden therapeutischen Einrichtungen weiter.
- Führt im Rahmen der Intervention Motivationsgespräche mit der betroffenen Person und klärt weitere Schritte und notwendige Hilfeangebote.
- Hält den Kontakt zur betroffenen Person während der Therapie, bereitet die Wiedereingliederung vor und begleitet sie.
- Koordiniert die Arbeit der nebenamtlichen Ansprechpersonen für Suchtfragen, und berät sie.
- Arbeitet mit den regionalen Beratungsstellen sowie Fachkliniken zusammen und beteiligt sich an den fachlichen Netzwerken.
- Ist zuständig für das interne Marketing des Suchtpräventionsprogramms und die innerbetriebliche Öffentlichkeitsarbeit.
- Legt dem Steuerkreis einmal jährlich einen Bericht über seine Tätigkeit, den Stand der Suchtprävention und Suchthilfe im Betrieb und den Schwerpunkten für die weitere Arbeit vor.

Zur Rolle des Suchtbeauftragten gehört es, die Schweigepflicht, die betrieblich zu regeln ist, einzuhalten, aber auch darauf zu achten, dass in der Fallbegleitung nicht gegen die Vorschriften des Persönlichkeits- und Datenschutzes verstoßen wird.

Die Tätigkeit als Suchtbeauftragter erfordert daher einschlägige fachliche Qualifikationen, systemische Beratungskompetenzen sowie persönliche, soziale, aber auch strategische Kompetenzen. Wichtig für den Suchtbeauftragten ist es, sich in den Strukturen des Betriebes sicher bewegen und kooperieren zu können. Dazu, wie auch zur Fallbearbeitung, ist eine regelmäßige Supervision unumgänglich. Sie gehört zu den professionellen Standards der Suchtberatung und ist bei den Rahmenbedingungen festzulegen.

Positionierung des Suchtbeauftragten in der Beratung

Die interne Suchtberatung gehört zum Hilfeangebot des Betriebs für Beschäftigte mit riskantem Suchtmittelkonsum oder bei Suchtgefährdung. Gemeinsam mit der betroffenen Person geht es darum, Ziele und Lösungsschritte zu erarbeiten, um die beanstandeten Auffälligkeiten zu überwinden. Im Sinne der Hilfe zur Selbsthilfe sollen deren Ressourcen gestärkt werden.

Der Suchtbeauftragte muss sich im Rahmen des Interventionsverfahrens eindeutig positionieren. Seine Rolle ist es, die Personalverantwortlichen im Prozess mit fachlicher Kompetenz zu beraten. Er unterstützt sie insbesondere bei der Vorbereitung von Interventionsgesprächen. Das Gespräch selbst muss jedoch der Vorgesetzte führen. Dieser ist auch dafür zuständig, die Einhaltung der Absprachen durch die betroffene Person und die Entwicklung ihres weiteren Verhaltens zu überprüfen.

Präventive Beratungen

Beratungen zur Vorbeugung von Suchtproblemen und gesundheitlichen Gefährdungen gehören zum **Aufgabenbereich des Suchtbeauftragten**. Dazu zählen:

- Beratung von Beschäftigen bei Überforderungssituationen, Unterstützung bei gesundheitlichen Problemen, vor allem bei hoher psychischer Beanspruchung im beruflichen wie im privaten Bereich.
- Beratung bei kollegialen Konflikten am Arbeitsplatz, Mitarbeiter-/Vorgesetztenkonflikten, bei Mobbingfällen.
- Sensibilisierung für suchtfördernde Arbeitsbedingungen, Beratung zu deren Veränderung und zum persönlichen Ausbalancieren von Arbeitsbelastungen.
- Beratung von Beschäftigten bei psychischen Krisen.
- Unterstützung bei sozialen Problemen oder Ängsten wie z. B. Arbeitsplatzverlust, Zukunftsängsten, Verschuldung.
- Beratung und Begleitung im Prozess des Ausscheidens aus dem Erwerbsleben.
- Beratung von Vorgesetzten bei der Umsetzung des Konzeptes des gesundheitsorientierten Führens.
- Unterstützung von Führungskräften und Mitarbeitern bei der Ermittlung gesundheitsgefährdender sowie gesunderhaltender Faktoren am Arbeitsplatz.

6.5.2 Nebenamtliche Ansprechpersonen für Suchtfragen

Nebenamtliche Ansprechpersonen waren ursprünglich vorrangig für die betriebliche Beratung von suchtgefährdeten Beschäftigten zuständig. Der umfassendere Blick auf die betriebliche Suchtprävention und Suchthilfe hat dazu geführt, dass die AfS nun in allen Fragen des Suchtpräventionsprogramms angesprochen werden.

Je nach Größe und Struktur des Betriebes arbeiten sie

- alleine in der internen Suchtberatung,
- bilden mit anderen AfS ein Netzwerk von Ansprechpersonen (Helferkreis) im Betrieb oder
- arbeiten mit dem hauptamtlichen Suchtbeauftragten zusammen.

Eine schriftliche Beauftragung der AfS durch die Geschäftsleitung ist erforderlich. Sie bedeutet nicht nur eine Aufwertung der Rolle der Ansprechperson, sondern garantiert den notwendigen arbeits- und versicherungsrechtlichen Schutz bei der Tätigkeit.

In ihrer Rolle als Nebenamtliche haben sie ihre Tätigkeit in der Suchtberatung stets mit ihren beruflichen Aufgaben abzustimmen. Für die Erfüllung der Aufgaben in der betrieblichen Suchtprävention und -hilfe verfügen deshalb viele AfS über festgelegte monatliche Freistellungszeiten.

Aufgaben der AfS im Suchtpräventionsprogramm

- Information über die Struktur und die Angebote des betrieblichen Suchtpräventionsprogramms.
- Information der Beschäftigten (in den jeweiligen Arbeitsbereichen) über riskanten Konsum von Suchtmitteln und suchtbedingte Verhaltensweisen, Suchtgefährdung und Abhängigkeit.
- Beratung zum sachgerechten Umgang mit auffällig gewordenen und suchtgefährdeten Beschäftigten im Rahmen betrieblicher Interventionen zur Verminderung von Co-Verhalten.
- Beratung der Kollegen im Arbeitsbereich zum hilfreichen Umgang mit der suchtgefährdeten Person.
- Hinweis auf betriebliche und außerbetriebliche Hilfeangebote, Beratungs- und Therapiemöglichkeiten, geeignete Selbsthilfegruppen für die betroffene Person und ihre Angehörigen.
- Gespräche mit suchtgefährdeten Beschäftigten, um die Behandlungsmotivation zu fördern.
- Kontakt zu suchtgefährdeten und suchtkranken Beschäftigten während der Therapie und die Unterstützung des Wiedereingliederungsprozesses.
- Vorbereitung von Interventions- und Stufenplangesprächen mit den Vorgesetzten und den anderen Beteiligten.
- Unterstützung der Suchtbeauftragten bei der Durchführung von Aktionen zur Suchtprävention.
- Regelmäßiger Kontakt mit außerbetrieblichen Selbsthilfegruppen und Beratungsstellen, Einbindung in die fachlichen Netzwerke. Dies

ist umso wichtiger, je kleiner der Betrieb ist, ebenso wenn es im Betrieb keinen hauptamtlichen Suchtbeauftragten gibt.
- Dort, wo es betriebliche Selbsthilfegruppen gibt, können sie die Organisation und Moderation übernehmen.
- Jährliche Dokumentation der Tätigkeit in einem Bericht (s. Kapitel 5).

Nebenamtliche AfS werden tätig, wenn sich Betroffene, Angehörige, Vorgesetzte oder Kollegen an sie wenden. Vermuten sie bei einer Person ein Suchtproblem, so greifen sie nicht unmittelbar ein. Sie arbeiten vielmehr im Rahmen des betrieblichen Suchtpräventionsprogramms mit dem Suchtbeauftragten, den Interessenvertretern, dem Betriebsarzt und den Personalverantwortlichen zusammen.

In größeren und dezentralen Betrieben ist es ratsam, mehrere Ansprechpersonen einzusetzen, da die Zeit im Nebenamt begrenzt ist. Die Ansprechpersonen sollten sich in regelmäßigen Abständen zur Abstimmung im Helferkreis, zum kollegialen Austausch sowie zur Fallbesprechung treffen. Mindestens einmal im Jahr sollten sie in einem gemeinsamen Workshop ihre Arbeit evaluieren und die Ziele für die weitere Arbeit festlegen.

Um einen gleich bleibend hohen Qualitätsstandard in ihren Beratungen zu gewährleisten, ist es für nebenamtliche AfS unbedingt erforderlich, dass sie die Gelegenheit zur Qualifizierung und Supervision bekommen und diese auch wahrnehmen. Durch die enge Einbindung in den Betriebsalltag ist der prüfende Blick von außen auf die Vermischung der unterschiedlichen Rollen hilfreich.

6.6 Betriebsarzt und Fachkraft für Arbeitssicherheit

Betriebsarzt und Fachkraft für Arbeitssicherheit sind als betriebliche Berater im Rahmen der Suchtprävention und Suchtkrankenhilfe einzubeziehen. Gesetzliche Grundlage ist das Arbeitssicherheitsgesetz (ASiG) und die DGUV Vorschrift 2. Ihre Aufgabe ist es, den Arbeitgeber und die sonst für die Unfallverhütung und den Arbeits- und Gesundheitsschutz verantwortlichen Personen zu beraten und sie aktiv zu unterstützen. Dazu gehören auch die Suchtbeauftragten und die AfS.

Die Aufgaben der Betriebsärzte sind in § 3 ASiG und die der Fachkräfte für Arbeitssicherheit in § 6 ASiG festgelegt. Während die Fachkraft für Arbeitssicherheit in technisch-organisatorischen Fragen der Arbeitssicherheit und des Gesundheitsschutzes berät, ist der Betriebsarzt Ansprechpartner in allen medizinischen Fragen der Verhütung von Unfällen, Berufskrankheiten, arbeitsbedingten Gesundheitsgefahren und der menschengerechten Gestaltung der Arbeit. Sie ergänzen sich bei der Beratung des Arbeits- und Gesundheitsschutzes und bilden ein Team.

Mitbestimmung des Betriebsrats – § 9 Abs. 2 ASiG
Die Betriebsärzte und Fachkräfte für Arbeitsicherheit sind mit Zustimmung des Betriebsrats zu bestellen und abzuberufen. Das gleiche gilt, wenn deren Aufgaben erweitert oder eingeschränkt werden sollen; im Übrigen gilt § 87 in Verbindung mit § 76 des Betriebsverfassungsgesetzes. Vor der Verpflichtung oder Entpflichtung eines freiberuflich tätigen Arztes, einer freiberuflich tätigen Fachkraft für Arbeitssicherheit oder eines überbetrieblichen Dienstes ist der Betriebsrat zu hören.

Für die »Anlassbezogene Betreuung« nach der DGUV Vorschrift 2 ist seit 2011 im Aufgabenkatalog das Tätigwerden von Betriebsärzten bei »Suchterkrankungen, die ein gefährdungsfreies Arbeiten beeinträchtigen«, explizit vorgesehen.

6.6.1 Betriebsarzt

Die Rolle des Betriebsarztes ist nicht die des Hausarztes, zu dem ein besonderes gesetzlich geschütztes Vertrauensverhältnis besteht. Die Rolle des Betriebsarztes bringt es dagegen mit sich, dass sein Wissen auch bei Einhaltung der Schweigepflicht in die betriebsärztliche Begutachtung einfließt.

Der **Betriebsarzt** darf bei den Beschäftigten nur Maßnahmen im Sinne der Ersten Hilfe und der Notfallversorgung, aber keine medizinische Behandlung durchführen. Ergeben sich im Rahmen der arbeitsmedizinischen Vorsorgeuntersuchung weitergehende Befunde, muss der Betriebsarzt den Beschäftigten darauf hinweisen, den behandelnden Arzt aufzusuchen.

Die Hauptaufgabe des Betriebsarztes liegt in der Beratung zum betrieblichen Gesundheitsschutz und zur Gesundheitsförderung. Betriebsärztliche Untersuchungen haben gesundheitliche Auswirkungen, z. B. durch unzureichende Arbeitsbedingungen, bei Konflikten festzustellen. Ziel der Beratung ist es, die Gefährdungen bei der Arbeit zu minimieren, arbeitsbedingte Erkrankungen zu verhindern und die Gesundheit der Beschäftigten zu fördern.

Aufgaben des Betriebsarztes im Suchtpräventionsprogramm

- Der Betriebsarzt ist Mitglied im Steuerkreis, unterstützt aktiv die Entwicklung und Umsetzung des Suchtpräventionsprogramms und bringt seine arbeitsmedizinischen Fachkenntnisse ein.
- Im Rahmen der Suchtprävention und -hilfe arbeitet er eng mit dem Suchtbeauftragten, der AfS und der Interessenvertretung zusammen.
- Er berät Personalverantwortliche, Interessenvertretungen und andere betrieblich Beauftragte bei allen Fragen der menschengerechten Gestaltung der Arbeit, z. B. bei einer Gefährdungsanalyse, der Anwendung gesicherter arbeitswissenschaftlicher Erkenntnisse sowie der Hygiene (dazu zählen auch die Interventionsverfahren bei riskantem Suchtmittelkonsum und Suchtgefährdung am Arbeitsplatz).
- Er berät in arbeitspsychologischen Fragen, insbesondere bei psychischen Fehlbelastungen.
- Er berät bei Fragen des Arbeitsplatzwechsels, z. B. bei Über- oder Unterforderung oder bei Suchtproblemen.
- Er berät bei Fragen des Eingliederungsmanagements für Schwerbehinderte oder längerfristig erkrankter Beschäftigte.
- Er führt im Rahmen seiner Tätigkeit Untersuchungen zur Früherkennung von arbeitsbedingten Erkrankungen durch.
- Er unterstützt Vorgesetzte bei der Unterweisung der Arbeitnehmer, z. B. bei der Information über die einschränkenden Wirkungsweisen von Alkohol, illegalen Drogen und Medikamenten sowie der Gefährdung durch Tabakrauch.

Arbeitnehmeruntersuchungen

Es gehört zu den Aufgaben des Betriebsarztes, bei der Einstellung im Zusammenhang mit einer belastungsintensiven Tätigkeit, bei Fragen des Arbeitsplatzwechsels oder im Rahmen des Eingliederungsmanagements zu beraten. In diesem Rahmen können (arbeits-)medizinische Untersuchungen durch den Betriebsarzt sinnvoll sein, um spezifische Einschränkungen und entlastende Maßnahmen abzuklären.

Arbeitsmedizinische Vorsorgeuntersuchungen haben stets eine gesetzliche Grundlage. Nicht zu den arbeitsmedizinischen Untersuchungen zählen Untersuchungen im Auftrag des Arbeitgebers (s. Kapitel 8).

Der **Betriebsarzt** hat unter anderem Folgendes zu beachten:

- Der untersuchende Arzt hat Dritten gegenüber die Regeln der ärztlichen Schweigepflicht zu beachten (§ 8 Abs. 1 Satz 3 ASiG).
- Bei Mitteilungen an den Arbeitgeber sind die gesetzlichen Vorschriften zu beachten. Eine Verletzung dieser Pflicht ist nach § 203 Strafgesetzbuch strafbar.
- Bei Pflichtuntersuchungen muss sich der Betriebsarzt darauf beschränken, dem Arbeitgeber als Untersuchungsergebnis lediglich mitzuteilen, inwiefern der Beschäftigte für die Tätigkeit »geeignet«, »nicht geeignet« oder »befristet bzw. bedingt geeignet« ist. Auf keinen Fall darf der medizinische Untersuchungsbefund ohne ausdrückliches Vorliegen des schriftlichen Einverständnisses des Beschäftigten weitergegeben werden.
- Bei jeder (arbeits-)medizinischen Untersuchung muss die Einwilligung des Arbeitnehmers eingeholt werden. Die Einwilligung ist nur wirksam, wenn der Betriebsarzt vor der Untersuchung ausreichend darüber aufgeklärt hat, was untersucht und mit welchem Ziel untersucht wird.
- Der Betriebsarzt muss dem Beschäftigten das Ergebnis der Untersuchung mitteilen und hat ihn zu beraten.

a) Pflichtuntersuchungen

Bei bestimmten belastenden Tätigkeiten ist die Durchführung einer arbeitsmedizinischen Untersuchung gesetzlich vorgeschrieben. Lehnt der Arbeitnehmer diese Untersuchung generell ab, so darf der Arbeitgeber ihn nicht damit beschäftigen, da er sich sonst durch Verletzung seiner Fürsorgepflicht strafbar macht.

In der Arbeitsmedizinischen Vorsorgeverordnung (ArbmedVV) von 2008 sind die Pflicht- und Angebotsuntersuchungen neu geregelt. Entfallen ist in diesem Zuge die Untersuchung G 25 »Fahr- und Steuertätigkeiten«, die (entgegen häufiger Annahme) niemals eine rechtliche Grundlage für ein generelles Alkohol- oder Drogenscreening geboten hat.

Gewerkschafter der IG-Metall kritisieren den Gebrauch von Drogentests, um Bewerber vor einer Neueinstellung auf Konsum illegaler Drogen zu testen. Sie sehen darin die Selbstbestimmungsrechte der Arbeitnehmer angegriffen. Eine gesetzliche Grundlage für das Testen auf Drogen ist bei Berufen wie Piloten oder Lokführern vorhanden. Die Durchführung in anderen Unternehmen beruht auf Freiwilligkeit der Arbeitnehmer. Datenschützer halten diese Freiwilligkeit der Einwilligung jedoch für nicht gegeben, da die Untersuchung in solchen Fällen Voraussetzung für eine Einstellung ist (WAZ 16.06.2009).

b) Angebotsuntersuchungen

Angebotsuntersuchungen sind ärztliche Untersuchungen, die vom Arbeitgeber angeboten werden müssen; die Inanspruchnahme ist aber für die Beschäftigten freiwillig. Die Rechtsgrundlagen ergeben sich aus dem Arbeitssicherheitsgesetz (§ 3 Abs. 1 Nr. 2), dem Arbeitszeitgesetz (§ 6 Abs. 3) sowie dem Arbeitsschutzgesetz (§ 11). Sie sollen tätigkeits- und arbeitsplatzbezogene Gesundheitsgefahren, die bisher nicht oder wenig bekannt sind, aufdecken oder dienen der individuellen Vorsorge arbeitsbedingter Erkrankungen. Das Ergebnis der Untersuchung darf der Betriebsarzt nur an den betroffenen Arbeitnehmer weitergeben und muss ihn beraten.

- Im Zusammenhang mit der Arbeitssicherheit sollte der Betriebsarzt die Beschäftigten über die einschränkenden Wirkungen von Suchtmitteln und insbesondere durch Medikamente beraten.
- Stellt der Betriebsarzt bei einer Untersuchung Anzeichen auf einen riskanten Suchtmittelkonsum oder eine Suchtgefährdung fest, so sollte er auf die Möglichkeiten des betrieblichen Hilfeangebots im Rahmen des Suchtpräventionsprogramms hinweisen.
- Im Sinne einer Frühintervention kann der Betriebsarzt auch zur Aufnahme einer Therapie motivieren, z. B. mit Hilfe des »motivierenden Interviews«, und den Kontakt zu einer Suchtberatungsstelle herstellen.

Das im Arbeitsschutz verankerte Recht der Beschäftigten, sich vom Betriebsarzt beraten zu lassen, bietet einen guten Rahmen für einen Einstieg in konkrete Maßnahmen der Suchtprävention und -hilfe. Vielen Beschäftigten fällt es leichter, über ihre Probleme mit einem Arzt zu sprechen. Es kommt sehr auf die spezifische Vertrauenssituation zum Betriebsarzt an, inwieweit sich die Beschäftigten eher im Betrieb oder außerhalb ärztlich beraten lassen.

c) Untersuchungen im Auftrag des Arbeitgebers

Eine besondere Stellung nehmen die ärztlichen Untersuchungen ohne gesetzliche Grundlage ein, dazu gehören allgemeine Einstellungsuntersuchungen, Alkohol- und Drogenscreenings und Begutachtungen im laufenden Arbeitsverhältnis. Da sie keine präventiven Ziele haben, gehören sie nicht zu den gesetzlichen Aufgaben der Betriebsärzte nach dem ASiG.

Zweck dieser Untersuchungen ist es, zu prüfen, ob der Arbeitnehmer in der Lage ist, die vertraglich vereinbarte Tätigkeit ohne längere oder häufige Zeiten der Arbeitsunfähigkeit auszuführen. Sie dienen der Beurteilung von Krankheitsrisiken bei Arbeitnehmern und geben dem Arbeitgeber Anhaltspunkte zur Selektion. Hiervon sind Bewerber, die z. B. Merkmale des Drogengebrauchs oder eines chronischen Alkoholkonsums aufweisen, unmittelbar betroffen. Da sie mit einer negativen Prognose bei der Begutachtung rechnen müssen, haben sie kaum Chancen auf den Ausbildungs- oder Arbeitsplatz und werden nur selten in das betriebliche Suchthilfeprogramm aufgenommen. Die Betriebsvereinbarung sollte hierfür besondere Regelungen, insbesondere für Auszubildende, vorsehen. Diese sollten eine zweite Chance für eine Einstellung erhalten, um z. B. nicht schon aufgrund eines einmaligen Probierkonsums aus dem Bewerbungsverfahren herauszufallen.

6.6.2 Fachkraft für Arbeitssicherheit

Zur Aufgabe der Fachkraft für Arbeitssicherheit im Suchtpräventionsprogramm gehört es, die betrieblichen Verantwortlichen bei der Umsetzung der gesetzlichen Regelungen und Verordnungen zum Arbeitsschutz und zur Unfallverhütung zu unterstützen und bei der Suchtprävention zu beraten.

Aufgaben der Sicherheitsfachkraft im Suchtpräventionsprogramm

- Die Fachkraft für Arbeitsicherheit ist Mitglied im Steuerkreis, an der Entwicklung und Umsetzung von Maßnahmen beteiligt und bringt ihre Kenntnisse bei Fragen der Arbeitssicherheit ein.
- In Fragen der Suchtprävention und -hilfe arbeitet sie eng mit dem Suchtbeauftragten, den AfS und der Interessenvertretung zusammen.
- Sie informiert Personalverantwortliche über die rechtlichen Anforderungen der Arbeitssicherheit und die Gefährdung durch Suchtmittelgebrauch oder suchtbedingte Verhaltensweisen.
- Sie gibt den Vorgesetzten Materialien an die Hand für eine qualifizierte Unterweisung der Beschäftigten unter Berücksichtigung der Gefährdungen z. B. durch riskanten Suchtmittelkonsum oder Medikamentengebrauch.
- Sie klärt die Vorgesetzten über ihre Pflichten zur Intervention bei Verstößen gegen die Arbeitssicherheit auf und berät sie bei konkreten Vorfällen, z. B. wenn Beschäftigte akut unter dem Einfluss von Suchtmitteln oder Medikamenten stehen.

6.7 Koordinator des Gesundheitsmanagements

Die Steuerung des Gesundheitsmanagements wird häufig in die Hand eines hauptamtlichen Koordinators gelegt, da hier komplexe Prozesse und eine Vielzahl von Maßnahmen organisiert und begleitet werden müssen, u.a. Konzepte und Maßnahmen zur Gesundheitsförderung, zum Arbeits- und Gesundheitsschutz, zur Sozialberatung und Suchtprävention.

Aufgaben des Koordinators sind u.a.:

- Die Koordination der Projekte im Gesundheitsmanagement und die Geschäftsführung des Steuerungsgremiums Gesundheit.
- Die Beratung der Geschäftsleitung, des Betriebsrats und der Schwerbehindertenvertretung sowie der Beschäftigten zu Fragen der Gestaltung menschengerechter Arbeitsbedingungen und zur Prävention.
- Die Akquisition von Projektmitteln, u.a. die Unterstützung der Einrichtung der internen Suchtberatung bei der Einwerbung von Mitteln für Aktionen z.B. bei Kranken- und Unfallkassen oder Berufsgenossenschaften.
- Die Beteiligung an der Abstimmung der Ziele und Maßnahmen sowie der Weiterentwicklung des Suchtpräventionsprogramms.
- Die Vermittlung der Ziele der Suchtprävention und Suchthilfe auf der Führungsebene.

Der Koordinator muss in seiner Rolle dafür sorgen, dass die betriebliche Suchtprävention und Suchthilfe eine wichtige Säule des Gesundheitsmanagements wird. Er sollte über einen fundierten Überblick über die Bereiche des Gesundheitsmanagements und der Suchtprävention und deren rechtliche Grundlagen, über Beratungs- und Moderationskompetenz sowie über Erfahrungen im Projekt- und Konfliktmanagement verfügen.

6.8 Gleichstellungsbeauftragte

Die Gleichstellungsbeauftragte oder Frauenbeauftragte befasst sich mit Fragen zur Förderung und Durchsetzung der Gleichberechtigung und Gleichstellung von Frauen und Männern. Im Bereich des öffentlichen

Dienstes arbeitet die Gleichstellungsbeauftragte auf einer gesetzlichen Grundlage, während sie im Unternehmen in der Regel auf der Basis einer Betriebsvereinbarung tätig ist.

Aufgaben der Gleichstellungsbeauftragten im Präventionsprogramm:
Die Suchtprävention und Suchthilfe fällt nicht unmittelbar in den Aufgabenbereich der Gleichstellungsbeauftragten. Sie ist jedoch bei Personalmaßnahmen sowie organisatorischen und sozialen Angelegenheiten frühzeitig zu beteiligen. Dazu zählen im weitesten Sinne auch die Maßnahmen des Suchtpräventionsprogramms. Deswegen sollte sie mindestens einen beratenden Status im Steuerkreis erhalten.

Die Gleichstellungsbeauftragte ist insbesondere einzubeziehen

- Bei Suchtpräventionsmaßnahmen, die sich zielgruppenspezifisch an Frauen oder Männer richten.
- Wenn spezifische Beratungsangebote, z.B. Gesprächskreise oder Selbsthilfegruppen für Frauen oder Männer, im Betrieb eingerichtet werden sollen.
- Bei sozialen Konflikten und Suchtproblemen, insbesondere im Zusammenhang mit sexueller Belästigung am Arbeitsplatz.
- Beim Aufbau und bei der Weiterentwicklung des Suchtpräventionsprogramms.

7 Das betriebliche Umfeld

Kollegen und Vorgesetzte nehmen riskante Konsum- und Verhaltensmuster meist schon früh wahr, sind aber unsicher, wie sie diese einordnen sollen. Je weiter der Prozess der Suchtgefährdung fortschreitet, umso problematischer gestaltet sich in der Regel der Umgang mit der betroffenen Person. Das Praxisbeispiel auf der nächsten Seite (Abb. 17) zeigt, dass es sich im Betrieb lohnt, frühzeitig zu intervenieren und für professionelle Hilfe und Fallbegleitung zu sorgen.

Um die Verfestigung einer unbefriedigenden Situation zu vermeiden und die betroffene Person nicht in einem falschen Sicherheitsgefühl zu wiegen, ist es ratsam, schon früh, bei ersten Auffälligkeiten, mit ihr das Gespräch aufzunehmen. Bei frühzeitiger Intervention reichen oft schon ein Fürsorgegespräch oder/und ein Klärungsgespräch aus, um eine Veränderung im Verhalten anzustoßen. In fortgeschrittenen Fällen, in denen eine Suchtgefährdung oder -erkrankung nicht mehr ausgeschlossen werden kann, muss die Intervention konsequent auf eine Veränderung des Verhaltens ausgerichtet sein. Dazu stellt der Betrieb das vereinbarte Interventionsverfahren des Stufenplans und die ergänzenden Beratungs- und Hilfeangebote bereit (Kap. 5.4). Dabei ist in jedem Einzelfall eine Abstimmung aller Beteiligten erforderlich, um als betriebliches Umfeld gegenüber der betroffenen Person glaubhaft aufzutreten. Insbesondere muss geklärt werden, welche

- Interventionsschritte erforderlich,
- Veränderungen notwendig,
- Hilfeangebote dringend und
- Sanktionen angemessen sind.

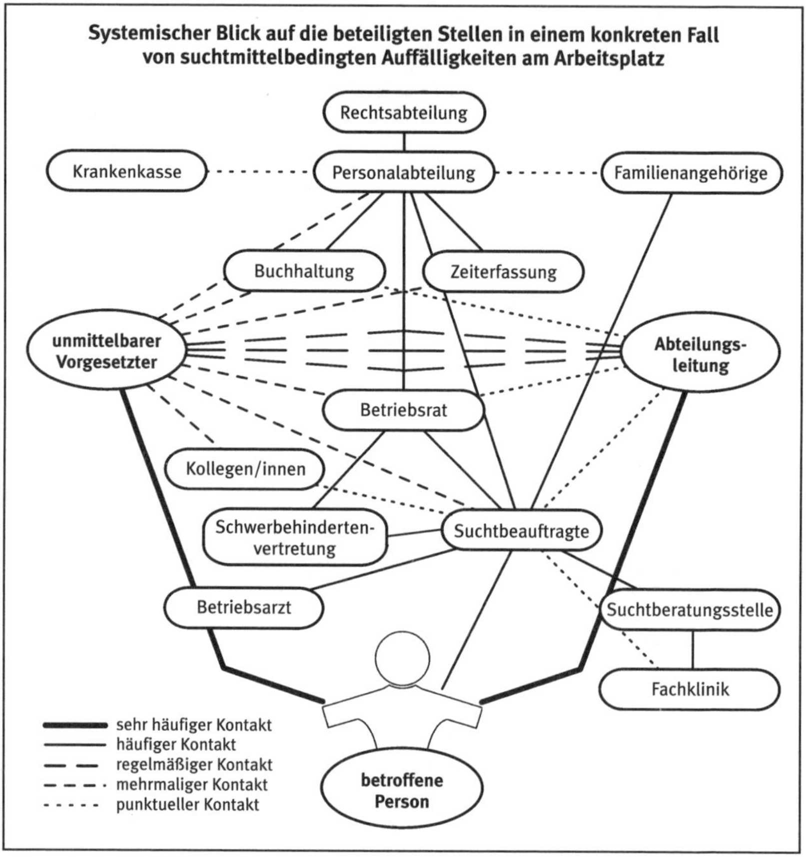

Abb. 17: Systemischer Blick auf die beteiligten Stellen

7.1 Ansprache von suchtgefährdeten Beschäftigten

Wahrscheinlich haben viele bereits die Erfahrung gemacht, dass Personen, die man auf ihren riskanten Konsum oder auf problematische Verhaltensweisen anspricht, diese Auffälligkeiten entweder verharmlosen und beteuern, dass sie alles im Griff haben, oder aber ganz schnell Besserung versprechen. Auch Betroffene glauben in dem Moment, in dem sie dieses versichern oder ein Versprechen abgeben, wirklich daran, dass sie zukünftig die Probleme in den Griff bekommen können. Es gehört zum Selbstschutz einer suchtgefährdeten Person, dass sie dies nicht eingestehen möchte, selbst wenn sie wahrgenommen hat, dass ihr Suchtmittelgebrauch oder ihr riskantes Verhalten offensichtlich ist.

Die wichtigste Regel für das betriebliche Umfeld ist es, selbst **KLAR** (s. S. 184) zu sein und sich nicht verstricken zu lassen in die Begründungen und Versprechungen der auffälligen Person.

Eine **klare Haltung im Betrieb** bedeutet:

- Intensive Aufklärung über Suchtgefährdungen und Suchterkrankungen.
- Das soziale Umfeld verhält sich konsequent und spricht sich über Vorgehensweisen ab.
- Nicht ein Gespräch, sondern eine Reihe von Maßnahmen ist erforderlich, um der betroffenen Person zu helfen.
- Im Rahmen des Stufenplans sind alle zu beteiligenden Personen über das Verhalten der betroffenen Person und die Hilfsmaßnahmen informiert und sprechen sich ab (s. Kapitel 5).

Bei ersten Anzeichen dafür, dass Veränderungen im Arbeits- und Leistungsverhalten oder im sozialen Kontakt mit einem – vermuteten – Suchtmittelkonsum oder suchtbedingten Verhaltensweisen in Zusammenhang stehen können, sollte diese Annahme deutlich ausgesprochen werden. Die Auffälligkeiten müssen dabei klar benannt werden. Gemeinsam müssen mögliche Ursachen angesprochen und Lösungen gesucht werden. Wichtig ist, dass es nicht um Beschuldigungen, Vorwürfe und Verurteilungen geht, sondern um ein verständnisvolles Miteinander.

Merkpunkte für ein kollegiales Gespräch bei suchtmittelbedingten Auffälligkeiten

Die Chance liegt darin, aus der kollegialen Rolle über das Gespräch den persönlichen Zugang zu wählen. Das ist nicht immer einfach.

- Die Ich-Form fördert die Bereitschaft des Gegenübers, sich auf ein Gespräch einzulassen und aufmerksam zuzuhören: »Ich möchte mit Dir gerne persönlich sprechen. Ich möchte mit dir über die Dinge reden, die mir in der Zusammenarbeit aufgefallen sind.«
- Der Antrieb für das kollegiale Gespräch sollte die Sorge um die Kollegin oder den Kollegen sein. Die Person erhält eine Rückmeldung, wie sie und ihre Auffälligkeiten wahrgenommen werden: »Darf ich dir einmal etwas sagen? Ich mache mir Sorgen, wenn ich sehe, wie du mit ... (Alkohol, Medikamenten, Arbeit usw.) umgehst. Und ich habe den Eindruck, es hat auch Auswirkungen auf die Zusammenarbeit.«
- Es ist wichtig den Mut zu fassen, nicht länger nur mit Dritten über die Kollegin oder den Kollegen zu sprechen: »Ich möchte mit Dir und nicht mit anderen über Dich sprechen. Ich schätze dich. Es ist mir deshalb wichtig dir ehrlich zu schildern, was ich wahrnehme.«
- Man muss darauf gefasst sein, dass die angesprochene Person mit Ausflüchten oder Abwehr reagiert. Eine Diskussion sollte man vermeiden: »Ich will dich nicht überzeugen, sondern wollte mit dir nur offen über meine Beobachtungen sprechen. Meine Sorge ist es, dass dein Verhalten negative Folgen für deine Arbeit und deine Gesundheit hat.«
- Hat man bisher das Verhalten der Kollegin oder des Kollegen gedeckt oder ausgebügelt, sollte die veränderte Einstellung und das zukünftige Vorgehen offen angesprochen werden: »Ich habe dir oft aus der Patsche geholfen. Inzwischen bezweifele ich, ob es die richtige Hilfe ist. Ich denke, du solltest dringend etwas ändern ... und dir dafür professionelle Hilfe holen. Dabei unterstütze ich dich gerne.«
- Gibt es eine betriebliche Vereinbarung oder ein betriebliches Beratungsangebot, dann sollte man darauf verweisen: »Bei uns im Betrieb gibt es ein Angebot zur Beratung bei Frau .../Herrn .... Ich würde dir empfehlen Kontakt aufzunehmen und dir Informationen zu holen. Die Gespräche sind vertraulich.«

Auch wenn der Erfolg eines solchen Gesprächs nicht gleich sichtbar wird, ist es ein wichtiges Signal für eine notwendige Veränderung.

7.2 Co-Verhalten

Als Co-Verhalten bezeichnet man Verhaltensmuster des betrieblichen oder persönlichen Umfeldes, die suchtgefährdete Personen davor schützen, die Wirkung ihres Suchtmittelkonsums und die damit verbundenen Konsequenzen im vollen Umfang zu erfahren. Diese Verhaltensweisen finden immer in bester Absicht statt, aber sie stabilisieren, fördern und begünstigen das Problemverhalten und verlängern den Motivationsweg, sich in eine Beratung und Therapie zu begeben.

Dieses findet meist aus Unkenntnis über den angemessenen Umgang mit Suchtgefährdeten statt. Es stabilisiert und begünstigt das Problemverhalten und verzögert die Motivation, sich in eine Beratung und Therapie zu begeben. Es geht hier um vereinzelte – oft gut gemeinte – aber nicht Erfolg versprechende Vorgehensweisen. Es ist im Betrieb nicht angebracht, »Co-Abhängigkeit« zu unterstellen.

Co-Verhalten abzulegen stellt für viele gewerkschaftlich engagierte Kollegen im Betrieb eine große Herausforderung dar. Solidarität und soziale Unterstützung sind Verhaltensweisen, die in der gewerkschaftlichen Tradition einen wichtigen Stellenwert haben. Im Zusammenhang mit Suchtproblemen müssen sie jedoch anders gestaltet werden, um hilfreich zu sein und nicht kontraproduktiv zu wirken. Diese Tatsache bringt engagierte Kollegen, insbesondere Betriebsratsmitglieder und Vertrauensleute, immer wieder in Konflikte und verunsichert sie im Umgang mit Suchtproblemen. Solange sie sich nicht ernsthaft mit den aktuellen der Suchtprävention und -hilfe auseinandersetzen und sich nicht dafür qualifizieren, wird es ihnen schwerfallen, bei Fällen von akuten Suchtproblemen eine klare Haltung konsequent zu vertreten und den notwendigen konstruktiven Druck zu unterstützen.

Co-Verhalten löst keine Einsicht in die Notwendigkeit einer Verhaltensänderung bei der betroffenen Person aus, sondern trägt eher dazu bei, dass das problematische Verhalten fortgesetzt und die Entwicklung in eine Abhängigkeit begünstigt wird.

Es gibt aus Sicht des betrieblichen Umfeldes viele **Gründe für Co-Verhalten**, z. B.:

- Informationsdefizite und unzureichendes Wissen über Suchtprobleme und deren konstruktive Bewältigung: »Ehe der nicht auf dem Tiefpunkt ist, ist dem doch nicht zu helfen.«
- Unsicherheiten im Umgang mit psychischen Problemen oder Abwehrhaltungen gegen die Probleme anderer: »Jeder muss alleine für sich klar kommen.«
- Eigene Werte: »Den kann ich doch nicht einfach beim Vorgesetzten anschwärzen.«
- Eingefahrene Haltungen: »Der macht niemandem irgendwelche Probleme.«
- Solidarisches Verhalten, wie es sonst sehr erwünscht ist: »Dem müssen wir doch helfen.«
- Aber auch Ängste vor Veränderungen und deren Konsequenzen: »Sollen wir jetzt alle auf Alkohol verzichten, nur weil der säuft?«
- Angst vor den Folgen, die ein konsequentes Verhalten bei der betroffenen Person auslöst: »Der tut sich dann vielleicht noch was an.«

Sachgerechte Hilfe ist konsequent. Sie erfordert eine klare und eindeutige Haltung des betrieblichen Umfeldes, um der suchtgefährdeten Person die Notwendigkeit einer Verhaltensänderung zu erleichtern. Das bestehende Problem wird zielgerichtet angegangen und eine wirksame Lösung gesucht. Mit Hilfe eines aufgeklärten Umfeldes kann die betroffene Person professionelle Hilfe finden. In der Beratungsstelle kann sie unterstützt werden bei der Klärung, wohin sie will, mit welchen konkreten Schritte sie dahin kommt und welche Unterstützung zur Verfügung steht.

7.2.1 Phasen des Co-Verhaltens

Die Entwicklung des Co-Verhalten verläuft als Prozess parallel zur Entwicklung des Suchtproblems am Arbeitsplatz. Eine Abhängigkeit entsteht in einem mehrere Jahre andauernden Prozess, in dessen Verlauf

Co-Verhalten als Prozess

Betroffene Person	Betriebliches Umfeld
Verleugnungsphase	**Verleugnungsphase**
Ich habe kein Problem!	Wir haben kein Problem!
Rechtfertigungsphase	**Beschützerphase**
Ich habe ein Problem, aber gute Gründe ...!	Wir haben ein Problem, aber wir verstehen die Gründe ...!
Bestechungsphase	**Helferphase**
Ich habe ein Problem, nur du allein kannst mir helfen!	Du hast ein Problem, aber wir helfen dir!
Abwehrphase	**Kontrollphase**
Ich habe ein Problem, aber ich schaffe es alleine!	Wir haben ein Problem, aber wir kriegen das schon in den Griff!
Anklagephase	**Anklagephase**
Ich habe ein Problem und ihr lasst mich hängen!	Wir haben ein unlösbares Problem, raus aus unserem Bereich!

Quelle: In Anlehnung an: A. Schwarz, Suchtbeauftragte

sich die Beziehungen der Beteiligten in Abhängigkeit voneinander entwickeln. Alle Beteiligten stellen sich wechselseitig auf die betroffene Person ein und stabilisieren so gemeinsam die Situation.

Verleugnungs-, Beschützer- und Helferphase

Im Zentrum dieser Phasen steht das Bestreben, Harmonie zu bewahren und eine Konfrontation zu vermeiden. Zu Beginn wird das Suchtproblem verharmlost und übersehen (**Verleugnungsphase**). In der **Beschützerphase** wird nach Erklärungen des Verhaltens gesucht. Es wird z. B. angenommen, dass die Person private Probleme hat. Kollegen im direkten Umkreis der auffälligen Person versuchen zu helfen, indem sie einen Schonraum schaffen und einen Teil ihrer Verantwortung tragen (**Helferphase**). Aus Sicht der auffälligen Person ist ihr Verhalten unproblematisch und sie sieht keinen Anlass es zu ändern. Die Eigenverantwortung sinkt und das Verhalten der Kollegen und des Vorgesetzten wird als normal angesehen. Jeder Änderungsversuch aus dem Umfeld wird als Vertrauensbruch bewertet, als unkollegial gesehen und bietet noch mehr Rechtfertigung, das problematische Verhalten beizubehalten. Vielleicht führt der Vorgesetzte auch ein klärendes Gespräch. Wird aber der Zusammenhang zwischen Suchtmittel und problematischem Verhalten nicht direkt angesprochen, bleibt das Gespräch meist ohne Konsequenz und verpufft.

Dieser Prozess kann durchaus einige Jahre dauern, da seine Entwicklung ähnlich schleichend ist, wie der Übergang vom risikoarmen zum riskanten und gesundheitsschädigendem Suchtmittelkonsum und ähnlich unbewusst stattfindet. In den Augen des Umfeldes sind die Bemühungen gescheitert, ein Gefühl des Versagens entsteht und die nächste Phase des Co-Verhaltens beginnt.

Kontrollphase

Im Zentrum dieser Phase steht der Versuch, die betroffene Person zu überzeugen, dass sie ihr Verhalten ändert. Bisher hat die gefährdete Person die Erfahrung gemacht, dass alle Probleme immer wieder vom Umfeld aufgefangen wurden. Sie geht davon aus, dies weiterhin so bleiben wird. Angesichts der Uneinsichtigkeit wird das Umfeld langsam ungeduldig und lässt dies die betroffene Person auch deutlich und immer häufiger spüren. Beispielsweise wird das Suchtmittel kontrolliert oder es werden Situationen, die zum Konsum anregen, gemieden: keine Geburtstagsrunden mehr oder die betroffene Person wird z. B. bei Jubiläen, Betriebsfeiern von den Kollegen fürsorglich unter »Personenschutz« gestellt. Da aber eine durchgängig konsequente Haltung weiterhin fehlt, führen diese Versuche in der Regel nicht zur Einsicht und einer gewünschten Verhaltensänderung. Irgendwann ist die Toleranzgrenze des Umfeldes erreicht und das Co-Verhalten mündet in die Anklagephase.

Anklagephase

Diese Phase wird bestimmt von enttäuschten Erwartungen und nicht eingehaltenen Versprechen. Das Selbstvertrauen des kollegialen Umfeldes ist erschüttert. »Wir haben alles versucht, nichts hat geholfen. Wir kommen nicht weiter«. Das Problem wird nach außen tabuisiert: Alle wissen Bescheid, aber keiner will etwas gemerkt haben. Oft will man die betroffene Person loswerden oder versetzt sie an einen anderen Arbeitsplatz, wo sie weniger auffällt und Schaden anrichten kann. Es werden auch zunehmend Konsequenzen angedroht, aber nicht eingehalten und der Prozess der Abhängigkeit schreitet weiter fort. Zuletzt beherrschen Beschuldigungen und Aggressionen das Betriebsklima. Der »Fall« wird abgegeben an die Personalabteilung, die ihn möglichst schnell aus dem Arbeitsbereich entfernen soll.

7.2.2 Ausstieg aus dem Co-Verhalten

Im Betrieb ist ein frühzeitiges und konsequentes Vorgehen notwendig, sobald Auffälligkeiten deutlich werden, möglichst bevor es zu arbeitsrechtlichen Konsequenzen kommt. Bereits in der Phase des riskanten Konsums sollte über auffällige Verhaltens- und Persönlichkeitsveränderungen mit der betroffenen Person geredet werden. Dazu ist auch erforderlich, eine klare und eindeutige Haltung gegenüber der betroffenen Person einzunehmen. Eine klare Haltung einnehmen bedeutet, sich einzugestehen: Ich habe einen suchtgefährdeten Kollegen vor mir, der fachgerechte Hilfe braucht.

Ausstieg aus dem Co-Verhalten – eine **KLAR**e Haltung –

Einsicht:
- Ich habe eine **gefährdete** Person vor mir.
- Ich habe lange das Spiel mitgespielt.
- Ich werde **KLAR** anders vorgehen.

Konsequent
- Auf auffälliges Verhalten hinweisen.
- Kontakte zum Beratungsangebot ermöglichen.
- Änderung anfordern und konkret vereinbaren.
- Einhaltung von Absprachen verfolgen.

Loslassen
- Das Problem erkennen und akzeptieren.
- Verantwortung an die Person zurück geben.
- Unterstützung auf dem Weg zusichern.

Abgrenzen
- Ich glaube, du schaffst das.
- Es ist deine Entscheidung.
- Du muss wissen, wohin du willst.

Reden
- Ich rede mit, nicht mehr nur über die Person.
- Ich suche selbst Beratung auf,
  wenn in meinem Umfeld ein Suchtproblem ist.

Bei einer klaren Haltung ist die betroffene Person gezwungen, selbst etwas tun zu müssen und Verantwortung zu übernehmen.

8 Arbeitsrechtliche Aspekte

Das Kapitel gibt einen Überblick über die arbeitsrechtlichen Aspekte der betrieblichen Suchtprävention und Suchthilfe. Es geht vor allem um

- die arbeitsvertraglichen Aspekte,
- die Handlungsmöglichkeiten des Betriebsrats beim Aufbau und in der Umsetzung des Suchtpräventionsprogramms sowie
- die Aspekte des Arbeitsschutzes und der Arbeitssicherheit.

8.1 Fragerecht des Arbeitgebers bei Einstellungen

Für das betriebliche Einstellungsverfahren und die Einstellungsuntersuchung stellt sich im Zusammenhang mit Suchtmittelkonsum zunächst die Frage, ob und in welchem Umfang Bewerber nach Krankheiten und Gewohnheiten wie Rauchen, Alkohol trinken usw. gefragt werden dürfen. Generell hat hier die Rechtsprechung entschieden, dass sich der Umfang des Fragerechts des Arbeitgebers und des von ihm Beauftragten (wie z. B. Betriebsarzt oder Personalsachbearbeiter) an den vorgesehenen Aufgaben des Bewerbers zu orientieren hat. Fragen die verboten bzw. unzulässig sind, können wahrheitswidrig beantwortet werden.

- Für den Gelegenheitskonsum gibt es weder ein Fragerecht für den Arbeitgeber noch eine Offenbarungspflicht des Bewerbers.
- Bei Suchtmittelabhängigkeit gilt dies eingeschränkt, wenn z. B. ein Bewerber dadurch von vornherein nicht geeignet ist, die vertraglich geschuldete Tätigkeit zu verrichten, wie z. B. ein Kraftfahrer oder Maschinenführer.

Daneben gibt es eine Reihe von Fragen, die wegen möglicher Diskriminierung des Bewerbers unzulässig sind. Dies sind z. B. Fragen

- nach der Schwangerschaft,
- nach einer bestehenden Behinderung, die nicht die Tätigkeit tangiert.

Seit Inkrafttreten der §§ 1 und 7 AGG (Allgemeines Gleichbehandlungsgesetz) im August 2006 ist die Frage nach einer Behinderung oder Gleichstellung unzulässig. Dies ist auch in einer geplanten Novellierung des BDSG zum Arbeitnehmerdatenschutz ausdrücklich so vorgesehen.[1] Eine Falschbeantwortung rechtfertigt daher keine Anfechtung des Arbeitsvertrags wegen arglistiger Täuschung nach § 123 BGB. Daher besteht auch keine Offenbarungspflicht des Bewerbers. Etwas anderes gilt allenfalls, wenn der Bewerber aufgrund einer Behinderung die geschuldete vertragliche Leistung von vornherein auf Dauer nicht erbringen könnte.

Abstinent gewordene Suchtkranke haben das Recht, Fragen nach der Abhängigkeit wahrheitswidrig zu beantworten, ohne dass der Arbeitgeber eine solche wahrheitswidrige Antwort später zum Anlass für rechtliche Sanktionen nehmen darf, insbesondere dann, wenn die frühere Abhängigkeit ohne Bedeutung für den neuen Arbeitsplatz ist.

Nach dem AGG nicht als diskriminierend anzusehen wären Fragen nach dem Rauchkonsum oder Feststellungen über das Körpergewicht ohne Bezug auf die Tätigkeit, wenn der Arbeitgeber hieraus Erkenntnisse über mögliche Krankheitsbilder in der Zukunft gewinnen und deshalb den Bewerber ablehnen will.

Rechte des Betriebsrats

Die Anwendung o. g. Auswahlkriterien durch den Arbeitgeber wären bei Bestehen eines Betriebsrats nach § 95 BetrVG mitbestimmungspflichtig und sind daher nur mit dessen Zustimmung oder eines diese ersetzenden Einigungsstellen-Spruchs zulässig. Der Betriebsrat hat auch ein Mitbestimmungsrecht bei der **Gestaltung von Fragebögen** gem. § 94 BetrVG, sodass er Einfluss auf die Fragen bei Einstellungen nehmen kann, notfalls bis zum Spruch einer Einigungsstelle. Der Betriebsrat sollte hier regulierend eingreifen, da Bewerber in der Regel am kürzeren Hebel sit-

1 Vgl. geplanter § 32a Abs. 3 BDSGE sowie LAG Hamm vom 30. 6. 2010 (2 Sa 49/10), anhängig beim BAG unter Az. 6 AZR 553/10; in JURIS.

zen: Antworten sie nicht, so besteht das Risiko, aus dem weiteren Bewerbungsverfahren ausgeschlossen zu werden.

8.2 Arbeitnehmeruntersuchungen

Arbeitnehmeruntersuchungen, die in Zusammenhang mit Suchtmittelkonsum und Suchtgefährdung stehen, bewegen sich in einem Spannungsfeld. Auf der einen Seite steht der gebotene Schutz der Persönlichkeit aus Art. 1 Abs. 1 und Art. 2 Grundgesetz. Auf der anderen Seite steht die Notwendigkeit des Schutzes vor gesundheitlichen Gefährdungen (z. B. Arbeitssicherheit) sowie der Hilfe für betroffene Beschäftigte.

Der Schutz der Persönlichkeit findet z. B. seinen Ausdruck in der Schweigepflicht im Zusammenhang mit allen gesundheitlichen Fragen. Hierfür bedarf es einer vorhergehenden Aufklärung des Bewerbers, was genau untersucht werden soll. Ein typisches Spannungsfeld ist die betriebliche Suchtprävention und Suchthilfe. Das Bedürfnis des Arbeitgebers nach Transparenz und Kontrolle von erkrankten Arbeitnehmern trifft hier auf eine problematische Schnittstelle, wenn in der betrieblichen Suchthilfe ein abgestimmtes Verfahren von Kontroll- und Hilfsmaßnahmen vorgesehen ist, um Hilfe- und Therapiemaßnahmen verbindlich zu machen. Eine Klärung über gemeinsame Ziele und Vorgehensweisen in der betrieblichen Gesundheits- bzw. Sozialpolitik ist daher zu empfehlen und über eine Betriebsvereinbarung zur Suchtpräventionsprogramm festzuschreiben.

8.2.1 Einstellungsuntersuchungen

Für betriebliche Einstellungsuntersuchungen bei Arbeitnehmern gibt es in der Regel keine gesetzliche Grundlage. Ausgenommen davon sind eine begrenzte Anzahl von arbeitsmedizinischen Untersuchungen, die vom Gesetzgeber vorgeschrieben sind.

Bei allen ärztlichen Untersuchungen (und das gilt auch für arbeitsmedizinische) gilt:

- Sie sind freiwillig und bedürfen im Hinblick auf die Art und Weise ihrer Durchführung stets der Zustimmung des Arbeitnehmers. Hierfür bedarf es einer vorhergehenden Aufklärung des Bewerbers, was genau untersucht werden soll.

- Generell ist die ärztliche Schweigepflicht zu beachten.
- Bei gesetzlich vorgeschriebenen Einstellungsuntersuchungen gilt die berufsgenossenschaftliche Verordnung zur arbeitsmedizinischen Vorsorge – ArbMedVV. Anlass und Ziel sind in der jeweiligen Unfallverhütungsvorschrift vorgesehen.[2] Darin ist geregelt, wie diese Untersuchungen durchzuführen sind.
- Bei nicht gesetzlich vorgeschriebenen Einstellungsuntersuchungen darf nur untersucht werden, was für die vorgesehene Tätigkeit erforderlich ist.[3]
- Gentests sind generell gemäß § 19 GendiagnostikG verboten.
- Der Betriebsarzt darf den Arbeitgeber ohne schriftliche Entbindung von der ärztlichen Schweigepflicht nicht über die Untersuchungsergebnisse informieren. Er darf nur informieren, ob der Bewerber für die vorgesehene Tätigkeit geeignet ist und ggf. Empfehlungen für den Arbeitsplatz aussprechen (z. B. Befristung der Tätigkeit, Bedingungen mit Auflagen gem. ArbMedVV, § 6 Abs. 4 oder Empfehlung zur Umsetzung gem. § 8 Abs. 1). Weitergehende Aussagen des Arztes über den Befund an den Arbeitgeber würden einen nach § 203 StGB strafbaren Verstoß gegen die ärztliche Schweigepflicht darstellen.
- Einstellungsuntersuchungen sind entweder tätigkeitsbezogen (z. B. zum Führen von Fahrzeugen) oder personenbezogen (z. B. für Jugendliche gem. § 32 JArbSchG) abgegrenzt. Auch vorgeschriebene arbeitsmedizinische Untersuchungen bedürfen im Hinblick auf die Art und Weise ihrer Durchführung stets der Zustimmung.
- Stets muss dem Arbeitnehmer ein Doppel des Berichts ausgehändigt werden (ArMedVV, § 6 Abs. 3). Der Arbeitnehmer kann eine Entschei-

2 Verordnung zur arbeitsmedizinisichen Vorsorge (ArbMedVV), http://www.arbeitssicher heit.de

3 So jetzt vorgesehen in § 32a Abs. 1 BDSGE.

dung der zuständigen Behörde verlangen (§ 8 Abs. 2), falls er mit dem Ergebnis einer Untersuchung nicht einverstanden ist.

Der Umfang der Einstellungsuntersuchungen darf sich keinesfalls auf solche Punkte erstrecken, deren Erforschung unzulässig ist. Der Betriebsarzt darf auch nicht mehr fragen als der Arbeitgeber.[4]

Rechte des Betriebsrats

Bei berufsgenossenschaftlich oder gesetzlich vorgeschriebenen Untersuchungen ergibt sich in der Regel kein Mitbestimmungsrecht des Betriebsrats darüber, ob und in welchem Umfang die Untersuchung stattfindet, soweit hier aufgrund gesetzlicher Vorgaben kein Regelungsspielraum besteht.

Wenn der Arbeitgeber oder der Arzt mehr Untersuchungen durchführen will, als es die Berufsgenossenschaft für den Arbeitschutz vorschreibt, muss der Betriebsrat darauf achten, ob weitere nach § 95 BetrVG mitbestimmungspflichtige Kriterien für die Bewerberauswahl angewandt werden sollen. Entsprechend gelten diese Grundsätz auch für Untersuchungen in bestehenden Arbeitsverhältnis.[5]

8.2.2 Alkohol- und Drogentests

Bei Einstellung in ein Ausbildungs- oder Arbeitsverhältnis, manchmal aber auch nach Zufallsverfahren im laufenden Arbeitsverhältnis, werden in vielen Großbetrieben Alkohol- und Drogentests durchgeführt. Allein die allgemeine Fürsorgepflicht des Arbeitgebers kann jedoch kein Anlass für die generelle Anwendung von Testverfahren sein. Hierbei muss allen Beteiligten klar sein, dass so genannte Schnelltests in der Regel keine Beweisfunktion haben, sondern allenfalls ein Indiz für Konsum von Alkohol oder Drogen sein können.

4 Vgl. hierzu das Urteil des LAG Düsseldorf vom 30.09.1971 – 3 Sa 305/71 – in: DB 1971, 2071.
5 So vorgesehen in § 32c Abs. 3 BDSGE

Für bestimmte Tätigkeiten existieren berufsgenossenschaftliche Grundsätze (G-Untersuchungen), die Einzelheiten regeln.[6] Hierin finden sich keine Untersuchungshinweise auf generelle Drogen oder Alkoholtests. Nicht selten wird die nach der ArbMedVV weder als Pflicht- noch Angebotsuntersuchung anzusehende G 25 zur Feststellung der Tauglichkeit des Arbeitnehmers für Fahr-, Steuer- und Überwachungstätigkeiten[7] von Personalverantwortlichen benutzt, um systematisch Alkoholtests oder Tests auf illegale Drogen bei den dafür infrage kommenden Arbeitnehmern zu legitimieren und durchzuführen. Auch wenn »chronischer Alkoholmissbrauch oder Drogenabhängigkeit oder andere Suchtformen« unter den gesundheitlichen Tätigkeitsbedenken in der G 25 aufgeführt werden, bedeutet dies nicht, dass der Betriebsarzt generell solche Tests durchführen darf. Nach richtiger Auffassung müssen hierfür objektive Anhaltspunkte für einen begründeten Verdacht vorliegen. Blutuntersuchungen zur Kärung, ob der Beschäftigte alkohol- oder drogenabhängig ist, sind daher nicht routinemäßig zulässig.

- In jedem Fall muss der Betroffene über den Untersuchungsumfang aufgeklärt werden, z. B. dass der Urin auf Drogen untersucht wird. Ein Verstoß hiergegen kann eine Strafbarkeit des Arztes begründen (u. a. wegen Körperverletzung gem. § 223 StGB, z. B. bei Blutentnahme/Stichverletzung). Nur wenn dies ordnungsgemäß erfolgt ist, kann der Bewerber wirksam die erforderliche Zustimmung zur Blut-, Haar- oder Urinentnahme erteilen.
- Eine Teilnahme zum Test anordnen kann bei Vorliegen von Straftaten nur die zuständige Strafverfolgungsbehörde (§ 81 a StPO).

6 Vgl. Aufstellung bei Rehwald: Einstellungsuntersuchungen auf Alkohol- und Drogenkonsum. In: AiB 2000, 126.

7 Vgl. im Internet: http://www.arbeitssicherheit.de. Auch: BGI 504–25 und 784.

Drogenscreening

Tests auf illegale Drogen lassen – wenn auch nicht immer zuverlässig – Rückschlüsse auf einen vorangegangenen Gebrauch dieser Substanzen zu, sagen jedoch nichts über die aktuelle Beeinflussung und die spezifischen Konsummuster der gestesteten Person aus.

»Jungsein« begründet keinen Generalverdacht auf Drogenkonsum. Anders als der Besitz von illegalen Drogen, ist der Konsum zudem nicht strafbar. In der Fachwelt wird zwischen Probier- und Experimentier-, Gelegenheits- und Gewohnheitskonsum unterschieden. Diese Unterscheidung der Konsummuster ist für die betriebliche Suchtprävention und -hilfe wichtig. Nicht alle Konsumenten illegaler Drogen machen sich strafbar, sind abhängig oder verstoßen gegen die Arbeitssicherheit.[8] Der Gelegenheitskonsum ist meist auf Partys, Discobesuche und auf andere Freizeitveranstaltungen beschränkt und bleibt in der Regel ohne Auswirkungen auf die Arbeit. Nach einer Phase des Probierens wird z. B. der Konsum von Cannabisprodukten von den meisten 16- bis 25-Jährigen wieder eingestellt. Cannabiskonsum lässt sich jedoch besonders lange nachweisen (bei einmaligem Konsum 7 bis 10 Tage, bei häufigerem Konsum bis zu 8 Wochen).

Gewichtige Stimmen in der Kommentarliteratur halten grundsätzlich Drogen- und Alkoholtests oder Genomanalysen – gleich ob im Rahmen von Einstellungsuntersuchungen oder ob im laufenden Arbeitsverhältnis – für rechtswidrig. Denn sie stellen einen Eingriff in das geschützte Persönlichkeitsrecht und die Intimsphäre eines Menschen dar, so dass sie mit Ausnahme gesetzlich vorgeschriebener Untersuchungen nicht durchgeführt werden dürfen.[9] Dies gilt selbst dann, wenn Betriebsrat und Bewerber zugestimmt haben.

Eine generelle Überwachung von Beschäftigten durch den Arbeitgeber ist nur dann zulässig, wenn vor Beginn der Maßnahme ein durch Tatsachen be-

8 Vgl. Wienemann/Müller (2005): Standards der Alkohol- Tabak-, Drogen- und Medikamentenprävention in deutschen Unternehmen und Verwaltungen. Expertise im Auftrag der Deutschen Hauptstelle für Suchtfragen e. V., S. 65 f.

9 So Klebe, in: Däubler/Kittner/Klebe/Wedde (DKKW). § 94 BetrVG RNr. 38; und Fitting, in: FKHE, 23. Aufl. RNr. 26 und 25 zu § 94 BetrVG.

gründeter Verdacht einer schweren Vertragsverletzung oder einer Straftat besteht. Die Möglichkeit des Konsums von Suchtmitteln als pauschaler Verdacht gegen die gesamte Belegschaft oder »präventive Gründe« reichen dafür nicht. Eine »präventive« Überwachung stellt somit eine schwerwiegende Verletzung des allgemeinen Persönlichkeitsrechts der Arbeitnehmer dar. Die generelle Überwachung kann daher auch nicht Gegenstand der Mitbestimmung sein.

Entsprechend hat das Bundesarbeitsgericht (BAG) im Zusammenhang mit einer Überprüfung eines Waffen tragenden Wachmanns entschieden,[10] dass ein nicht anlassbezogener Alkoholtest vom Arbeitgeber nicht angeordnet werden darf.

Rechte des Betriebsrats

Generelle Drogen-/Alkoholtests sind ein Instrument der Personalauswahl und der Arbeitnehmerkontrolle. Der Einsatz hängt davon ab, wie der Betriebsrat seine Mitbestimmungsrechte wahrnimmt. Denn diese Tests sind nach § 87 Abs. 1 Ziffer 1 und 7 und § 95 Abs. 1 BetrVG mitbestimmungspflichtig. Eine fehlende Zustimmung des Betriebsrats kann nur durch den Spruch der Einigungsstelle ersetzt werden.

Bedenklich kann es sein, wenn der Betriebsrat wissentlich der Durchführung von Tests durch den Arbeitgeber längere Zeit zusieht und dadurch seine betriebverfassungsrechtlichen Rechte verwirkt.

Bei Einstellungsuntersuchungen hat der Betriebsrat darauf zu achten, dass Bewerber, die sich nicht dem freiwilligen Test unterziehen, nicht benachteiligt werden. Denn erfolgreich dagegen agieren kann nur der Betriebsrat. Der Bewerber sitzt am kürzeren Hebel, da er in der Regel nicht mehr in die engere Wahl kommt.

Im bestehenden Arbeitsverhältnis muss der Arbeitgeber immer reagieren, wenn bei einem Beschäftigten konkrete Anhaltspunkte für eine Einschränkung der Arbeitsfähigkeit und der Arbeitssicherheit durch Suchtmittel vorliegen. Ob er dem Arbeitnehmer in diesem Fall einen Test zu

10 BAG Urteil vom 12.08.1999 – 2 AZR 55/99 – in: DB 1999, 2369.

seiner Entlastung anbietet, hängt von einer entsprechenden Vereinbarung ab. Das BAG hat entschieden, dass sonst der Arbeitnehmer von sich aus einen Testwunsch an den Arbeitgeber herantragen muss, wenn er sich vom Verdacht des Suchtmittelkonsums entlasten will.[11] Ein positives Ergebnis des freiwilligen Tests kann dann jedoch gegen ihn verwendet werden.

Rechte der Arbeitnehmer bei Suchtmitteltests

Die individualrechtliche Zulässigkeit von Drogen- oder Alkoholtests im Arbeits- und/oder Ausbildungsverhältnis bzw. bei Einstellung hängt von der Einwilligung der Bewerber ab (siehe Kapitel 8.2.1). Niemand ist rechtlich verpflichtet, die Zustimmung zu derartigen Tests zu geben. Durch die Ablehnung von nicht gesetzlich vorgeschriebenen Untersuchungen dürfen Bewerbern auch keine Nachteile entstehen. Personelle Maßnahmen, die allein auf eine Verweigerung der Untersuchung gestützt werden, sind ohne konkrete Anhaltspunkte für Suchtmittelkonsum rechtswidrig.

Handelt es sich dagegen um eine gesetzlich vorgeschriebene Untersuchung, darf der Arbeitgeber bei Verweigerung die Person nicht auf dem Arbeitsplatz beschäftigen. Bei beharrlicher Weigerung kann in einem bestehenden Arbeitsverhältnis – nach Abmahnung – auch eine Kündigung bis hin zu einer außerordentlichen Kündigung in Betracht kommen.[12]

8.3 Entgeltfortzahlung im Krankheitsfall

Die Entgeltfortzahlung kann gem. § 3 Abs. 1 EFZG (Entgeltfortzahlungsgesetz) vom Arbeitgeber im Zusammenhang mit Drogen- oder Alkoholkonsum nur verweigert werden, wenn die Arbeitsunfähigkeit schuldhaft herbeigeführt wurde. Dies hat das BAG bisher nur in Ausnahmefällen, z. B. bei Rückfall, angenommen.[13] Hier wurde davon ausgegangen, dass

11 BAG Urteil vom 16.09.1999 – 2 AZR 123/99 – in: NZA 2000, 141.
12 Vgl. LAG Düsseldorf, Urteil vom 31.03.96 – 15 Sa 180/95 – in: NZA – RR Heft 3/1997.
13 BAG Urteil vom 11.11.1987 – 5 AZR 497/86 – in: JURIS.

ein Arbeitnehmer aufgrund einer Entwöhnungsbehandlung mit anschließender Therapie die Gefahren eines erneuten Alkoholkonsums kennen musste und somit schuldhaft handelte.

Bei begründeten Zweifeln an der Arbeitsunfähigkeit hat der Arbeitgeber nur die Möglichkeit, gem. § 275 Abs. 1 a SGB V bei der Krankenkasse die Untersuchung des Arbeitnehmers durch den medizinischen Dienst zu beantragen. Anerkannte Gründe sind hierfür:

- auffällig häufige Arbeitsunfähigkeiten von nur kurzer Dauer
- Eintritt einer Arbeitsunfähigkeit vermehrt am Beginn oder Ende einer Woche
- auffällig häufige Krankheitsbescheinigungen durch denselben Arzt.

Bei Feststellung der Arbeitsunfähigkeit muss der Arbeitnehmer diese unverzüglich, das heißt in der Regel zu Dienstbeginn, anzeigen. Bei länger als drei Tage dauernden Erkrankungen muss er spätestens am vierten Tag die ärztliche Arbeitsunfähigkeitsbescheinigung einreichen. Bei Fehlen der Bescheinigung kann der Arbeitgeber neben einer Abmahnung wegen unentschuldigten Fehlens auch die Entgeltfortzahlung bis zu deren Vorlage verweigern (§ 7 EFZG).

Bei Suchtgefährdungen sind oft krankheitsbedingte Fehlzeiten mit einer Verletzung der Melde- und Nachweispflichten gem. § 5 EFZG verbunden. Der Arbeitgeber kann dann ohne bestimmten Anlass die Vorlage der Bescheinigung bereits ab dem ersten Tag der Erkrankung verlangen. Dies ist bei Interventionen im Rahmen des Stufenplans eine häufige Maßnahme. Dies ist jedoch unzulässig, wenn spezielle Regelungen im Tarifvertrag die Vorlage einer Bescheinigung erst ab dem vierten Tag vorschreiben. Dann kann der Arbeitgeber bei Verdacht des Missbrauchs nur eine Untersuchung durch den medizinischen Dienst beantragen (vgl. § 275 Abs. 1 a SGB V).

8.4 Abmahnung

Eine Abmahnung kommt immer nur bei objektiver Verletzung von Vertragspflichten in Betracht. Gibt es z. B. im Betrieb ein generelles Alkoholverbot, kann bei Verstoß hiergegen auch eine Abmahnung erfolgen. Sie ist eine Voraussetzung, wenn der Arbeitgeber im Wiederholungsfall eine Kündigung aussprechen will. Auch die Verletzung von Melde- oder Nachweispflichten aus Anlass von Arbeitsunfähigkeit gem. § 5 EFZG sowie Verspätungen und unentschuldigtes Fehlen sind typische Vorgänge im Zusammenhang mit Alkohol- oder Drogenkonsum. Sie können daher auch abgemahnt werden.

Rechte der Arbeitnehmer

Der betroffene Kollege kann gegen eine Abmahnung nicht argumentieren, dass er abhängig und krank sei und gar nicht schuldhaft gehandelt habe. Es ist ständige Rechtsprechung des BAG, dass objektive Vertragsverletzungen für eine Abmahnung – anders als bei der Kündigung – ausreichen.

Bei Weigerung, sich einem Test zu unterziehen, kann jedoch kein Arbeitnehmer abgemahnt werden, da dazu keine Verpflichtung besteht. Will der Arbeitgeber wegen (verbotenem) Suchtmittelgebrauch abmahnen, muss er sich auf andere objektive Anhaltspunkte stützen, z. B. Geh- und Sprachstörungen oder Alkoholgeruch.

Krankheitsbedingte Fehlzeiten stellen keine Vertragspflichtverletzung dar. Erteilt der Arbeitgeber daraufhin Abmahnungen, kann der Betriebsrat mit einem Unterlassungsanspruch hiergegen vorgehen.[14]

8.5 Kündigung

Stellt der Arbeitgeber in Verbindung mit Suchtmittelgebrauch oder suchtbedingten Verhaltensweisen mehrfache Verstöße gegen arbeitsvertragliche Pflichten fest, so kann er – bei Vorliegen der entsprechenden Voraussetzungen – eine Kündigung aussprechen.

Eine Vertragsverletzung liegt vor, wenn sich das Problem nicht nur in der Privatsphäre abspielt, sondern sich auf den betrieblichen Bereich auswirkt und dort zu Störungen führt. Das BAG erkennt eine Trennung

14 Vgl. LAG Bremen vom 19. 11. 1981 – 3 TaBV 28/80 – in: AiB 1986, 191 und in: JURIS.

zwischen Privatbereich und Arbeitssphäre an und hat sogar die Kündigung eines U-Bahn-Zugführers wegen einer Privatfahrt unter Alkoholeinfluss (2,73 Promille) für unwirksam erklärt.[15]

Verhaltensbedingte Kündigung

Kann ein Arbeitnehmer sein Verhalten unter Suchtmitteleinfluss noch steuern, kommt die verhaltensbedingte Kündigung bei wiederholten Vertragspflichtverletzungen in Betracht.

Die verhaltensbedingte Kündigung setzt voraus:

- Mindestens **eine** zeitnahe, einschlägige Abmahnung.
- Erneutes Fehlverhalten, z. B. Verstoß gegen Alkoholverbot, gegen Anzeige-/Nachweispflichten bei Arbeitsunfähigkeit, nicht erbrachte Leistung.

Eine Kündigung, die allein auf eine Weigerung der Teilnahme an Alkoholtests oder Drogenscreenings gestützt wird, wäre allerdings unwirksam,[16] da diese nicht erzwingbar sind. Eine mehrfache Weigerung kann jedoch bei konkreten Verdachtsmomenten zu einer Beweiserleichterung für den Arbeitgeber im Prozess um eine Kündigung führen.

Krankheitsbedingte Kündigung

Liegt eine Abhängigkeitserkrankung vor, müssen in der Regel die Voraussetzungen einer krankheitsbedingten Kündigung erfüllt sein. Diese kann – mit seltenen Ausnahmen – nur als ordentliche Kündigung ausgesprochen werden.

Voraussetzungen einer krankheitsbedingten Kündigung[17] sind:

- Erhebliche Fehlzeiten
  (In der Regel wird geprüft, ob in den letzten 3 bis 4 Jahren vor der Kündigung Fehlzeiten von mehr als 6 Wochen pro Jahr am Stück oder verteilt vorlagen. Geheilte Krankheiten, Kuren und Schwangerschaft wer-

15 BAG Urteil vom 04.06.1997 – 2 AZR 526/96 – in: JURIS.
16 Vgl. BAG Urteil vom 12.08.1999 – 2 AZR 55/99 – in: DB 1999, 2369.
17 Vgl. BAG Urteil vom 17.06.1999 – 2 AZR 639/98 – in: JURIS.

den nicht berücksichtigt. Bei schwerbehinderten Menschen sind auch längere Fahlzeiten vom Arbeitgeber hinzunehmen.)

- Negative Zukunftsprognose
  (Diese wird bei einer Suchterkrankung unterstellt bei fehlender Krankheitseinsicht und Weigerung, sich einer Therapie zu unterziehen.)
- Erhebliche betriebliche Auswirkungen
  (Bei überdurchschnittlichen Kosten für Entgeltfortzahlung, Personalersatz u. a.)
- Zum Schluss hat das Arbeitgericht u. a. im Rahmen der beiderseitigen Interessenabwägung zu prüfen, ob der Arbeitgeber gem. § 84 Abs. 2 SGB IX zuvor – bei schwerbehinderten/gleichgestellten Beschäftigten unter Einschaltung der Schwerbehindertenvertretung – geeignete Präventionsmaßnahmen im Rahmen eines betrieblichen Eingliederungsmanagements eingeleitet hat.[18] Dies gilt bei allen krankheitsbedingten Kündigungen, wenn der betroffene Beschäftigte mehr als 6 Wochen pro Jahr arbeitsunfähig war.

Um eine Kündigung abzuwenden, muss sich die betroffene Person vor Ausspruch der Kündigung auf eine Abhängigkeitserkrankung berufen, diese ggf. im Prozess durch ein Attest oder Gutachten beweisen und zur Widerlegung der negativen Prognose zu einer Therapie bereit erklären.

Besonderheiten

a) Bei tariflicher Alterssicherung ist nur eine außerordentliche Kündigung unter Einhaltung der ordentlichen Kündigungsfrist als soziale Auslauffrist möglich.

b) Bei Straftaten, z. B. Körperverletzung anderer Mitarbeiter, kann eine verhaltensbedingte Kündigung – sogar eine außerordentliche – von suchtkranken Arbeitnehmern möglich sein.[19]

18 BAG Urteil vom 12. 07. 2007 – 2 AZR 716/06 – in: http://www.bundesarbeitsgericht.de/.
19 BAG Urteil vom 30. 09. 1993 – 2 AZR 188/93 – in: JURIS.

Empfehlung

a) Der Betriebsrat sollte bei Interventionen nach dem Stufenplan auf eine mögliche Abhängigkeitserkrankung verweisen, auch wenn die betroffene Person (noch) nicht dieser Meinung ist. Bei späterer Kündigung kann sich der Arbeitgeber dann nicht auf »Nichtwissen« berufen.

b) Bei einer Kündigungsschutzklage muss der Arbeitnehmer dafür sorgen, dass diese fristgerecht – binnen drei Wochen nach Zugang – bei Gericht eingeht, auch wenn er sich z. B. in der Entgiftungsphase befindet. Nach der Rechtsprechung muss die betroffene Person ansonsten darlegen, dass es ihr nicht möglich war, Dritte mit der rechtzeitigen Erhebung der Kündigungsschutzklage zu beauftragen.[20]

Zu den weiteren Voraussetzungen des Sonderkündigungsschutzes für schwerbehinderte oder gleichgestellte Menschen vgl. Kap. 9.4.

8.6 Erneuter Konsum nach Therapie (»Rückfall«)

Entwöhnungstherapien sind in der Regel auf Abstinenz als Therapieziel ausgerichtet. Während traditionell jede zeitweise Wiederaufnahme oder Fortsetzung des Konsums nach einer Therapie als Rückfall angesehen wurde, gilt dies in der Fachwelt heute als ein nicht selten vorkommendes Ereignis innerhalb des Genesungsprozesses, dem die betroffene Person aktiv begegnen kann. Für einen Rückfall ist daher nicht der Suchtmittelkonsum als solcher entscheidend, sondern ob die Person wieder in die suchtbedingten Konsummuster und Verhaltensweisen zurückfällt. Auch im Betrieb können nur die erneuten Verstöße gegen arbeitsvertragliche Pflichten rückfallbedingte Sanktionen auslösen.

Bei Rückfall geht die Rechtsprechung zunehmend rigide vor.

- Im Hinblick auf die Entgeltfortzahlung wird in der Regel von Eigenverschulden ausgegangen,[21] sodass die betroffene Person auf das niedrigere Krankengeld angewiesen ist, das nur bei vorsätzlich herbeige-

20 LAG Köln, Beschluss vom 01.03.2006 – 3 Ta 23/06 – in: NRWE, URL: http://www.justiz.nrw.de/RB/nrwe2/index.php.

21 Vgl. BAG Urteil vom 11.11.1987 – 5 AZR 497/86 – in: JURIS.

führter Arbeitsunfähigkeit verweigert werden kann (§ 52 SGB V). Eine Ausnahme wird nur dann gemacht, wenn die betroffene Person trotz erfolgreich abgeschlossener Therapie ihr Verhalten weiterhin nicht steuern kann.[22]

- Eine Kündigung bei Rückfall ist in der Regel nur dann begründet, wenn – selbst bei erneuter Therapiebereitschaft – eine negative Prognose angenommen werden kann. Es kommt aber stark auf die Umstände des Einzelfalls an, wie das LAG Hamm[23] aufzeigt: Ein alkoholbedingter Rückfall nach einer erfolgreichen Entwöhnungstherapie reicht allein noch nicht für die notwendige negative Prognose, um eine ordentliche Kündigung zu rechtfertigen. Bei Therapiefähigkeit und -bereitschaft des alkoholerkrankten Arbeitnehmers muss außerdem dargelegt werden, dass bei der betroffenen Person auch in Zukunft mit alkoholbedingter Arbeitsunfähigkeit oder Leistungseinschränkungen zu rechnen ist.

Empfehlung

Die Betriebsvereinbarung sollte eine Regelung über den Umgang mit erneutem Konsum nach abgeschlossener Therapie vorsehen. Ihre Bedeutung ergibt sich aus der Entscheidung des LAG Stuttgart.[24]

»Enthält eine Betriebs-/Dienstvereinbarung über den Umgang mit alkoholkranken oder alkoholgefährdeten Mitarbeitern Regelungen über die Vorgehensweise bei einem Rückfall, verstößt eine Kündigung gegen das Kündigungsschutzprinzip der Verhältnismäßigkeit, wenn und soweit sich der durch die Vereinbarung verpflichtete Arbeitgeber nicht an die darin aufgestellten Grundsätze hält.«

22 Vgl. BAG Urteil vom 27.05.1992 – 5 AZR 297/91 – in: JURIS.
23 LAG Hamm, Urteil vom 04.09.2001 – 11 Sa 1918/00 – in: JURIS.
24 LAG Stuttgart, Urteil vom 12.04.2002 – 18 Sa 5/02 – in: JURIS.

8.7 Auswirkungen des Allgemeinen Gleichbehandlungsgesetzes (AGG)

Nach Inkrafttreten des AGG im August 2006 ist eine Benachteiligung wegen einer Behinderung bei personellen Einzelmaßnahmen im Arbeitsverhältnis gem. §§ 7 und 1 AGG verboten. Der Arbeitgeber hat gem. § 12 AGG Abhilfe- und Schutzmaßnahmen zu treffen.

Eine **Behinderung** wird nach § 2 Abs. 1 SGB IX wie folgt definiert:

> Menschen sind behindert, wenn ihre körperliche Funktion, geistige Fähigkeit oder seelische Gesundheit mit hoher Wahrscheinlichkeit länger als sechs Monate von dem für das Lebensalter typischen Zustand abweichen und daher ihre Teilhabe am Leben in der Gesellschaft beeinträchtigt ist. Sie sind von Behinderung bedroht, wenn die Beeinträchtigung zu erwarten ist.

Anders als im bisherigen § 81 Abs. 2 SGB IX (Fassung bis August 2006) ist das Anknüpfungskriterium nunmehr eine Behinderung und nicht mehr eine Schwerbehinderung. Das bedeutet, dass auch behinderte Menschen mit einem GdB von weniger als 50 vom Geltungsbereich dieses Gesetzes erfasst sind, auch wenn sie nicht als gleichgestellt anerkannt sind.

Die Regelungen treffen auch auf die Arbeitnehmer zu, die bei der Arbeit aufgrund ärztlicher Verschreibung unter dem Einfluss von Medikamenten stehen, die den Regelungen des Betäubungsmittelgesetzes (BtMG) unterworfen sind. Dies gilt insbesondere für

- Schmerzpatienten unter den Beschäftigten, die regelmäßig eine Morphindosis als Schmerzmittel benötigen,
- Beschäftigte, die im Rahmen des Substitutionsprogramms Opiatersatzstoffe, z.B. Methadon oder Polamidon einnehmen,
- Beschäftigte, die aufgrund der Behandlung einer Aufmerksamkeitsdefizit- bzw. Hyperaktivitätsstörung (ADS/ADHS) Methylphenidat (Markenname »Ritalin«) erhalten.

Im Einzelfall kann unter Hinzuziehung des Betriebsarztes die Eignung für bestimmte Tätigkeiten geprüft werden. Die betroffene Person kann sich bei Benachteiligungen an die im Betrieb einzurichtende Beschwerdestelle wenden (§ 13 AGG), die dann der Beschwerde nachgehen muss. Deren Organisation ist – verbunden mit der Pflicht, Verstöße dahin zu melden – gem. § 87 Abs. 1 Ziff. 1 BetrVG mitbestimmungspflichtig.[25]

8.8 Besonderheiten bei einzelnen Suchtformen

Arbeitssucht

Bei Vielarbeit und Arbeitssucht einzelner Beschäftigter kommt dem Betriebsrat eine besondere Fürsorge- und Überwachungsfunktion zu. Er ist gehalten, im Rahmen seiner Mitbestimmungs- und Überwachungsrechte gem. §§ 80 Abs. 1 Nr. 1 und 87 Abs. 2 und 3 BetrVG die Einhaltung der tariflichen bzw. gesetzlichen Arbeitszeitvorschriften zu prüfen und notfalls per Unterlassungsverfügung beim Arbeitsgericht durchzusetzen.

Besonders gefährdet sind hier Beschäftigte in Betrieben mit Gleitzeitregelungen oder sogenannter Vertrauensarbeitszeit. Problematisch sind z. B. Fälle, in denen die Regelungen durch rechtzeitiges Ausstempeln aus der Zeiterfassung umgangen werden und der Arbeitgeber dies duldet.[26]

Empfehlung

Hier kann nicht nur eine Unterlassungsverfügung des Betriebsrats sondern auch eine Anzeige beim Gewerbeaufsichtsamt wegen Verstoß gegen das ArbZG erfolgreich sein. Mit den betroffenen Personen sollten individuell Vereinbarungen über die Einhaltung der Arbeitszeiten und des Urlaubsanspruchs, den Abbau von Überstunden und ggf. über feste Arbeitszeiten getroffen werden.

Internetsucht

Da bei Internetsucht von privater Internetnutzung ausgegangen werden kann, bei der Arbeitsmittel des Arbeitgebers und die Arbeitszeit miss-

25 LAG Hamburg vom 17.04.2007 – 3 TaBV 6/07 – in: JURIS.
26 So der Sachverhalt bei einem großen deutschen Automobilforschungszentrum. BAG-Beschluss vom 29.04.2004 – 1 ABR 30/02 – in: JURIS.

bräuchlich genutzt werden, kann der Arbeitgeber in der Regel nach einer Abmahnung verhaltensbedingt und unter Umständen sogar fristlos kündigen. Dies gilt selbst bei einer in gewissem Umfang geduldeten privaten Nutzung des Internets. Erst Recht gilt dies bei Aufruf vom Arbeitgeber verbotener Inhalte, z. B. rechtsradikaler oder pornografischer Homepages.[27] Nicht einmal eine Abmahnung ist hier immer erforderlich.

Empfehlung

In der Betriebsvereinbarung sollten klare Regelungen getroffen werden. Gemäß § 87 Abs. 1 Nr. 6 BetrVG besteht ein Mitbestimmungsrecht bei der Einführung bzw. Erweiterung technischer Einrichtungen zur Überwachung von Arbeitnehmern am Arbeitsplatz. Diese sind in der Regel eine Voraussetzung, um solchen Verhaltensweisen zu begegnen.

Tabak

Die Einführung eines Rauchverbots und dessen Ausgestaltung unterliegen der Mitbestimmung gem. § 87 Abs. 1 Nr. 1 und 7 BetrVG[28] in Verbindung mit dem neu gefassten § 5 ArbStättVO:

> Die Betriebspartner sind befugt, durch Betriebsvereinbarung ein betriebliches Rauchverbot zu erlassen, um Nichtraucher vor den Gesundheitsgefahren und Belästigungen des Passivrauchens zu schützen; jedoch müssen sie dabei gemäß *§ 75 Abs 2 BetrVG* in Verbindung mit Art 2 Abs. 1 GG den Verhältnismäßigkeitsgrundsatz beachten, weil ihre Regelung die allgemeine Handlungsfreiheit der Raucher beeinträchtigt.
>
> Die erforderliche Abwägung der Belange des Betriebes sowie der Raucher und der Nichtraucher hängt weitgehend von den betrieblichen Gegebenheiten und Besonderheiten der jeweiligen Belegschaft ab. Diese zu beurteilen, ist in erster Linie Sache der Betriebspartner, denen deshalb ein weiter Gestaltungsfreiraum zukommt.

27 BAG Urteil vom 12. 01. 2006 – 2 AZR 179/05 – und vom 27. 04. 2006 – 2 AZR 386/05 – in: JURIS.

28 BAG Urteil vom 19. 01. 1999 – 1 AZR 499/98 – in: JURIS.

Ein generelles Rauchverbot im Freien kann in der Regel nicht mit dem Gesundheitsschutz der Nichtraucher begründet werden.
Ein Rauchverbot mit dem Ziel, Arbeitnehmer von gesundheitsschädlichen Gewohnheiten abzubringen, überschreitet die Regelungskompetenz der Betriebspartner.

Bei wiederholten Verstößen gegen ein betriebliches Rauchverbot oder den gesetzlichen Nichtraucherschutz kann nach einschlägiger Abmahnung eine Kündigung eingeleitet werden.[29]

Zur Frage des Eigenverschuldens von Erkrankung durch Rauchen im Hinblick auf die Entgeltfortzahlung hat das BAG[30] festgestellt, dass sich Beschäftigte grundsätzlich auf die Beurteilung des behandelnden Arztes verlassen können müssen, inwieweit sie durch Rauchen ungewöhnliche gesundheitliche Risiken eingehen. Der Arzt hat die Aufgabe, den Patienten auf die Gefahren hinzuweisen, die durch das Rauchen drohen; insbesondere wenn alles dafür spricht, dass das Rauchen außergewöhnliche Risikofaktoren für den Eintritt einer Erkrankung oder deren Verschlimmerung mit sich bringt. Nur wenn der Arzt dem Patienten das Rauchen untersagt und dieser sich über ein eindeutiges Verbot hinwegsetzt, handelt er in hohem Maße unvernünftig und damit schuldhaft im Sinne des Entgeltfortzahlungsgesetzes. Das heißt, eine Verweigerung der Entgeltfortzahlung kommt bei Erkrankungen durch Tabakkonsum kaum in Betracht.

Illegale Drogen

Straftaten im Umgang mit illegalen Substanzen unterliegen dem Betäubungsmittelgesetz (BtMG). Die Regelungen in §§ 29ff. BtMG umfassen den Besitz und die Verteilung von Drogen.

Bestraft wird, »wer Betäubungsmittel unerlaubt anbaut, mit ihnen Handel treibt, sie ohne Handel zu treiben einführt, ausführt, veräußert,

29 LAG Düsseldorf, Urteil vom 17.06.1997 – 16 Sa 346/97 – in: JURIS.
30 BAG Urteil vom 17.04.1985 – 5 AZR 497/83 – in: JURIS.

abgibt, sonst in den Verkehr bringt, erwirbt oder sich in sonstiger Weise verschafft.«

Nach einer Grundsatzentscheidung des BVerfG von 1994[31] gilt für den Besitz von Cannabis, dass bei einer »geringen Menge« zum Eigenverbrauch die Staatsanwaltschaft von einer Strafverfolgung absehen kann. Was eine geringe Menge ist, wird in den einzelnen Bundesländern unterschiedlich definiert (von 3 bis 30 Gramm). Eine Gewähr für das Einstellen des Verfahrens gibt es jedoch nicht.

Fälschlicherweise wird in Betrieben häufig angenommen, dass ein generelles Verbot illegaler Suchtmittel per Gesetz vorliegen würde. Tatsächlich fällt aber der Konsum illegaler Drogen nicht unter das Verbot. Arbeitsrechtlich kommt es außerdem auf die Umstände des Einzelfalls an.[32] Die Rechtsprechung hielt z. B. die außerordentliche Kündigung eines Betriebsratsvorsitzenden, der mehrfach im Betriebsratsbüro Haschisch geraucht hatte, ohne dass sich dies auf seine Tätigkeit als Zeitungszusteller oder sonst auf das Arbeitsverhältnis ausgewirkt hätte, für nicht gerechtfertigt.

Seit August 1998 handelt nach § 24 a Straßenverkehrsgesetz (StVG) derjenige ordnungswidrig, der unter der Wirkung von Cannabis, Heroin, Morphin, Kokain, Amphetamin und Designer-Amphetamin im Straßenverkehr ein Fahrzeug führt. Einen Grenzwert wie beim Alkohol (0,5 ‰ im Blut) gibt es nicht. Es reicht, wenn der Substanzgebrauch nachgewiesen wird. Der Nachweis der Fahruntüchtigkeit muss nicht erbracht werden.

Bei Verleitung von Untergebenen/Abhängigen zum Konsum von illegalen Drogen sieht es anders aus. Dies kann unter Umständen eine außerordentliche Kündigung rechtfertigen.[33] Dasselbe würde auch für die Verteilung oder den Verkauf von illegalen Drogen gelten.

Zum Nachweis und Umgang mit Tests vgl. Kapitel 8.2.2.

31 BVerfG Beschluss vom 09.03.1994 – 2 BvL 43/92 u. a. – in: JURIS.
32 LAG Stuttgart, Urteil vom 19.10.1993 – 11 TaBV 9/93 – in: JURIS.
33 BAG Urteil vom 18.10.2000 – 2 AZR 131/00 – in: JURIS.

Empfehlung
In der Betriebsvereinbarung sollte immer eine Regelung zu illegalen Drogen am Arbeitsplatz getroffen werden, insbesondere ein Verbot der Verteilung oder des Verkaufs im Betrieb (§ 87Abs. 1 Ziff. 1 BetrVG). Hierbei muss auch klar sein, dass Betriebsrat oder ehrenamtliche Suchthelfer keine Organe der Strafverfolgung sind. Solange nur ein Vergehen, z. B. der Besitz geringer Mengen, vorliegt, besteht auch weder Anzeige- noch Meldepflicht.

Medikamentenmissbrauch
Bei der Einnahme von psychisch wirksamen Medikamenten kann der Unfallversicherungsschutz entfallen, auch wenn die Medikamente nach ärztlicher Verschreibung eingenommen wurden.[34] Ausschlaggebend ist, wie sich die Medikamenteneinnahme – wie beim Alkohol – auf die Fahrtüchtigkeit oder Arbeitsfähigkeit auswirkt und ob sie die »allein wesentliche Ursache« eines Unfalls ist.

Empfehlung
Bei der Unterweisung am Arbeitsplatz, insbesondere bei Fahr- und Steuertätigkeiten sollte der Arbeitgeber/Vorgesetzte immer auch auf die mögliche Gefährdung der Arbeitssicherheit, insbesondere der Fahrtüchtigkeit und Arbeitsfähigkeit, durch Medikamenteneinnahme hinweisen. Es sollte empfohlen werden, die Beipackzettel zu Medikamenten zu beachten und sich ggf. vom Betriebsarzt beraten zu lassen.

Essstörungen
Bei Magersucht, Ess-, Brech- oder Fettsucht kommt es darauf an, ob und in welchem Umfang sich diese auf das Arbeitsverhältnis auswirken. Es darf z. B. eine Einstellung eines erheblich übergewichtigen Menschen nur dann diskriminierungsfrei abgelehnt werden, wenn sich dies auf die

34 BSG Urteil vom 27. 11. 1985 – AZ 2 RU 75/84 – in: JURIS.

vertraglich geschuldete Arbeitsleistung auswirken würde, etwa bei Polizisten[35] im Außendienst.

Je nach Sachverhalt kann bei Auftreten der Essstörung im laufenden Arbeitsverhältnis eine verhaltensbedingte (bei Vertragsverletzungen, ohne dass eine Abhängigkeit vorliegt) oder krankheitsbedingte (bei Abhängigkeit) Kündigung in Betracht kommen (vgl. Kap. 8.5).

Empfehlung
In der Betriebsvereinbarung sollte geregelt werden, dass bei Essstörungen – wie bei anderen verhaltensbedingten Suchtproblemen – in Anlehnung an den Interventionsleitfaden vorgegangen werden sollte.

Spiel- und Kaufsucht

Bei Spiel- oder Kaufsucht kommen Sanktionen nur in Betracht, wenn sich diese verhaltensbedingten Suchtprobleme auf das Arbeitsverhältnis auswirken, z. B. wenn Gelder veruntreut oder unterschlagen werden. Straftaten können eine verhaltensbedingte Kündigung, in der Regel sogar fristlos ohne Abmahnung rechtfertigen.[36] Bei Spielsucht kann sich die betroffene Person z. B. in Spielbanken oder Spielsalons ein Hausverbot erteilen lassen.

Kommt es durch Spielsucht zu Leistungsstörungen, z. B. unentschuldigtem Fehlen, so gelten die Grundsätze, die die Rechtsprechung bei Leistungsstörungen wegen Alkoholabhängigkeit entwickelt hat.[37]

8.9 Handlungsmöglichkeiten des Betriebsrats zum Suchtpräventionsprogramm

Die Bestimmungen des § 87 BetrVG ergeben direkte Mitbestimmungsrechte des Betriebsrats. Er kann von sich aus für ein Suchtpräventions-

35 OVG des Landes NRW vom 15.02.2005 – 6 B 2743/04 – in: JURIS.
36 LAG Köln, Urteil vom 12.03.2002 – 1 Sa 1354/01 – in: NZA-RR 2002, 519 und LAG Hessen vom 11.02.1996 – 11 Sa 1471/95 – in: JURIS.
37 LAG Hamm, Urteil vom 03.02.2011 – 8a 1373/10 – in JURIS PR – ArbR 20/11.

programm aktiv werden und eine Betriebsvereinbarung im Sinne des Arbeitsschutzes, der Gesundheitsförderung und Suchtprävention anregen. Kommt eine Einigung mit dem Arbeitgeber nicht zustande, kann der Betriebsrat die Einigungsstelle anrufen.

§ 87 Abs. 1 Ziff. 8 BetrVG – Sozialeinrichtungen

Ziff. 8 gibt dem Betriebsrat ein Mitbestimmungsrecht bei der Ausgestaltung von Sozialeinrichtungen, wozu z.B. die Kantine und deren Preise zählen. Auch die Frage, ob überhaupt alkoholische Getränke ausgeschenkt und in Automaten angeboten werden, unterliegt der Mitbestimmung.

Aus diesen Regelungen ergibt sich ein Mitbestimmungsrecht bei vielen Punkten, wie sie in der im Anhang aufgeführten Musterbetriebsvereinbarung geregelt werden.

§ 87 Abs. 1 Ziff. 1 und 7 BetrVG – Verhalten und Ordnung im Betrieb – Unfallverhütung und Gesundheitsschutz

Ziff. 1 betrifft Fragen der Ordnung des Betriebs und das Verhalten der Beschäftigten. Ob z.B. im Betrieb geraucht oder Alkohol getrunken werden darf, unterliegt der Mitbestimmung.

Im Suchtpräventionsprogramm vereinbarte Regelungen zum Suchtmittelkonsum[38] sollten von Prävention und Hilfe ausgehen und nicht von Verboten und Sanktionen. Das gilt für den Konsum legaler Suchtmittel wie Tabak und Alkohol oder Medikamente im Betrieb ebenso wie für illegale Drogen.

Es gibt kein generelles Verbot des Konsums von Suchtmitteln im Betrieb. Die Vorschrift des § 15 BGV A 1[39] besagt vielmehr, dass Personen im berauschten Zustand nicht beschäftigt werden dürfen, wenn sie sich oder andere dadurch gefährden könnten.

38 So Klebe, in: DKKW, § 87 BetrVG, RNr. 48 und 50.
39 Vgl. im Internet: http://www.arbeitssicherheit.de.

Zur Einschränkung von Unfall- und Gesundheitsgefährdungen sollten deshalb klare Regeln für den Konsum aufgestellt werden. Diese reichen vom eigenverantwortlichen Konsumverzicht (Punktnüchternheit, s. Kapitel 5.3.2) bis zum generellen Konsumverbot.

Im Einzelnen können z. B. folgende Regelungen vorgesehen werden:

- Die Arbeit darf unter Einfluss von Alkohol oder anderen berauschenden Mitteln weder angetreten noch ausgeführt werden. Bei Medikamenten ist auf Einschränkungen zu achten.
- Der Konsum von Suchtmitteln während der Arbeitszeit und in den Pausen ist grundsätzlich nicht gestattet.
- Das Mitbringen von Alkohol und illegalen Drogen an den Arbeitsplatz ist untersagt.
- Das Rauchen auf dem Betriebsgelände ist generell untersagt/nur in den dafür ausgewiesenen Zonen erlaubt.
- Das Verteilen illegaler Drogen auf dem Gelände des Betriebes/der Einrichtung ist verboten und wird zur Anzeige gebracht.
- Ein Verstoß gegen eine der Regelungen führt konsequent zur Intervention durch den Personalverantwortlichen (s. Kapitel 5.3).

Ein eingeschränktes oder generelles Alkohol- oder Drogenverbot ist nach § 87 Abs. 1 Nr. 1 BetrVG zustimmungspflichtig.

Ziff. 7 regelt die Mitbestimmung bei der Unfallverhütung und dem Gesundheitsschutz. Vom Arbeitgeber können einseitig Alkohol- bzw. Drogenverbote nur ausgesprochen werden, wenn Unfallverhütungsvorschriften dies vorsehen, z. B. bei bestimmten Tätigkeiten wie dem Führen von Fahrzeugen oder Rauchverbote in bestimmten Bereichen wegen Feuergefahr.

§§ 42 bis 45 BetrVG – Betriebs- und Abteilungsversammlungen

Der Betriebsrat hat das Recht, in Betriebs-, Teil- oder Abteilungsversammlungen das Thema »Sucht und Prävention« anzusprechen. Es können auch externe Referenten hinzugezogen werden. Bei besonderen Gefährdungslagen, wie z. B. Arbeiten unter großer Hitze, Lösemitteldämpfen, bei Schichtarbeit oder erhöhter Stressbelastung, sollte der Suchtmittelkonsum gezielt angesprochen werden.

§ 80 BetrVG – Überwachungspflichten des Betriebsrats

Gemäß § 80 Abs. 1 Ziff. 1 BetrVG hat der Betriebsrat darüber zu wachen, dass die zugunsten der Beschäftigten geltenden Gesetze, Verordnungen und Unfallverhütungsvorschriften eingehalten werden. Dazu gehören z. B. § 618 Abs. 1 BGB (Pflicht zu Schutzmaßnahmen), die Arbeitsstättenverordnung (ArbStättV) und die Bestimmungen des Arbeitsschutzgesetzes sowie die dazu ergangenen Verordnungen.

Nach Ziff. 4 ist die Eingliederung Schwerbehinderter und besonderes Schutzbedürftiger zu fördern. Dazu zählen z. B. abstinente Alkoholiker oder ehemalige Drogenkonsumenten nach Rückkehr aus der Therapie.

§ 83 BetrVG – Einsicht in Personalakten

Über die Führung von Personalakten kann der Betriebsrat nur eine freiwillige Betriebsvereinbarung gem. § 88 BetrVG verlangen. Der Betriebsrat sollte deshalb eine Regelung in die Suchtvereinbarung aufnehmen, wie mit den Unterlagen von auffällig gewordenen Beschäftigten zu verfahren ist.

Generell hat das BAG entschieden, dass z. B. die medizinischen Daten eines alkoholabhängigen Arbeitnehmers, wie Befunde oder Gesprächsnotizen über sein Suchtverhalten, innerhalb der Personalakte gesondert gesichert werden müssen (im geschlossenen Umschlag, der nur von besonders Befugten geöffnet werden darf).[40] Alternativ können die Daten in einer von der Personalakte gesonderten Gesundheitsakte (z. B. beim Betriebsarzt) gesichert werden.

Durch Suchtmittelkonsum auffällig gewordene Arbeitnehmer sollten von Zeit zu Zeit Einsicht in ihre Personalakte verlangen und dazu mög-

40 BAG Urteil vom 12. 09. 2006 – 9 AZR 271/06 – in: JURIS.

lichst ein Mitglied des Betriebsrats beiziehen. Nur so kann sichergestellt werden, dass nur sachlich begründete »Aktenvermerke«, Abmahnungen usw. darin enthalten sind.

§ 94 BetrVG – Mitbestimmung bei Personalfragebögen und Beurteilungsgrundsätzen

Der Betriebsrat hat bei Fragen zu persönlichen Angaben mitzubestimmen, die in einen Personalfragebogen oder einen Arbeitsvertrag (§ 94 Abs. 2 BetrVG) aufgenommen werden. Fragen nach Drogenkonsum oder Krankheitsdaten dürfen in derartigen Fragebögen nicht ohne Zustimmung des Betriebsrats bzw. einen diese ersetzenden Spruch der Einigungsstelle aufgenommen werden.[41]

Allerdings kann der Betriebsrat nur einen Unterlassungsanspruch bei Verwendung ungenehmigter Fragebögen geltend machen. Er hat kein Initiativrecht, z. B. auf Einführung in seinem Sinne gestalteter Fragebögen.

Grundsätzlich erstreckt sich das Fragerecht des Arbeitgebers nur auf solche Fragen, die für die Erbringung der geschuldeten Arbeitsleistung von Bedeutung und unerlässlich sind. So dürfte beispielsweise ein LKW-Fahrer nach Verkehrsvorstrafen und Punkten im Verkehrsregister gefragt werden, jedoch nicht eine Bewerberin für eine Verwaltungstätigkeit.

Ein Mitbestimmungsrecht ergibt sich aus § 94 Abs. 2 BetrVG bei Einführung allgemeiner Beurteilungsgrundsätze. Um solche handelt es sich z. B., wenn der Arbeitgeber sagen würde, wir übernehmen keine Auszubildenden, bei denen ein Drogenkonsum nachweisbar ist.

Beurteilungen, die unter Verletzung dieses Mitbestimmungsrechts erstellt wurden, sind aus der Personalakte zu entfernen.[42]

41 Klebe, in: DKKW, RNr. 7 zu § 94 BetrVG.
42 Klebe, in: DKKW, RNr. 28 zu § 94 BetrVG m. w. N.

§ 95 BetrVG – Mitbestimmung bei Auswahlrichtlinien für Einstellungen und Versetzungen

Auswahlrichtlinien bedürfen stets der Zustimmung des Betriebsrats bzw. – falls eine Einigung nicht zustande kommt – der sie ersetzenden Entscheidung der Einigungsstelle. In Betrieben mit mehr als 500 Beschäftigten kann der Betriebsrat die Aufstellung solcher Auswahlrichtlinien gem. § 95 Abs. 2 BetrVG verlangen (sog. Initiativrecht).

Wenn der Arbeitgeber Blut-, Haar- oder Urinuntersuchungen bei Einstellungen veranlasst, kann hierin eine mitbestimmungspflichtige Auswahlrichtlinie gem. § 95 Abs. 1 BetrVG vorliegen,[43] wenn z. B. allen drogen- oder alkoholauffälligen Bewerbern eine Absage erteilt wird.[44] Häufig machen Arbeitgeber dies allerdings gar nicht transparent. Um festzustellen, welche Auswahlkriterien bei Personalentscheidungen herangezogen werden, sollte der Betriebsrat den Arbeitgeber – schriftlich mit Fristsetzung – zur Auskunft über Art und Umfang der Vorgaben für den Betriebsarzt für die Einstellungsuntersuchungen, insbesondere über solche, die über die gesetzlichen Vorgaben hinausgehen, auffordern.

§ 98 BetrVG – Mitbestimmung bei betrieblichen Bildungsmaßnahmen

Werden Arbeitnehmer zu nebenamtlichen Ansprechpartnern für Suchtfragen oder Suchtbeauftragten weitergebildet, ergibt sich ein Mitbestimmungsrecht des Betriebsrats bei der Art und Durchführung der Bildungsmaßnahmen und der Auswahl des Bildungsträgers und der Teilnehmer.

§ 99 BetrVG – Mitbestimmung bei der Einstellung

Dem Betriebsrat müssen im Rahmen der Anhörung zur Einstellung sämtliche Bewerbungsunterlagen der zur Einstellung und zur Ablehnung

43 Vgl. Fitting, Rn. 7 zu § 95 und BVwG Urteil vom 05.09.1990 – Az.6 P 27/87 – in: AP Nr. 24 zu § 95 BetrVG.

44 Vgl. LAG Baden-Württ., Beschluss vom 13.12.2002, rkr. – 16 TaBV 4/02 – in: NZA-RR 2003, 417.

vorgesehenen Bewerber vorgelegt werden.[45] Hierzu gehören auch Testergebnisse bzw. das Ergebnis einer Einstellungsuntersuchung.[46] Auf irgendwelche Schweigepflichten, z. B. des Arztes, darf sich der Arbeitgeber hierbei dem Betriebsrat gegenüber nicht berufen, muss diesem aber auch nur das mitteilen, was er selbst weiß.[47] Unterlässt er dies, wurde der Betriebsrat nicht ordnungsgemäß angehört, so dass die Wochenfrist des § 99 Abs. 3 BetrVG für einen Widerspruch des Betriebsrats nicht zu laufen beginnt. Eine gleichwohl erfolgte Einstellung ist unwirksam. Sie kann auf Antrag des Betriebsrats vom Arbeitsgericht gem. § 101 BetrVG aufgehoben werden.

Der Betriebsrat kann unter Umständen einen Unterlassungsantrag beim Arbeitsgericht stellen, Einstellungen des Arbeitgebers ohne Beachtung des Mitbestimmungsrechts nicht mehr zu tätigen.[48] Der Arbeitgeber hat dann bei besonderer Dringlichkeit noch die Möglichkeit, eine Einstellung vorläufig durchzuführen (§ 100 BetrVG). Auch hier kann der Betriebsrat dann beim Arbeitsgericht beantragen, diese aufzuheben (§ 101 BetrVG).

§ 99 und § 102 BetrVG – weitere personelle Einzelmaßnahmen

Kommt es wegen Auffälligkeit im Zusammenhang mit Suchtmittelkonsum zu personellen Einzelmaßnahmen wie Versetzung, Abgruppierung oder Kündigung, dann hat der Betriebsrat ein qualifiziertes Beteiligungsrecht, das ihm bei Vorliegen der gesetzlich genannten Gründe ein Widerspruchsrecht gegen die Maßnahme gibt. Ein ordnungsgemäßer Widerspruch bei Versetzung oder Abgruppierung zwingt den Arbeitgeber, den Widerspruch beim Arbeitsgericht ersetzen zu lassen. Im Falle der Kündigung mit anschließender Klage kann ein ordnungsgemäßer

45 Vgl. Bachner, in: DKKW, § 99 BetrVG RNr. 129 m. w. N.
46 Ebenda, RNr. 143.
47 Ebenda, RNr. 136.
48 Ebenda, RNr. 153.

Widerspruch einen Weiterbeschäftigungsanspruch für die Dauer des Verfahrens auslösen.

§ 83 und § 84 SGB IX – Eingliederungsmanagement

Die §§ 83 und 84 Abs. 2 SGB IX sehen den Abschluss einer Integrationsvereinbarung für schwerbehinderte/gleichgestellte Menschen[49] bzw. die Einführung eines Eingliederungsmanagements vor. Letzteres ist für alle Fälle von Erkrankungen von mehr als 6 Wochen pro Jahr – gleich ob ununterbrochen oder über das Jahr verteilt – verpflichtend vorgeschrieben.

Kündigt der Arbeitgeber einem Arbeitnehmer aus krankheitsbedingten Gründen, ohne zuvor das betriebliche Eingliederungsmanagement durchgeführt zu haben, so führt dies zwar nicht ohne Weiteres zur Unwirksamkeit der Kündigung, es erhöht sich aber die Darlegungs- und Beweislast des Arbeitgebers für die fehlende anderweitige Beschäftigungsmöglichkeit.[50]

8.10 Unfallverhütung und Arbeitsschutz

Verhaltenspflichten im Zusammenhang mit Suchtmittelmissbrauch am Arbeitsplatz werden insbesondere durch das Sozialgesetzbuch VII, das Arbeitsschutzgesetz, die Betriebssicherheitsverordnung, durch die Berufsgenossenschaftlichen Regeln (BGR) und Vorschriften (BGV) »Grundsätze der Prävention« sowie die Arbeitsstättenverordnung konkretisiert.

Arbeitsschutzgesetz und Suchtprävention

Das Arbeitsschutzgesetz (ArbSchG) von 1996 verpflichtet den Arbeitgeber zu Maßnahmen zur Verhütung von Unfällen und arbeitsbedingten Gesundheitsgefahren einschließlich Maßnahmen der menschengerechten

49 Näheres dazu in der Broschüre »THP 3 Gesundheitsprävention durch betriebliches Eingliederungsmanagement – Arbeitshilfe für SBV, Betriebs- und Personalräte« von IG Metall und ver.di, zu bestellen über www.igmetall.de oder über www.teilhabepraxis.de.

50 BAG Urteil vom 12.07.2007 – 2 AZR 716/06 – in: JURIS.

Gestaltung der Arbeit (s. Kapitel 4). Zu den Maßnahmen zur Verbesserung des Gesundheitsschutzes der Beschäftigten im Sinne des ArbSchG gehören auch die Angebote der Suchtprävention und Suchthilfe im Betrieb.

§ 4 ArbSchG – Berücksichtigung arbeitswissenschaftlicher Erkenntnisse

Nach § 4 ArbSchG ist die Arbeit so zu gestalten, dass eine Gefährdung für Leben und Gesundheit möglichst vermieden und die verbleibende Gefährdung möglichst gering gehalten wird. Dabei sind der Stand der Technik, der Arbeitsmedizin sowie sonstige gesicherte arbeitswissenschaftliche Erkenntnisse zu berücksichtigen und spezielle Gefahren für besonders schutzbedürftige Beschäftigtengruppen in den Blick zu nehmen.

Betriebliche Suchtpräventionskonzepte tragen nach arbeitswissenschaftlichen Erkenntnissen zur Arbeitssicherheit und Vorbeugung gesundheitlicher Gefährdungen im Betrieb bei. Über die Betriebsvereinbarungen und die Regelungen zur Unfallverhütung hinaus haben Suchtpräventionsprogramme mit dem Arbeitsschutzgesetz eine weitere Rechtsgrundlage erhalten.

§ 3 ArbSchG – Grundpflichten des Arbeitgebers

Der Arbeitgeber ist verpflichtet, die erforderlichen Maßnahmen des Arbeitsschutzes zu treffen und die Maßnahmen auf ihre Wirksamkeit hin zu überprüfen und sie den ändernden Gegebenheiten anzupassen. Er hat eine Verbesserung von Sicherheit und Gesundheitsschutz der Beschäftigten anzustreben und für eine geeignete Organisation zu sorgen sowie die erforderlichen Mittel bereitzustellen. Weiterhin muss er dafür sorgen, dass die Maßnahmen in die laufenden Arbeitsprozesse eingebunden und von den Führungskräften umgesetzt werden. Der Arbeitgeber muss auch die Qualität der Umsetzung des Arbeitsschutzes sicherstellen.

§ 5 ArbSchG – Beurteilung von Arbeitsbedingungen

Um arbeitsbedingte Gesundheitsgefahren zu vermeiden, müssen nach § 5 Abs. 1 ArbSchG alle mit der Arbeit verbundenen Gefährdungen ermittelt und beurteilt werden. Dazu gehören auch die Gefährdungen durch Sucht fördernde Arbeitsbedingungen, die z. B. mit Stress oder dem Umgang mit spezifischen Gefahrstoffen verbunden sind.

§§ 11, 15, 16, 17 ArbSchG –
Rechte und Pflichten der Beschäftigten

Die Beschäftigten haben Rechte und Pflichten im Arbeitsschutz. Sie haben u. a. das Recht auf Information über Belastungen und Gefährdungen und müssen verständliche Anweisungen zum Arbeits- und Gesundheitsschutz erhalten. Auf ihren Wunsch hin können sich Beschäftigte arbeitsmedizinisch untersuchen zu lassen.

Zu den Pflichten der Beschäftigten gehört nach § 15 ArbSchG, dass sie den Weisungen des Arbeitgebers in Bezug auf Arbeitssicherheit und Gesundheitsschutz entsprechend ihrer Möglichkeiten folgen müssen. Sie haben auch für die Sicherheit und Gesundheit der Personen zu sorgen, die von ihrem Handeln betroffen sind. Daraus leitet sich die Regelung des § 15 BGV A 1 ab, wonach sich Beschäftigte durch Alkohol, Medikamente und andere Drogen nicht in einen Zustand versetzen dürfen, durch den sie sich oder andere gefährden.

§ 7 BGV A 1 – Befähigung und Beschäftigungsverbot

Spezielle Vorgaben zum Umgang mit Alkohol, Drogen und Medikamenten am Arbeitsplatz enthält die Unfallverhütungsvorschrift BGV A 1 »Grundsätze der Prävention«. § 7 regelt die Befähigung für Tätigkeiten und das Beschäftigungsverbot. Es heißt dort:

(1) Bei der Übertragung von Aufgaben auf Versicherte hat der Unternehmer je nach Art der Tätigkeiten zu berücksichtigen, ob der Versicherte befähigt ist, die für die Sicherheit und den Gesundheitsschutz bei der Aufgabenerfüllung zu beachtenden Bestimmungen einzuhalten.

(2) Der Unternehmer darf Versicherte, die erkennbar nicht in der Lage sind, eine Arbeit ohne Gefahr für sich und andere auszuführen, mit dieser Arbeit nicht beschäftigen.

Entfernen vom Arbeitsplatz – Sicherheit des Heimwegs
Dieses Beschäftigungsverbot verpflichtet den Unternehmer, d.h. den Vorgesetzten, bei riskantem Suchtmittelgebrauch zur Entfernung des Beschäftigten aus dem Gefahrenbereich. Er darf nicht dulden, dass ein Mitarbeiter im berauschten Zustand für sich selbst oder andere zur Gefahr wird. Befindet sich der Arbeitnehmer z. B. nach einer Betriebsfeier in einer hilflosen Lage, ergibt sich eine Handlungspflicht aus § 323 c StGB (unterlassene Hilfeleistung).

Es empfiehlt sich, für das Vorgehen bei Verstößen gegen die Arbeitssicherheit eine Regelung im Betrieb zu vereinbaren, die für die Beschäftigten transparent ist und den Vorgesetzten Handlungssicherheit bietet (s. Kapitel 5.3).

Muss ein Beschäftigter wegen des Verdachts auf Trunkenheit vom Arbeitsplatz entfernt werden, so hat der Arbeitgeber für einen gefahrlosen Heimweg zu sorgen. Es muss z. B. verhindert werden, dass der unter Suchtmitteleinfluss Stehende das eigene Kraftfahrzeug benutzt. Sachgerecht ist in diesen Fällen ein Heimtransport mit dem Taxi, durch den Werkschutz oder andere Beauftragte des Betriebes oder durch benachrichtigte Angehörige.[51] Das BSG hat in ständiger Rechtsprechung entschieden, dass der Weg zur oder von der Arbeit mit dem Durchschreiten der Außentür des Hauses, in dem die Wohnung liegt, endet bzw. beginnt.[52]

51 Künzl, R., Oberlander, Th. (2005): Arbeit und Arbeitsrecht. Sonderausgabe, 60. Jg.
52 Vgl. BSG vom 7.11.2000 – B2U 39/99 R = SozR 3-2700 § 8 Nr. 3.

§ 15 BGV A 1 Abs. 2 und 3 – Unterstützungspflichten und Verhalten der Beschäftigten

Beschäftigte dürfen sich durch den Konsum von Alkohol, illegalen Drogen und anderen berauschenden Mitteln sowie die Einnahme von Medikamenten nicht in einen Zustand versetzen, durch den sie sich selbst oder andere gefährden können.

Bei sicherheitsrelevanten Tätigkeiten wird eine Eigen- und Fremdgefährdung durch Konsum von Alkohol, Drogen (insbesondere Haschisch, Marihuana, Ecstasy, Kokain, Heroin, Speed, Crack, LSD und die sogenannten Schnüffelstoffe) oder anderen berauschenden Mitteln in der Regel angenommen.

Unter Einwirkung von Suchtmitteln dürfen deshalb nicht ausgeführt werden:

- das Führen von Fahrzeugen oder selbstfahrenden Arbeitsmaschinen
- Arbeiten in unmittelbarer Umgebung von Fahrzeugen oder selbstfahrenden Arbeitsmaschinen
- Arbeiten an Maschinen mit ungeschützten, sich bewegenden Maschinenteilen, z. B. Kreissäge, Bohrmaschine, Aufschnittschneidemaschine
- Umgang mit Gefahrstoffen
- Elektroarbeiten
- Arbeiten mit Absturzgefahr
- Tätigkeiten in Leitwarten und Steuerständen
- Störungsbeseitigungs- und Wartungsarbeiten

Die Vorgaben tangieren sogar den Bereich der persönlichen Lebensführung, wenn der Suchtmittelkonsum in der Freizeit sich auf die Arbeit auswirkt. Häufig wird die Wirkzeit von Alkohol (Restalkohol) oder anderen Drogen unterschätzt. Dadurch kann die Arbeitsfähigkeit beeinträchtigt werden. Gefahren können auch durch die Einnahme von Medikamenten entstehen, die nach Herstellerangaben u. a. zu Müdigkeit oder Beeinträchtigung der Reaktionsfähigkeit führen können. Zu berücksichtigen ist, dass die Regelung sich nicht nur auf die Verhütung von Unfällen bei der Arbeit, sondern auch auf Wegeunfälle bezieht.

Bei den oben genannten sicherheitsrelevanten Tätigkeiten kann der Arbeitgeber auch einseitig beispielsweise ein Alkoholverbot aussprechen. Bei der Ausgestaltung von Verboten dieser Art ist das Mitbestimmungsrecht des Betriebsrats gem. § 87 Abs. 1 Ziff. 1 BetrVG zu beachten.

§ 5 ArbStättV – Nichtraucherschutz

Anders als bei Alkohol, illegalen Drogen und Medikamenten bewirkt der Tabakrauch nicht nur eine Gesundheitsgefährdung der rauchenden Person selbst, sondern hat auch gesundheitsschädliche Auswirkungen auf die Beschäftigten in ihrer Umgebung.

§ 5 ArbStättV dient daher dem Schutz der Nichtraucher: »Der Arbeitgeber hat die erforderlichen Maßnahmen zu treffen, damit die nichtrauchenden Beschäftigten in Arbeitsstätten wirksam vor den Gesundheitsgefahren durch Tabakrauch geschützt sind. Soweit erforderlich, hat der Arbeitgeber ein allgemeines oder auf einzelne Bereiche der Arbeitsstätte beschränktes Rauchverbot zu erlassen. In Arbeitsstätten mit Publikumsverkehr hat der Arbeitgeber Schutzmaßnahmen nach Abs. 1 nur insoweit zu treffen, als die Natur des Betriebes und die Art der Beschäftigung es zulassen.«

§ 31 Abs. 2 JArbSchG

In den Betrieb sind auch die Regelungen des Jugendschutzgesetzes zu übertragen.

Maßgebend ist § 9 JuSchG für Kantinen, in dem es heißt:

(1) In Gaststätten, Verkaufsstellen oder sonst in der Öffentlichkeit dürfen

1. Branntwein, branntweinhaltige Getränke oder Lebensmittel, die Branntwein in nicht nur geringfügiger Menge enthalten, an Kinder und Jugendliche,

2. andere alkoholische Getränke an Kinder und Jugendliche unter 16 Jahren weder abgegeben noch darf ihnen der Verzehr gestattet werden.

Entsprechende Vorschriften enthält das Gaststättengesetz, das auch für Betriebskantinen gilt.[53]

Handlungsmöglichkeiten des Betriebsrats

Ein Suchtpräventionsprogramm, das u. a. die einschlägigen Interventionen bei riskantem Suchtmittelgebrauch oder Suchtverhalten regelt, ist als ein verbindliches Angebot des Arbeitsschutzes anzusehen. Der Betriebsrat sollte seine Mitbestimmungsrechte aus § 87 Abs. 1 Nr. 7 BetrVG in Verbindung mit §§ 3 und 4 ArbSchG nutzen, um ein Programm mit dem Arbeitgeber zu verhandeln.

Dazu gehört auch nach §§ 3 und 4 ArbSchG die Organisation des Präventionsprogramms als Teil des Arbeitsschutzes, die Einbindung der Maßnahmen in die Führungsstruktur, z. B. durch Seminare für Führungskräfte, und die Sicherstellung, dass die Beschäftigten ihre Mitwirkungspflicht erfüllen können, z. B. durch »geeignete« Informationen und Unterweisungen.

Im Rahmen der vom Arbeitgeber gem. §§ 5 und 6 ArbSchG zu erstellenden Gefährdungsbeurteilung sollte der Blick auch auf suchtförderliche Bedingungen an den Arbeitsplätzen gerichtet werden. Das können besondere Gefahren für abstinente Beschäftigte oder Suchtgefährdete sein, z. B. Umgang mit Lösungsmitteln. Zum anderen sind es die stark belastenden, Stress auslösenden Arbeitsbedingungen, die häufig mit einem gesteigerten Suchtmittelkonsum einhergehen. Bei der Festlegung des Verfahrens der Gefährdungsermittlung und -beurteilung hat der Betriebsrat u. a. gem. §§ 91 und 87 Abs. Ziff 7 BetrVG ein Mitbestimmungsrecht.[54]

53 Vgl. im Internet: http://www.rechtliches.de/info_JuSchG.html.

54 BAG vom 08.06.2004 – 1 ABR 4/03 – in: AiB 2005, 252 sowie vom 12.08.2008 – 9 AZR 1117/06 in: JURIS.

9 Sozialrechtliche Aspekte

Zu den sozialrechtlichen Aspekten in Verbindung mit Suchtmittelgebrauch und Suchterkrankungen gehören die Fragen der Kranken- und Unfallversicherung, der Arbeitslosen- und Rentenversicherung sowie die Anerkennung der Suchterkrankung als Schwerbehinderung.

9.1 Kranken- und Unfallversicherung (SGB V; SGB VII)

Abhängigkeitserkrankungen fallen in den Leistungskatalog der gesetzlichen Krankenversicherung. Das hat das BSG mit Urteil vom 22. November 1968 entschieden.[1]

Nach BSG ist ...

1. ... unter Krankheit im versicherungsrechtlichen Sinne ein objektiv fassbarer regelwidriger Körper- oder Geisteszustand zu verstehen, der von der Norm abweicht und der durch Heilbehandlung behoben, gelindert oder zumindest vor einer drohenden Verschlimmerung bewahrt werden kann.

   Trunksucht als seelisch-körperliche Komplexerkrankung braucht sich nicht als eine Geisteskrankheit im engeren Sinne darzustellen oder in körperlichen Erscheinungsformen zu äußern; sie kann selbst dann als Krankheit im Sinne der RVO angesehen werden, wenn eine lang andauernde, zwanghafte Abhängigkeit von dem Suchtmittel (Verlust der Selbstkontrolle) vorliegt.

   Führt die ambulante Krankenpflege nicht zum Erfolg, so ist die Krankenkasse verpflichtet, Krankenhauspflege zu gewähren.

   Die Leistungspflicht der Krankenkasse besteht selbst dann, wenn u. a. auch Gründe der öffentlichen Sicherheit und Ordnung für die Unterbringung in einem Landeskrankenhaus maßgebend sind.

1 BSG Urteil vom 22.11.1968 – 3 RK 20/66 – in: JURIS.

2. ... Trunksucht auch dann als Krankheit im versicherungsrechtlichen Sinne anzusehen, wenn eine organische Gesundheitsstörung noch nicht eingetreten ist.
3. ... bei Alkoholsüchtigkeit der Verlust der Selbstkontrolle das Merkmal für das Vorliegen einer behandlungsbedürftigen Krankheit im Sinne der RVO.[2]

Für Arbeitnehmer ist im Regelfall die gesetzliche Krankenkasse für die Entzugsbehandlung leistungspflichtig, während die stationäre Entwöhnungsbehandlung in den Leistungsbereich der gesetzlichen Rentenversicherung fällt. Im Rahmen der betrieblichen Suchthilfe ist dafür zu sorgen, dass die betroffene Person die notwendige fachliche Unterstützung für die Antragstellung entweder im Betrieb oder durch eine Suchtberatungsstelle erhält. Denn die Frage, ob für die Kostenübernahme die Kranken- oder Rentenversicherung zuständig ist, sollte nicht auf dem Rücken der kranken Person ausgetragen werden.[3]

Für die Zeit der Behandlung und der Rehabilitation haben suchtkranke Beschäftigte Anspruch auf Kranken- bzw. Übergangsgeld, soweit kein Anspruch auf Entgeltfortzahlung besteht. Dieses kann nur bei vorsätzlich herbeigeführter Arbeitsunfähigkeit eingeschränkt werden oder entfallen (§ 52 SGB V). Für die Sucht, die als Krankheit eingestuft wird, kommt dies jedoch nicht in Betracht.

Das Krankengeld ist einschließlich des Entgeltfortzahlungsanspruchs auf 78 Wochen (inkl. der 6 Wochen Entgeltfortzahlung) beschränkt (§ 48 SGB V). Auch ist es der Höhe nach auf 70 % des Bruttoentgelts, höchstens jedoch 90 % des Nettoentgelts begrenzt (§ 47 SGB V). In der Regel wird man bei länger andauernden Erkrankungen auch von der Krankenkasse zur Stellung eines Antrags auf Heilbehandlung (Suchttherapie) aufgefordert. Dies zu verweigern, kann zum Wegfall des Krankengeldanspruchs bis zur Antragstellung führen (§ 51 SGB V).

2 BSG Urteil vom 18.06.1968 – 3 RK 63/66 – in: JURIS.
3 BSG Urteil vom 03.03.1994 – 1 RK 8/93 – in: JURIS.

Arbeits- oder Wegeunfälle

Bei der Arbeit und auf dem Arbeitsweg ist man in der Regel – selbst unter Drogen-, Medikamenten- oder Alkoholeinfluss – durch die Berufsgenossenschaft versichert. Dies gilt nicht bei absoluter Fahruntüchtigkeit, die bei einer Blutalkoholkonzentration ab 1,1 Promille angenommen wird.[4] Das BSG hat dies wie folgt begründet:

> »Danach ist eine alkoholbedingte Fahruntüchtigkeit, die bei der Entstehung des Unfalls mitgewirkt hat, gegenüber den betriebsbedingten Umständen als rechtlich allein wesentliche Ursache zu werten, wenn nach den Erfahrungen des täglichen Lebens davon auszugehen ist, dass der Versicherte, hätte er nicht unter Alkoholeinfluss gestanden, bei gleicher Sachlage wahrscheinlich nicht verunglückt wäre.«

In gleicher Weise ist dies auch für Fahruntüchtigkeit, die durch Medikamente und Drogen bedingt ist, entschieden worden:[5]

> 1. Die zur Frage des Unfallversicherungsschutzes eines alkoholbedingt fahruntüchtigen Kraftfahrers entwickelten Grundsätze sind auch für die Beurteilung bei Einnahme berauschend wirkender Medikamente heranzuziehen.
> 2. Der Schutzzweck der Norm, der bei Unfällen zu beachten ist, die wesentlich allein durch alkoholbedingte Fahruntüchtigkeit verursacht werden, betrifft nicht das bloße »Sichberauschen« oder die Umstände des Genusses legal erhältlicher berauschender Mittel (Alkohol oder bei entsprechender Dosierung Medikamente), sondern die Folgen, das heißt hier das Fahren mit einem Kraftfahrzeug im durch das berauschend wirkende Mittel fahruntüchtigen Zustand.
> 3. Auf den Anlass zur Einnahme und die Art des berauschend wirkenden Mittels, das zur Fahruntüchtigkeit führt, kommt es nicht an.
> 4. »Andere berauschende Mittel« im Sinne der §§ 315 c und 316 StGB sind nicht nur die klassischen Rauschgifte wie z. B. Heroin, Kokain etc., sondern auch Medikamente, wenn sie bei entsprechender Dosierung und Anwendungsform als Rauschdrogen wirken bzw. wie Alkohol dieselben Funktionen im Zentralnervensystem angreifen und beeinträchtigen.

4 BSG Urteil vom 25.11.1992 – Az: 2 RU 40/91 – in: JURIS.
5 BSG Urteil vom 27.11.1985 – 2 RU 75/84 – in: JURIS.

Diese Rechtsprechung ist auf andere Suchterkrankungen übertragbar, wobei dort die Grenzziehung sicher schwerer ist.

Kommt es nach einer Betriebsfeier zu einem Unfall, so ist es für den Versicherungsschutz entscheidend, ob der Arbeitgeber zu der Feier ausdrücklich eingeladen hatte. Für das Ende der Betriebsfeier ist in der Regel die entsprechende Erklärung des Arbeitgebers oder seines Vertreters maßgebend.[6]

Ob Wege in den Fällen, in denen der Versicherte den Ort der Tätigkeit aufsucht, um an einer betrieblichen Gemeinschaftsveranstaltung teilzunehmen, unter Versicherungsschutz stehen, ist davon abhängig, ob die beabsichtigte bzw. durchgeführte Tätigkeit selbst als versicherte Tätigkeit anzusehen ist. Betriebliche Gemeinschaftsveranstaltungen wie Betriebsfeiern stehen unter Versicherungsschutz, wenn die Veranstaltung vom Betriebsleiter selbst veranstaltet oder von ihm zumindest gebilligt oder gefördert wird, seine Autorität sie trägt, er selbst anwesend ist oder sich von einem Beauftragten vertreten lässt, alle Betriebsangehörigen daran teilnehmen sollen und die Veranstaltung der Pflege der Betriebsverbundenheit dient. Eine Pflicht zur Teilnahme ist nicht erforderlich.

Diese Kriterien erfüllt eine vom Personalrat städtischer Bediensteter mit Zustimmung der Verwaltungsleitung und des Oberstadtdirektors veranstaltete Betriebsfeier an Weiberfastnacht, an der alle städtischen Bediensteten teilnehmen konnten. Versicherungsschutz besteht daher für einen Wegeunfall einer Bürogehilfin auf der Heimfahrt von dieser Feier (hier: Überrolltwerden von einem anfahrenden Zug nach einem Sturz von einem schneeglatten Bahnsteig).

Aus der Fürsorgepflicht des Arbeitgebers und aus § 323 c StGB (unterlassene Hilfeleistung) ergibt sich grundsätzlich die Pflicht für einen sicheren Heimweg zu sorgen, wenn ein Arbeitnehmer erkennbar, z. B. in-

6 OLG Hamm vom 30.09.1998 – 32 U 6/98 – in: JURIS.

folge Trunkenheit, nicht mehr in der Lage ist, sicher nach Hause zu kommen (s. Kapitel 8.10). Der Versicherungsschutz beginnt und endet an der 1. Außentür eines Wohngebäudes oder des Betriebes.[7]

9.2 Arbeitslosenversicherung (SGB III)

Kommt es durch riskanten Suchtmittelkonsum oder durch suchtbedingte Verhaltensweisen zu einer Kündigung des Arbeitsverhältnisses, wird die Arbeitsagentur prüfen, ob neben den üblichen Voraussetzungen eine Sperrzeit für den Bezug von Arbeitslosengeld I eintritt (§ 144 Abs. 1 Nr. 1 SGB III) und ob wegen der Suchterscheinungen überhaupt Vermittelbarkeit auf dem Arbeitmarkt besteht (§ 119 Abs. 1 Nr. 3 SGB III). Diese Prüfung erfolgt durch den Fallmanager, ggf. unter Hinzuziehung eines von der Arbeitsagentur beauftragten Arztes.

Eine Sperrzeit dürfte nur bei einer verhaltensbedingten Kündigung in Folge von Vertragspflichtverletzungen in Betracht kommen (s. Kapitel 8.5). Liegt dagegen bereits Abhängigkeit – also Sucht – vor, ist auch diese Kündigung als krankheitsbedingt anzusehen, selbst wenn sie als verhaltensbedingte ausgesprochen wurde und der Arbeitnehmer diese Auslegung beim Arbeitsgericht nicht angegriffen hat. Entscheidend für die Beurteilung ist hier die Einschätzung des Fallmanagers bzw. des von der Arbeitsagentur beauftragten Arztes. Diese sind allerdings auf die Erkenntnisse der behandelnden Ärzte angewiesen. Weigert sich der Betroffene, die Ärzte von ihrer Schweigepflicht zu entbinden, sind entsprechende Feststellungen nicht möglich. Die Sperrzeit kann dann entweder wegen Verschulden bei der Beendigung des Arbeitsvertrags oder wegen fehlender Mitwirkung verhängt werden (§ 66 SGB I).

Im Rahmen der Prüfung der Vermittelbarkeit auf dem Arbeitsmarkt hängt der Leistungsanspruch davon ab, ob der Fallmanager oder der Amtsarzt eine Erwerbsminderung oder eine durch Entgiftung und Entwöhnungstherapie behebbare Einschränkung der Leistungsfähigkeit annimmt.

7 Vgl. BSG Urteil vom 2.7.1996 – 2 RU 34/96 – in: JURIS.

Im Regelfall wird bei Abhängigkeitserkrankungen zunächst ein Antrag auf Heilmaßnahmen empfohlen, um vorläufig Leistungen gewähren zu können (§ 125 Abs. 2 SGB III). Wird die Antragstellung oder die Aufnahme der Behandlung bzw. Therapie verweigert, kann das Arbeitslosengeld wegen fehlender Mitwirkung entzogen werden (§§ 66 und 63 SGB I).

9.3 Rentenversicherung (SGB VI)

Wird ein Antrag auf Erwerbsminderung nach § 116 Abs. 2 SGB VI gestellt, so wird in der Regel zunächst eine Entwöhnungsmaßnahme (Reha-Maßnahme) eingeleitet. Von der zuständigen Klinik wird eine Begutachtung erstellt, auf deren Grundlage über die Erwerbsminderung entschieden wird. Diese kann dann auf Zeit oder auf Dauer und je nach Leistungseinschränkung als Teil- oder Vollrente bewilligt werden (§ 43 SGB VI).

Bei einer absichtlich herbeigeführten gesundheitlichen Beeinträchtigung kommt es nach § 103 SGB VI zu einer Ablehnung der Erwerbsminderungsrente. Dies kann bei Suchtprozessen in aller Regel nicht angenommen werden.

9.4 Behinderung und Teilhabe am Arbeitsleben (SGB IX)

§ 1 Abs. 1 SGB IX – Anerkennung von Sucht als Grad der Behinderung (GdB)

Die Anerkennung der Suchterkrankung als Behinderung nach § 1 Abs. 1 SGB IX hängt von der jeweiligen Suchtform und ihrer Ausprägung ab und ist wie folgt geregelt:

Die seit dem 01. 03. 2010 geltenden **Versorgungsmedizinischen Grundsätze**[8] **für die Begutachtung behinderter Menschen** (Teil B Ziff. 3.8 Psychische Störungen und Verhaltensstörungen durch psychotrope Substanzen) legen für die Anerkennung von Suchterkrankungen folgende Kriterien fest:

8 VMG – Versorgungsmedizinische Grundsätze zur Beurteilung des Grades der Schädigungsfolgen – GdS, http://www.gesetze-im-internet.de/versmedv/BJNR241200008.html.

Abhängigkeit von psychotropen Substanzen (Definition s. Kap. 1.6) liegt vor, wenn als Folge des chronischen Substanzkonsums mindestens drei der folgenden Kriterien erfüllt sind:
- starker Wunsch (Drang), die Substanz zu konsumieren,
- verminderte Kontrollfähigkeit (Kontrollverlust) den Konsum betreffend,
- Vernachlässigung anderer sozialer Aktivitäten zugunsten des Substanzkonsums,
- fortgesetzter Substanzkonsum trotz des Nachweises schädlicher Folgen,
- Toleranzentwicklung,
- Körperliche Entzugssymptome nach Beenden des Substanzkonsums.

Werte für den Grad der Schädigungsfolgen (GdS-Werte):
Bei schädlichem Gebrauch von psychotropen Substanzen mit leichteren psychischen Störungen beträgt der GdS 0–20.
Bei Abhängigkeit
– mit leichten sozialen Anpassungsschwierigkeiten beträgt der GdS 30–40
– mit mittleren sozialen Anpassungsschwierigkeiten beträgt der GdS 50–70
– mit schweren sozialen Anpassungsschwierigkeiten beträgt der GdS 80–100
Ist im Fall einer Abhängigkeit, die zuvor mit einem GdS von mindestens 50 zu bewerten war, Abstinenz erreicht, muss eine Heilungsbewährung von zwei Jahren ab dem Zeitpunkt des Beginns der Abstinenz abgewartet werden. Während dieser Zeit ist ein GdS von 30 anzunehmen, es sei denn, die bleibenden psychischen oder hirnorganischen Störungen rechtfertigen einen höheren GdS.

Sonderkündigungsschutz besteht in einem länger als sechs Monate dauernden Arbeitsverhältnis bei einem GdS ab 50 mindestens rückwirkend ab Antragstellung. Personen mit einem GdS von 30 oder 40 können bei der Arbeitsagentur einen Antrag auf Gleichstellung mit einem Schwerbehinderten Menschen stellen (weitere Voraussetzungen vgl. § 2 Abs.3 SGB IX).

Empfehlung: Für die Antragsstellung sollte man sich von der Vertrauensperson der Schwerbehinderten im Betrieb oder durch das Integrationsamt beraten lassen.

Bei drohender Kündigung sollten evtl. Anträge auf Anerkennung einer Schwerbehinderung (in der Regel beim Versorgungsamt) und auf

Gleichstellung (bei der Arbeitsagentur) gestellt werden. Die Antragsstellung muss mindestens 3 Wochen vor Zugang der Kündigung erfolgt sein.[9]

Der Arbeitgeber muss nach Zugang einer Kündigung binnen 3 Wochen über die Antragstellung oder eine bereits vorliegende Schwerbehinderung/Gleichstellung informiert werden.[10] Innerhalb derselben Frist muss die Kündigungsschutzklage beim Arbeitsgericht erhoben werden.

§ 84 Abs. 2 SBG IX – Eingliederungsmanagement

Ist ein Beschäftigter innerhalb eines Jahres länger als sechs Wochen ununterbrochen oder wiederholt arbeitsunfähig, hat der Arbeitgeber nach § 84 Abs. 2 Satz 1 SGB IX unter Beteiligung des betroffenen Arbeitnehmers und der Interessenvertretung zu klären, mit welchen Leistungen oder Hilfen erneuter Arbeitsunfähigkeit vorgebeugt und der Arbeitsplatz erhalten werden kann (s. Kapitel 5.4.4). Diese Regelung gilt auch für nicht schwerbehinderte Beschäftigte.[11] Der Betriebsrat und die Schwerbehindertenvertretung achten darauf, dass der Arbeitgeber seine Verpflichtungen erfüllt.

Für Leistungen zur Teilhabe oder begleitende Hilfen im Arbeitsleben erhält der Betrieb Beratung und Unterstützung von den örtlichen Servicestellen und vom Integrationsamt. Bei psychosozialen Problemen kann es hilfreich sein, den zuständigen Integrationsfachdienst hinzuzuziehen.[12]

9 BAG Urteil vom 01.03.2007 – 2 AZR 217/06 – in: JURIS.
10 BAG Urteil vom 12.01.2006 – 2 AZR 539/05 – in: JURIS oder im Internet: http://www.bundesarbeitsgericht.de/.
11 LAG Niedersachsen Urteil vom 25.10.2006 – 6 Sa 974/05 – in: JURIS.
12 http://www.ifd-bw.de/.

10 Musterbetriebsvereinbarung mit Kommentar

Musterbetriebsvereinbarung (Muster-BV)	Kommentar
Betriebsvereinbarung zur Vorbeugung von riskantem Konsum und zum Umgang mit Suchtproblemen am Arbeitsplatz *Zwischen der Geschäftsleitung der Firma ... und dem Betriebsrat wird gemäß § 87 Abs. 1 Ziffer 1 und 7 Betriebsverfassungsgesetz nachfolgende Betriebsvereinbarung abgeschlossen:*	Die vorliegende Betriebsvereinbarung soll eine Arbeitsgrundlage für den Aufbau oder die Weiterentwicklung betrieblicher Suchtpräventionsprogramme bieten und ist insofern eine **Musterbetriebsvereinbarung** (Muster-BV). Sie orientiert sich an den aktuellen fachlichen und rechtlichen Standards und greift die Erfahrungen und Entwicklungen der letzten Jahre in der Suchtprävention und Suchthilfe auf. Die Muster-BV muss den jeweiligen strukturellen, organisatorischen und personellen Bedingungen des Betriebes angepasst werden. Suchtprävention und Suchthilfe sind kontinuierliche Aufgaben für alle betrieblichen Verantwortlichen. Die Betriebsvereinbarung trägt entscheidend dazu bei, die Probleme des riskanten Suchtmittelkonsums und von Abhängigkeitserkrankungen im Betrieb aufzugreifen.

Musterbetriebsvereinbarung (Muster-BV)	**Kommentar**
Präambel *Suchtprävention und Suchthilfe sind in der Firma ... ein Baustein zum betrieblichen Gesundheitsmanagement und ein Beitrag zur gesundheitsorientierten Führung. Gesundheit und Wohlbefinden der Mitarbeiterinnen und Mitarbeiter sowie ein hoher Standard in der Arbeitssicherheit und im Gesundheitsschutz sind uns ein wichtiges Anliegen. Sie können durch riskanten Suchtmittelgebrauch oder suchtbedingte Verhaltensweisen am Arbeitsplatz erheblich beeinträchtig werden. Die Vorbeugung von Gefährdungen und die Hilfe bei Suchtproblemen ist das zentrale Ziel dieser Vereinbarung.* *Die Einschränkung eines riskanten und die Unterbrechung eines schädigenden Konsums oder Verhaltens können Gesundheitsschäden und Störungen am Arbeitsplatz wirksam vorbeugen. Denn Abhängigkeitserkrankungen entwickeln sich allmählich und werden von den Betroffenen und ihrem Umfeld oft erst wahrgenommen, wenn bereits psychische, physische und soziale Folgen sichtbar werden. Frühzeitige und konsequente Intervention am Arbeitsplatz gehören zu den wirksamsten Schritten zur Vorbeugung oder zur konstruktiven Lösung von Suchtproblemen.* *Geschäftsleitung und Betriebsrat schließen eine Betriebsvereinbarung ab, um Gesundheit gefährdendem Verhalten vorzubeugen und die daraus entstehenden Störungen am Arbeitsplatz aktiv anzugehen. Sie ermöglicht*	Der Gebrauch von Alkohol, Medikamenten und Nikotin ist in unserer Gesellschaft alltäglich. Riskanter Konsum von Suchtmitteln oder süchtiges Verhalten führen jedoch auf die Dauer zu gesundheitlichen und sozialen Beeinträchtigungen, die sich in allen Lebensbereichen, auch am Arbeitsplatz, negativ auswirken. Durch riskanten Konsum von Suchtmitteln und Suchterkrankung entstehen in Produktion und Verwaltung erhebliche Kosten. Führungskräfte wie auch die Mitglieder des Betriebsrats, der Jugend- und Auszubildendenvertretung sowie die Vertrauensperson für schwerbehinderte Menschen haben Vorbildfunktion. Abhängigkeit von Suchtmitteln und süchtiges Verhalten sind Krankheiten im medizinischen Sinne und können schwere körperliche, psychische und soziale Folgen haben und tödlich verlaufen. Sie kommen bei Männern und Frauen, in allen gesellschaftlichen Schichten, bei allen Altersstufen und in allen Hierarchiestufen vor und bedürfen fachkundiger Behandlung. Eine zentrale Rolle bei der Suchtprävention, insbesondere im Umgang mit auffälligen Beschäftigten, kommt den Personalverantwortlichen zu. Grundsätzlich sind alle Beschäftigten aufgerufen, im Rahmen ihrer Möglichkeiten tätig zu werden, wenn Betroffene wiederholt im Arbeitsalltag auffallen und ein riskanter Suchtmittelkonsum oder suchtbedingtes Verhalten naheliegt. Wer einen riskanten Suchtmittel-

Musterbetriebsvereinbarung (Muster-BV)	Kommentar
es, gegenüber suchtgefährdeten und abhängigen Beschäftigten angemessen zu reagieren und ihnen frühzeitig Hilfeangebote zu unterbreiten. Ein solches Vorgehen trägt dazu bei, die rechtlichen Anforderungen des Arbeits- und Gesundheitsschutzes zu erfüllen.	gebrauch toleriert und Auffälligkeiten deckt, unterschätzt vielfach die Gesundheitsgefährdung und trägt zur Entstehung und zur Verlängerung von Krankheit bei. Neben den Personalverantwortlichen sind insbesondere der Betriebsrat und die Schwerbehindertenvertretung sowie die Frauen-/Gleichstellungsbeauftragte aufgefordert, Wege zur Hilfe aufzuzeigen. Damit die Angebote des Suchtpräventionsprogramms transparent sind und Verantwortliche mehr Handlungssicherheit haben, wurde diese Betriebsvereinbarung entwickelt. Sie unterstützt die Gleichbehandlung aller Beschäftigten durch ein einheitliches Handlungskonzept von Unternehmensleitung und Betriebsrat.
§ 1 Geltungsbereich *Diese Betriebsvereinbarung gilt für alle Beschäftigten der Firma ... in ...*	Der Geltungsbereich einer Betriebsvereinbarung zur Suchtprävention umfasst alle Beschäftigten, einschließlich der Auszubildenden. Das ergibt sich aus dem Gleichbehandlungsgebot des BetrVG. In einer Protokollnotiz sollte vereinbart werden, dass die Bestimmungen der BV auch für die leitenden Angestellten gelten. Leitende Angestellte, die nicht unter die Bestimmungen des BetrVG fallen, sollten eine Selbstverpflichtungserklärung unterzeichnen, dass sie sich ebenfalls an diese Betriebsvereinbarung gebunden fühlen. Im Betrieb sollte auf keinen Fall der Eindruck entstehen, dass Interventionen bei Auffälligkeiten in Verbindung mit Suchtmittelgebrauch oder suchtbedingtem Verhalten nur bei einem Teil der Beschäftigten erfolgen.

Musterbetriebsvereinbarung (Muster-BV)	**Kommentar**
§ 2 Ziele *Ziel der Betriebsvereinbarung ist es,* • *die Gesundheit der Beschäftigten zu erhalten und zu fördern;* • *durch Prävention zum verantwortungsvollen Umgang mit Suchtmitteln beizutragen;* • *dem riskanten Konsum von Suchtmitteln und der Entwicklung von Suchtverhalten vorzubeugen;* • *die Suchtprävention ins betriebliche Gesundheitsmanagement zu integrieren;* • *Leistungseinbußen und Fehlzeiten zu vermeiden und die Arbeitssicherheit sowie den Gesundheitsschutz zu verbessern;* • *suchtgefährdeten Beschäftigten frühzeitig und sachkundig Hilfe anzubieten;* • *betroffene Personen während der therapeutischen Maßnahme zu begleiten und bei der Wiedereingliederung zu unterstützen;* • *eigenverantwortliches Handeln der Beschäftigten in Verbindung mit riskantem und schädigendem Konsum sowie bei Suchtproblemen zu unterstützen;* • *Vorgesetzte zu befähigen, bei Auffälligkeiten am Arbeitsplatz und Suchtproblemen von Beschäftigten sachgerecht zu reagieren.*	Suchtpräventionsprogramme sind Teil des Gesundheitsmanagements und der Gesundheitsförderung und dienen der Vorbeugung gesundheitsriskanten Verhaltens. Sie sind die Grundlage für sachgerechte Interventionen bei Auffälligkeiten in Verbindung mit Suchtmittelkonsum und suchtbedingtem Verhalten. Vorbeugung und frühzeitige Hilfe für betroffene Personen verhindern Störungen und Reibungsverluste im Arbeitsablauf und vermeiden Ausfallkosten für Leistungseinbußen, Fehlzeiten und Erwerbsunfähigkeit. Die Akzeptanz einer BV zur Suchtprävention ist in den Belegschaften sehr hoch, wenn verdeutlicht wird, dass Prävention und frühzeitige Intervention ernsthafte Erkrankungen, insbesondere Abhängigkeitserkrankungen, verhindern können. Wichtig ist es, den Beschäftigten die Ziele zu vermitteln und sie aktiv an deren Umsetzung zu beteiligen.

<table>
<tr><th colspan="2">Musterbetriebsvereinbarung (Muster-BV)</th><th>Kommentar</th></tr>
<tr><td colspan="2">§ 3 Steuerkreis / Arbeitskreis Suchtprävention / Gesundheit</td><td rowspan="2">Für die erfolgreiche Einführung und Entwicklung eines betrieblichen Suchtpräventionsprogramms ist eine zentrale Koordination und verantwortliche Steuerung unumgänglich. Im Steuerkreis sollen die Betriebsparteien und die zentralen Fachfunktionen vertreten sein.
Er muss weitestreichende Entscheidungskompetenzen sowie Zugriff auf finanzielle Mittel haben. Bestehen im Betrieb bereits andere Steuerungsgremien (z. B. Lenkungsgruppe Gesundheitsmanagement, Integrationsmanagement, Arbeitsschutzausschuss), so können diese unter Beteiligung der haupt- bzw. nebenamtlichen Ansprechpersonen für Suchtfragen ebenfalls die Steuerung des Suchtpräventionsprogramms übernehmen.
Das Gremium muss in der Aufbauphase eines Suchtpräventionsprogramms in kürzeren Abständen tagen. Später sollte es aber weiter kontinuierlich, mindestens einmal im Jahr zusammenkommen. Dabei erfolgt eine Auswertung der zurückliegenden Aktivitäten sowie die Abstimmung über die Weiterentwicklung des Präventionsprogramms.
Das betriebliche Steuerungsgremium sollte unter Berücksichtigung der konkreten Rahmenbedingungen des Betriebes u. a. festlegen:
• an wen sich vorbeugende Maßnahmen richten sollen.
• wer für Interventionen geschult werden muss.</td></tr>
<tr><td>Variante A
(1) Es wird ein Steuerkreis eingerichtet. Ihm gehören an:
• Geschäftsleitung/Personalabteilung
• Betriebsrat
• Schwerbehindertenvertretung
• Suchtbeauftragte/r, Ansprechperson für Suchtfragen
• Betriebsarzt
• Fachkraft für Arbeitssicherheit
• ggf. Frauen-/Gleichstellungsbeauftragte, Jugend- u. Auszubildendenvertretung, Vertreter der leitenden Angestellten
Weitere interne oder externe Berater können bei Bedarf hinzugezogen werden.
Die Leitung und Geschäftsführung des Steuerkreises ist festzulegen.</td><td>Variante B
(in kleineren Betrieben:)
(1) Verantwortlich für das Suchtpräventionsprogramm ist der Steuerkreis, in dem vertreten sind:
• Geschäftsführung/ Betriebsleitung
• Betriebsärztlicher Dienst
Und soweit vorhanden:
• Betriebsrat u. Schwerbehindertenvertretung
• Ansprechperson für Suchtfragen
• externe Berater, z. B. der Krankenkassen, Berufsgenossenschaft oder Beratungsstelle</td></tr>
</table>

Musterbetriebsvereinbarung (Muster-BV)	**Kommentar**
(2) Es handelt sich um ein Steuerungsgremium, das nicht die Beratung im Einzelfall übernimmt. *(3) Folgende Aufgaben werden vom Steuerungsgremium wahrgenommen:* • *Abstimmung der Ziele, Inhalte und Maßnahmen des betrieblichen Suchtpräventionsprogramms.* • *Ernennung eines internen Suchtbeauftragten und Sicherung der Voraussetzungen, damit dieser seine Arbeit nach fachlichen Standards ausführen kann.* • *Veranlassung von Informations- und Schulungsveranstaltungen sowie zur verbindlichen Teilnahme der Personalverantwortlichen daran.* • *Erhebung arbeitsplatzbedingter Risiken für den riskanten Umgang mit Suchtmitteln und Erarbeitung von Vorschlägen zu deren Abbau in Zusammenarbeit mit dem Arbeitsschutz.* • *Integration der Suchtprävention in das betriebliche Gesundheitsmanagement, Verknüpfung mit dem Arbeitsschutz, der Gesundheitsförderung, der Personal- und Organisationsentwicklung sowie mit dem Qualitätsmanagement.* • *Beteiligung an betrieblichen, fachlichen und regionalen Netzwerken.* • *internes Marketing und Öffentlichkeitsarbeit.* • *Evaluation, Qualitätssicherung.* *(4) Der Steuerkreis tagt regelmäßig, mindestens jedoch einmal jährlich.* *(5) Dem Steuerkreis sind im Rahmen der Budgetplanung die für die Erfüllung seiner Aufgaben erforderlichen Mittel bereitzustellen.*	• Wer die Personalverantwortlichen, wer die suchtgefährdeten Personen berät. • Ob es ein internes Beratungsangebot geben soll. • Wie die internen Berater qualifiziert und ausgestattet sein sollen. • Wann und wie mit externen Stellen kooperiert werden soll. • Welche Hilfeangebote gemacht werden. • In welcher Art und Weise betrieblich interveniert werden soll (Interventionsleitfaden mit Stufenplan). Der Steuerkreis ist nicht zuständig für die Beratung von Einzelfällen. Er darf nicht verwechselt werden mit den Suchthelferkreisen, die sich in der Praxis häufig ebenfalls »Arbeitskreis Sucht« nennen. In solchen Fällen sollte sich der Name des Steuerkreises deutlich abheben. In den Steuerkreis sollte auch ein Vertreter der Ansprechpersonen für Suchtfragen bzw. des Helferkreises delegiert werden.

Musterbetriebsvereinbarung (Muster-BV)	**Kommentar**
§ 4 Rolle und Qualifizierung der Personalverantwortlichen *(1) Personalverantwortliche sind Vorbild und prägen mit ihren Einstellungen und ihrem Verhalten wesentlich den Umgang mit Suchtmitteln am Arbeitsplatz.* *(2) Als Vorgesetzte tragen sie die Verantwortung für eine sachgerechte Intervention bei Auffälligkeiten. Sie und weitere Personalverantwortliche führen die Gespräche entsprechend der §§ 13, 14 und 15 der BV.* *(3) Der Qualifizierung aller Personalverantwortlichen kommt besondere Bedeutung zu. Die Teilnahme an Schulungsmaßnahmen ist daher für sie verpflichtend.* *(4) Personalverantwortliche erhalten – insbesondere vor Interventionen – durch den Suchtbeauftragten fachliche Beratung.*	Um den Beginn der Interventionskette zu ermöglichen, erscheint es in Organisationen, die Verantwortung auch in niedrigere Hierarchieebenen gegeben haben, sinnvoll, klarzustellen, wer Personalverantwortung wahrzunehmen berechtigt ist bzw. wer ausschließlich Fachvorgesetzter ist. Führungskräfte nehmen eine besondere Rolle in der Suchtprävention und bei der Intervention ein. Vorgesetzte können sich ihrer Verantwortung nicht entziehen. Sie führen bei Auffälligkeiten die Gespräche mit den Betroffenen. Darin geht es sowohl um die Fürsorge, als auch um die Klärung der arbeitsvertraglichen Pflichten. Sachgerechtes Handeln bei Auffälligkeiten und Suchtproblemen fordert ihre Führungskompetenz in besonderem Maße. Zur Wahrnehmung ihrer Aufgaben nehmen alle Personalverantwortlichen an den angebotenen Qualifizierungen teil, insbesondere um • Auffälligkeiten am Arbeitsplatz zu erkennen, • Riskanten Suchtmittelkonsum oder suchtbedingtes Verhalten zu bewerten, • Gespräche mit betroffenen Personen nach dem Interventionsleitfaden zielorientiert zu führen und • Die internen oder externen Beratungsangebote nutzen zu können. Ihnen wird die Unterstützung durch interne oder externe Beratungsdienstleistende zugesichert.

Musterbetriebsvereinbarung (Muster-BV)	Kommentar
§ 5 Interne Suchtberatung *(1) Es wird eine interne Suchtberatung eingerichtet.* • *Variante A: Sie wird hauptamtlich von einer/einem Suchtbeauftragten besetzt oder von der Sozialberatung wahrgenommen.* • *Variante B: Neben der hauptamtlichen Kraft sind Ansprechpersonen für Suchtfragen nebenamtlich tätig.* • *Variante C: In ihr sind nebenamtliche Ansprechpersonen für Suchtfragen tätig.* • *Variante D: Es wird ein internes Suchtberatungsangebot durch Kooperation mit einer externen Einrichtung geschaffen.* *(2) Suchtbeauftragte, Sozialberatung, Ansprechpersonen für Suchtfragen sowie externe Berater/-innen arbeiten auf der Grundlage dieser BV. Ihre Aufgaben umfassen die Prävention, vor allem die* • *Information der Beschäftigten,* • *Vorbeugung des riskanten Konsums,* • *Bereitstellung von Medien und Materialien,* • *Beteiligung an Aktions- und Gesundheitstagen.* *Zur Hilfe bei Suchtgefährdung gehört es,* • *Beschäftigte und deren Angehörige in Suchtfragen zu beraten,* • *Personalverantwortliche zu beraten,* • *Mit Beratungsstellen und therapeutischen Einrichtungen in der Region zu kooperieren,*	Betriebe sollten sich intensiv mit dem Bedarf an interner Suchtberatung und den erforderlichen Standards auseinandersetzen. Das gilt für den Rahmen der Einrichtung wie für die Auswahl geeigneter Personen. Je nach Größe und Struktur des Betriebes bieten sich unterschiedliche Varianten für die Besetzung der internen Suchtberatung an. Externe Beratungsdienstleistungen können z. B. mit Suchtberatungsstellen, freiberuflichen Beratern und Beraterinnen, Krankenkassen vereinbart werden. Organisatorisch und räumlich muss die Neutralität und Vertraulichkeit der Beratungseinrichtung gewährleistet sein. Geeignet ist z. B. die Einrichtung einer Stabsstelle oder die Einbindung ins Gesundheitsmanagement. Auf räumliche Trennung zur Personalabteilung sollte geachtet werden. Arbeitsgrundlage der internen Suchtberatung ist das vom Steuerkreis beschlossene Suchtpräventionsprogramm. Dieses Gremium legt unter Beteiligung des/der Suchtbeauftragten sowie ggf. einer/eines Delegierten der Ansprechpersonen für Suchtfragen die Aufgaben fest, welche die interne Suchtberatung übernehmen soll. Gemeinsam werden die Schwerpunkte für die Arbeit abgestimmt und die Regelungen für den Einsatz getroffen. Durch Regelungen muss auch sichergestellt werden, dass die in der internen Suchtarbeit haupt- oder nebenamtlich tätigen Kräfte in der individuellen

Musterbetriebsvereinbarung (Muster-BV)	**Kommentar**
• *Betroffenen Personen vor, während und nach einer Therapie Hilfe anzubieten und Unterstützung zu gewähren,* • *Nach dem Prinzip der Hilfe zur Selbsthilfe die Eigenverantwortlichkeit von Betroffenen zu stärken.* *Therapeutische Maßnahmen gehören nicht zur internen Suchthilfe.* *(3) Für alle in der internen Suchtberatung tätigen Personen gelten die folgenden Standards:* • *Die individuelle Beratung erfolgt fachlich weisungsfrei.* • *Sie haben die Regeln der ärztlichen Schweigepflicht zu beachten, auch gegenüber dem Steuerkreis.* • *Es wird sichergestellt, dass bei Telefonaten, die im Beratungszusammenhang geführt werden, die Zielrufnummern nicht erfasst werden.* • *Für Beratungen muss ein geeigneter Raum zur Verfügung gestellt werden.* *(4) Den in der internen Suchtarbeit tätigen Personen ist die Möglichkeit zur fachbezogenen Qualifizierung, Fortbildung und Supervision zu geben.* *(5) Die Beschäftigten haben das Recht, jederzeit die Hilfe der Suchtberatung in Anspruch zu nehmen. Die Wahrnehmung einer Beratung kann während der Arbeitszeit erfolgen.*	Beratung unabhängig und fachlich weisungsfrei arbeiten können. Die Ausstattung mit Räumlichkeiten sowie sachlichen und finanziellen Mitteln sollte eine professionelle Beratung ermöglichen. Geeignet ist z. B. ein Raum, der nicht von außen einsehbar ist und dessen räumliche Lage nicht in enger Nähe zur Personalabteilung und vor dem Publikumsverkehr geschützt ist. Sofern Kräfte mit der Suchtberatung beauftragt werden, die keine spezielle Ausbildung für den betrieblichen Einsatz mitbringen, stellt der Betrieb sicher, dass eine grundlegende Qualifizierung und ausreichende Weiterbildung erfolgt. Personen, die im Rahmen dieser BV tätig werden, ist die finanzielle und zeitliche Möglichkeit zur fachbezogenen Fortbildung und Supervision zu geben. Mit Supervision wird eine Praxisbegleitung bezeichnet, die Hilfen bietet, um die Funktionen in der Suchtprävention und Suchthilfe professionell, effektiv und dauerhaft ausführen zu können.
§ 6 Hauptamtliche Suchtbeauftragte *(1) Die/der Suchtbeauftragte organisiert in Abstimmung mit dem Steuerkreis die präventiven Maßnahmen. Sie/er* • *ist für die Aufklärung über riskanten Konsum und Suchtgefährdung zuständig.*	Unter dem Oberbegriff Suchtbeauftragter werden hier alle Arten hauptamtlich tätiger Suchtberater/-innen erfasst. In der Praxis kann die Aufgabe ebenfalls von der Sozialberatung, Mitarbeiterberatung, Konfliktberatung, Gesundheitsbeauftragten u. a. Einrichtungen im Betrieb mit übernommen werden.

Musterbetriebsvereinbarung (Muster-BV)	**Kommentar**
• *Unterbreitet Vorschläge zur Beseitigung von im Betrieb liegenden Ursachen eines erhöhten Suchtmittelkonsums.* • *Liefert Beiträge für die Gesundheitsförderung sowie die Personal- und Organisationsentwicklung.* *(2) Die/der Suchtbeauftragte stellt das interne Suchtberatungsangebot sicher.* *Sie/er* • *Berät die Geschäftsleitung und den Betriebsrat in Fragen des Suchtpräventionsprogramms.* • *Unterstützt die Personalverantwortlichen, insbesondere die Vorgesetzten, bei der Einleitung von Maßnahmen nach den Grundsätzen dieser Vereinbarung und der Vorbereitung von Gesprächen nach dem Interventionsleitfaden.* • *Berät die Beschäftigten in Suchtfragen.* • *Berät und unterstützt Personen, die ihren Konsum und/oder Suchtverhalten verändern wollen.* • *Erörtert mit den im Betrieb auffällig gewordenen Personen die anstehenden Schritte, die im Rahmen der Intervention notwendig werden, und die betrieblichen Hilfeangebote.* *(3) Die/der Suchtbeauftragte übernimmt die Geschäftsführung bzw. Koordination des Steuerkreises.* *(4) Die/der Suchtbeauftragte ist zuständig für das interne Marketing des Suchtpräventionsprogramms und die innerbetriebliche Öffentlichkeitsarbeit.*	Der Auftrag der/des Suchtbeauftragten sollte im Steuerkreis abgestimmt und in der Betriebsvereinbarung sowie der Stellenbeschreibung festgelegt werden. Grundlage für die Arbeit der internen Beratung sollte das vom Steuerungsgremium erarbeitete Konzept der Suchtprävention und Suchthilfe sein. Die Arbeit mit einem abgestimmten Konzept vermindert die Gefahr a) des Einzelkämpfertums und eines rein auf die eigene Person und nicht auf den Bedarf des Betriebes abgestellten Beratungsangebots und b) des Abschiebens der Vorgesetztenverantwortung auf den Suchtbeauftragten bei anstehenden Interventionen. Die/der Suchtbeauftragte übernimmt in der Regel die Geschäftsführung des Steuerkreises. Die Leitung sollte bei einem Vertreter/einer Vertreterin der Geschäftsleitung liegen. Die/der Suchtbeauftragte legt dem Steuerkreis einmal jährlich einen Bericht über ihre/seine Tätigkeit vor. Dieser umfasst mindestens: • Die inhaltlichen Schwerpunktsetzungen und Zielerreichung im Berichtsjahr. • Die Anzahl der Beratungsgespräche (ohne Inhalte). • Die Anzahl und Art der Fälle. • Die Kontakte zu externen Hilfeeinrichtungen. • Die Teilnahme an Weiterbildungen, Supervision, Netzwerktreffen. • Den Stand der Suchtprävention und Suchthilfe im Betrieb. • Die Ziele für die weitere Arbeit.

Musterbetriebsvereinbarung (Muster-BV)	**Kommentar**
(5) Sie/er vertritt die Suchtprävention und die Suchthilfe im betrieblichen Gesundheitsmanagement. *(6) Sofern in der internen Suchtberatung nebenamtliche Ansprechpersonen für Suchtfragen eingesetzt sind, koordiniert die/der Suchtbeauftragte deren Arbeit und steht ihnen beratend zur Seite.* *(7) Sie/er legt dem Steuerkreis einmal jährlich einen Bericht über ihre/seine Tätigkeit, den Stand der Suchtprävention und Suchthilfe im Betrieb und den Zielen für die weitere Arbeit vor.* *(8) Die Tätigkeit als Suchtbeauftragte/r erfordert einschlägige fachliche Qualifikationen wie Beratungskompetenzen, persönliche und soziale Kompetenzen, und strategische Kompetenzen. Sie/er muss sich in den Strukturen des Betriebes auskennen.* *(9) In Abstimmung mit dem Steuerkreis wird ein Budget für die Arbeit der/des Suchtbeauftragten festgelegt.*	Hauptamtliche sollten über einschlägige Qualifikationen und Kompetenzen zur Suchtprävention und -hilfe verfügen sowie Kenntnisse haben über • Die aktuellen Präventions- und Beratungskonzepte. • Die aktuellen Versorgungsstrukturen und regionalen Netzwerke. • Die rechtlichen Rahmenbedingungen und betrieblichen Regelungen. Nachweisen sollten sie: • Interesse an interdisziplinärer Kooperation. • Kommunikationsbereitschaft. • Bewusstheit der eigenen Ressourcen und objektiven wie subjektiven Grenzen. • Ausdauer und Konfliktfähigkeit. • Bereitschaft zur fachlichen und persönlichen Weiterentwicklung und Supervision.
§ 7 Nebenamtlich tätige Ansprechpersonen für Suchtfragen (AfS) *(1) AfS sind im Rahmen der internen Suchtberatung nebenamtlich in der betrieblichen Suchtprävention und Suchthilfe tätig. Sie nehmen Aufgaben nach § 5 Abs. 2 der vorliegenden BV wahr oder beteiligen sich daran.* *(2) Die Tätigkeit der AfS in der betrieblichen Suchtprävention und Suchthilfe ist Arbeitszeit. Ihre Arbeitszeiten und Arbeitsbedingungen sind auf die besonderen Anforderungen aus der nebenamtlichen Tätigkeit abzustimmen.*	Als Ansprechperson für Suchtfragen (AfS) wird hier die Funktion bezeichnet, die aus der betrieblichen Suchtkrankenhilfe hervorgegangen ist. Diese Funktion wird auch als Suchthelfer, Suchtkrankenhelfer, kollegialer oder sozialer Ansprechpartner bezeichnet. Ursprünglich stand die Beratung und Begleitung von Suchtkranken im Vordergrund. Heute sind AfS an der Gestaltung und Umsetzung des gesamten betrieblichen Suchtpräventionsprogramms beteiligt.

Musterbetriebsvereinbarung (Muster-BV)	Kommentar
(3) Ist in Ausnahmefällen ein Tätigwerden außerhalb der Arbeitszeit erforderlich, wird ein entsprechender Zeitausgleich gewährt. Dies gilt in Absprache mit dem Steuerkreis auch für die Teilnahme an Schulungs- und Informationsveranstaltungen sowie an eigener Fortbildung und Supervision. *(4) Mit den Aufgaben der AfS sollen einschlägig ausgebildete, mit dem aktuellen Stand betrieblicher Suchtpräventionsprogramme vertraute Kräfte beauftragt werden. Sie sollen sowohl Personalverantwortliche beraten können als auch betroffene Personen und – auf deren Wunsch – auch ihre Angehörigen.* *(5) Sofern sie nicht über eine spezielle Ausbildung für den betrieblichen Einsatz verfügen, ermöglicht der Betrieb die grundlegende Qualifizierung zur betrieblichen Ansprechperson für Suchtfragen.* *(6) Die AfS erhält die Möglichkeit zur Weiterbildung und zur regelmäßigen Supervision, in der sie sich mit dem eigenen Beratungsansatz und Beratungshandeln sowie der Rolle als Ansprechperson auseinandersetzen kann.* *(7) Persönliche Erfahrungen mit einer Abhängigkeitserkrankung sind keine Voraussetzung für die Tätigkeit, können aber nützlich sein. Zwischen erfolgreich abgeschlossener Therapie und dem Einsatz als AfS sollten jedoch mindestens 2 Jahre liegen.*	Sie sind »nebenamtlich« tätig, nicht ehrenamtlich, da sie im Rahmen eines betrieblichen Auftrags arbeiten. Die schriftliche Beauftragung der AfS durch den Steuerkreis oder die Geschäftsleitung ist nicht nur aus Statusgründen erwünscht, sondern garantiert erst den notwendigen arbeits- und versicherungsrechtlichen Schutz bei der Tätigkeit. Die nebenamtliche Tätigkeit als AfS erfordert eine Abstimmung mit den Anforderungen aus der hauptamtlichen beruflichen Tätigkeit, die jeweils mit dem/der zuständigen Vorgesetzten zu erfolgen hat. Dazu gehört auch die Zusicherung eines zeitlichen Rahmens für die Freistellung für die Aufgaben als AfS. Je nach Betriebsgröße verfügen nebenamtliche Ansprechpersonen entweder über feste Freistellungskontingente oder sie werden von ihrer beruflichen Tätigkeit nach Bedarf freigestellt. Der Bedarf liegt – ohne Fort- und Weiterbildung – bei einer mittleren Betriebsgröße (300 Beschäftigte) bei etwa 20 Arbeitsstunden im Monat. Die AfS benötigen eine gewisse Grundausstattung für ihre Aufgaben, z. B. Telefon, Einzelbüro oder Zugriff auf einen Raum für ungestörte Beratungen. Die Aufgaben als AfS setzen fachliche und soziale Kompetenzen voraus, die den Standards für die betriebliche Suchtprävention und Suchhilfe entsprechen. Die Ausbildung zum ehrenamtlichen Suchtkrankenhelfer ist für den betrieblichen Einsatz nicht ausreichend.

Musterbetriebsvereinbarung (Muster-BV)	Kommentar
(8) Nebenamtliche Ansprechpersonen für Suchtfragen legen der betrieblichen Einrichtung zur Suchtprävention einmal jährlich einen kurzen Bericht ihrer Tätigkeit vor.	Die AfS sollten die Bereitschaft zur Kooperation mitbringen, um als Ansprechpartner akzeptiert zu werden. Gibt es im Betrieb ausschließlich nebenamtliche AfS, legen diese dem Steuerkreis jährlich einen Bericht ihrer Tätigkeit vor. Er umfasst: • Die Schwerpunkte der Aktivitäten zur Suchtprävention. • Die Anzahl der Beratungsgespräche (ohne Inhalte). • Die Anzahl und Art der Fälle. • Die Kontakte zu externen Hilfe- und Therapieeinrichtungen. • Die Teilnahme an Weiterbildungen, Supervisionen und Netzwerktreffen. Auch für die AfS ist es zwingend erforderlich, sich regelmäßig fortzubilden, um die aktuellen fachlichen und rechtlichen Standards anwenden zu können. Regelmäßige Reflexion des präventiven und helfenden Handelns und seiner Grenzen soll in der Supervision unter Anleitung der/des Suchtbeauftragten oder in einer externen Beratungseinrichtung erfolgen.
§ 8 Betriebliche Selbsthilfegruppen *(1) Im Rahmen des Hilfeangebotes für betroffene Beschäftigte wird betriebsintern eine Selbsthilfegruppe eingerichtet.* *(2) Die Teilnahme an der Selbsthilfegruppe ist freiwillig.* *(3) Beschäftigten wird ermöglicht, die Selbsthilfegruppe (während der Arbeitszeit) zu besuchen.*	Sofern sich Betriebe entscheiden, interne Selbsthilfegruppen einzurichten, sind die Rahmenbedingungen für deren Arbeit und die Möglichkeiten der Beschäftigten zur Teilnahme in der BV zu regeln. Hier gilt es, das Prinzip der Freiwilligkeit zu beachten, denn die Verpflichtung zur Teilnahme an einer Selbsthilfegruppe ist für Arbeitnehmer/-innen arbeitsrechtlich nicht bindend.[1]

1 Vgl. Urteil des LAG Düsseldorf vom 25.02.1997 – 8 Sa 1673/96.

Musterbetriebsvereinbarung (Muster-BV)	**Kommentar**
§ 9 Schweigepflicht *(1) Die in der internen Suchtberatung tätigen Personen (Suchtbeauftragte, AfS u. a.) unterliegen der Schweigepflicht.* *(2) Personenbezogene Auskünfte über die Inanspruchnahme oder die Inhalte der Beratung werden nur mit ausdrücklicher schriftlicher Zustimmung der betreffenden Person erteilt.*	Da es für die in der betrieblichen Suchtberatung Tätigen in der Regel keinen gesetzlichen Anspruch auf die Schweigepflicht gibt, muss diese verbindlich in der BV geregelt werden. (Ausnahme: die Beratung ist dem/der Betriebsarzt/-ärztin unterstellt oder die Beratung erfolgt durch Psychologen.) Eine Orientierung gibt § 203 SGB, der u. a. für Ärzte, Psychologen, Sozialarbeiter und Berater in anerkannten Suchtberatungsstellen eine Verschwiegenheitsverpflichtung normiert. Die Schweigepflicht gilt auch gegenüber den jeweiligen Vorgesetzten. Für Mitglieder von Betriebsräten, JAV und andere betriebliche Interessenvertreter ergibt sich die Schweigepflicht aus § 79 BetrVG. bzw. § 96 Abs. 8 SGB IX für die SchwerbehV.
§ 10 Information, Aufklärung und Schulung *(1) Alle Beschäftigten werden regelmäßig über den risikoarmen Konsum, den riskanten und schädlichen Konsum oder über suchtbedingtes Verhalten und dessen gesundheitliche und soziale Folgen sowie über inner- und außerbetriebliche Hilfeangebote informiert.* *(2) Die Führungskräfte im Unternehmen, der Betriebsrat, die Mitglieder des Steuerkreises sowie die haupt- oder nebenamtlich tätigen Personen nach § 6 und 7 erhalten besondere Schulungen, um die Umsetzung der BV verwirklichen zu können.* *(3) Für besondere Personengruppen z. B. Auszubildende, Migrant(inn)en*	Bewusstseinsbildung durch Aufklärung anzustoßen oder zu vertiefen ist langfristig gesehen eine der wichtigsten Aufgaben eines betrieblichen Suchtprogramms. Landesstellen für Suchtfragen, Beratungsstellen, Selbsthilfegruppen, Krankenkassen, Berufsgenossenschaften sind bei betrieblichen Aufklärungskampagnen behilflich und stellen Referenten sowie Aufklärungsmaterial zur Verfügung. Die Informationen zum risikoarmen Konsum verstärken das gesundheitsbewusste Verhalten der Beschäftigten. Die Botschaften zum riskanten und schädlichen Konsum dienen u. a. der kritischen Überprüfung der eigenen Konsummuster. Das Aufzeigen von Handlungsmöglichkeiten im Umgang

Musterbetriebsvereinbarung (Muster-BV)	**Kommentar**
etc. sind Informationen und Schulungsangebote erforderlich, die ihre besondere Situation berücksichtigen. *(4) Teilzeitbeschäftigten ist durch entsprechende Zeitplanung der Veranstaltung eine Teilnahme zu ermöglichen.*	mit Betroffenen ebnet den Weg für qualifizierte Unterstützung. Wo Bedingungen oder Bräuche am Arbeitsplatz oder im Arbeitsumfeld den Suchtmittelkonsum fördern, sollten Wege gesucht werden, dies zu verändern. Abweichende, ergänzende oder einschränkende Regelungen für einzelne Beschäftigtengruppen in der BV (z. B. Auszubildende, Beschäftigte in der Probezeit, mit Zeitverträgen), die sachlich oder rechtlich begründet sind, sollten in den Veranstaltungen erläutert werden.
§ 11 Beseitigung von Ursachen, die einen erhöhten Suchtmittelkonsum fördern *(1) Die Abgabe von alkoholhaltigen Getränken und anderen Suchtmitteln auf dem Betriebsgelände ist untersagt.* *(2) Die Ursachen für einen verstärkten Suchtmittelkonsum in bestimmten Arbeitsbereichen oder bei Beschäftigtengruppen werden vom Steuerkreis überprüft und es werden Maßnahmen ergriffen, um sie zu beseitigen.* *(3) Die Korrektur von psychischen und/oder physischen Belastungen erfolgt in enger Abstimmung mit dem Arbeits- und Gesundheitsschutz.*	Ein betriebliches Programm zur Prävention des riskanten und gesundheitsschädigenden Suchtmittelkonsums darf nicht auf die Beseitigung von **arbeitsbedingten** Ursachen verzichten. Denn nach dem Arbeitsschutzgesetz sind Gefährdungen an der Quelle zu beseitigen. Der Steuerkreis überprüft, ob es in bestimmten Abteilungen des Betriebes zu vermehrten Auffälligkeiten im Suchtmittelkonsum kommt. Maßnahmen zum Abbau suchtfördernder Arbeitsbedingungen (z. B. Arbeiten unter Hitze, Lösemitteldämpfen, Isolation, Unterforderung oder Überforderung, ungerechte Behandlung durch Vorgesetzte, Konkurrenz und sozialer Druck, Trinksitten) können mithilfe des Arbeitsschutzes und der Gesundheitsförderung festgelegt und umgesetzt werden. Die Beschäftigten sollten durch Befragungen oder Gesundheitszirkeln an der Erarbeitung geeigneter Lösungen beteiligt werden.

Musterbetriebsvereinbarung (Muster-BV)	**Kommentar**
§ 12 Verantwortlicher Umgang mit berauschenden und die Wahrnehmung verändernden Mitteln *(1) Der Konsum von alkoholischen Getränken und anderen berauschenden Mitteln ist während der Arbeitszeit, auf dem Weg zur Arbeit und bei Dienstfahrten nicht erlaubt. Die Sorgfaltspflicht bei der Einnahme von Medikamenten erfolgt nach den Bestimmungen der allgemeinen Vorschriften zur Prävention. Auf den Konsum, der in der Freizeit des Beschäftigten stattgefunden hat, der bei Arbeitsantritt aber noch Auswirkungen auf die Arbeitsfähigkeit hat (z. B. Restalkohol, Medikamente mit langer Wirkdauer), wird von Seiten des Arbeitgebers reagiert (siehe § 13).* ***Oder:*** *(1) Aus Gründen der Arbeitssicherheit und des Gesundheitsschutzes ist für die Arbeit nicht geeignet, wer unter Einwirkung von Alkohol, illegalen Drogen und anderen berauschenden Mitteln steht. Bei der Einnahme von Medikamenten sind die entsprechenden Hinweise zu beachten.* *(2) Die Ausgabe von Medikamenten erfolgt nur in Absprache mit dem Betriebsarzt. Das Verfahren der Medikamentenvergabe im Betrieb wird im Steuerkreis abgestimmt. Bei erhöhtem Medikamentenbedarf in bestimmten Arbeitsbereichen geht der Steuerkreis den Ursachen nach.* *(3) Alle Beschäftigten – insbesondere Führungskräfte – sind verpflichtet, auf die Einhaltung der vorstehenden Bestimmungen zu achten.*	Im Rahmen des Suchtpräventionsprogramms sind geeignete Maßnahmen vorzusehen, um einen verantwortungsbewussten Umgang mit Alkohol, Medikamenten und Tabakwaren anzuregen. Die Beschäftigten sind auf die Gesundheits- und Unfallgefährdung durch stimmungs-, wahrnehmungs- und reaktionsverändernde Substanzen hinzuweisen. Das Konzept der »Punktnüchternheit«, das heißt, der völlige Verzicht auf Suchtmittel während der Arbeit, sollte gefördert und durch Aufklärung darauf hingewirkt werden, dass die Beschäftigten die Regelungen aus Überzeugung mittragen. Wichtige Argumente für einen risikoarmen Umgang mit Suchtmitteln bzw. einen bestimmungsgemäßen Gebrauch von Medikamenten sind die allgemeinen Vorschriften zur Prävention BGV A 1 (früher UVV § 38). Sie schreiben in § 15 vor, dass Beschäftigte sich oder andere bei der Arbeit (und auf dem Arbeitsweg) nicht durch Alkohol, illegale Drogen oder andere berauschende Mittel sowie durch die Einnahme von Medikamenten gefährden dürfen. Der Versicherungsschutz des Beschäftigten ist auch gefährdet, wenn er bei der Einnahme von Medikamenten, die die Reaktions- und Wahrnehmungsfähigkeit beeinträchtigen, nicht dem mündlichen ärztlichen Hinweis oder dem schriftlichen Hinweis auf der Packungsbeilage folgt.

Musterbetriebsvereinbarung (Muster-BV)	**Kommentar**
§ 13 Vorgehen bei akuter Einschränkung der Arbeitssicherheit *(1) Sind Beschäftigte durch Alkohol, illegale Drogen, Medikamente oder andere berauschende oder wahrnehmungsverändernde Mittel nicht in der Lage, die ihnen übertragenen Arbeiten ohne Gefahr für sich oder andere auszuführen, dürfen sie nach § 7 BGV A 1 nicht mehr beschäftigt werden.* *(2) Im Falle einer solchen Einschränkung der Arbeitsfähigkeit wird folgendes Vorgehen vereinbart:* *a) Bei Verdacht darauf, dass Beschäftigte unter Einfluss von Alkohol, illegalen Drogen, wahrnehmungs- und/oder reaktionseinschränkenden Medikamenten oder anderen berauschenden Mitteln stehen, muss der/die Vorgesetzte entscheiden, ob die betroffene Person ihre Arbeit fortsetzen kann oder nicht.* *b) Vorgesetzte sind gehalten, auch den Hinweisen aus dem Kreis der Beschäftigten nachzugehen.* *c) Entscheidungen, die betroffene Person vom Arbeitsplatz zu entfernen, orientieren sich an den Beobachtungen des Verhaltens der betroffenen Person (»Beweis des ersten Anscheins«) und an der allgemeinen Lebenserfahrung der Vorgesetzten. Eine verlässliche Einschätzung der Vorgesetzten über die Arbeitsfähigkeit des/der Beschäftigten wird vorausgesetzt. Die Durchführung eines Suchtmitteltests ist hierfür nicht erforderlich.* *d) Vorgesetzte ziehen möglichst noch eine weitere Person als Beweishilfe hinzu.*	Bei den Maßnahmen geht es um die Arbeitssicherheit auf der Basis der Berufsgenossenschaftlichen Vorschriften zur Prävention. Die Fürsorgepflicht des Arbeitgebers und die Sorgfaltspflicht des Arbeitnehmers garantieren einen hohen Unfallschutz. In der Durchführung kommt es darauf an, dass Führungskräfte die Arbeitsfähigkeit ihres Mitarbeiters/ihrer Mitarbeiterin beurteilen aufgrund von wahrnehmbaren Einschränkungen. Die genauen Ausfallerscheinungen, die zur Entscheidung der Arbeitsunfähigkeit geführt haben, müssen schriftlich dokumentiert werden. Sollte über die sichtbaren Ausfallerscheinungen hinaus auch noch aktueller Suchtmittelkonsum gesehen worden sein, dann fließt diese Beobachtung zusätzlich in die Dokumentation ein. Voraussetzung für ein Handeln ist die konkrete Wahrnehmung von Suchtmittelkonsum nicht! Der Heimweg zählt versicherungsrechtlich zur Arbeit, daher muss der Arbeitgeber dafür sorgen, dass der beeinträchtigte Beschäftigte sicher nach Hause gelangt, z. B. in Begleitung einer von ihm beauftragten Person. Mit Einverständnis der betroffenen Person können auch Angehörige informiert werden, die dann zum Abholen kommen. Anfallende Kosten für den Heimtransport z. B. für ein Taxi gehen zu Lasten des Beschäftigten. Suchtbedingte Verhaltensweisen können ebenfalls zur Beeinträchtigung der Arbeitssicherheit führen (z. B. über-

Musterbetriebsvereinbarung (Muster-BV)	**Kommentar**
e) Der/die Vorgesetzte hat die betroffene Person auf die Möglichkeit hinzuweisen, dass sie sich zum Gegenbeweis einem Test auf Suchtmittelkonsum unterziehen oder bei Medikamenteneinnahme die Eignung für die Tätigkeit (betriebs-)ärztlich bestätigen lassen kann. *f) Sofern die betroffene Person ihre betriebliche Tätigkeit nicht fortsetzen kann, trägt der Arbeitgeber die Verantwortung für einen sicheren Heimweg.* *g) Veranlasst der/die Vorgesetzte einen Heimtransport, hat die betroffene Person die Kosten dafür zu tragen.* *h) Ist die betroffene Person durch eigenes Verschulden an ihrer Arbeitsleistung verhindert, besteht für die ausgefallene Arbeitszeit kein Anspruch auf Gehalt.* *j) Wurde eine Beschäftigte/ein Beschäftigter unter dem Einfluss von Suchtmitteln vom Arbeitsplatz entfernt, so wird vom Vorgesetzten zeitnah ein erstes Stufengespräch nach dem Stufenplan geführt.* *(3) Eine Beeinträchtigung der Arbeitssicherheit kann auch durch suchtbedingtes Verhalten verursacht sein. Hierbei ist das Verfahren nach Ziffer 2 entsprechend anzuwenden.*	langes Arbeiten bei Arbeitssucht, mangelnde Konzentrationsfähigkeit bei Magersucht, Erpressbarkeit bei pathologischem Spielen). Auch in solchen Fällen muss der/die Vorgesetzte entscheiden, ob die betroffene Person die Arbeit ohne Gefahr für sich oder andere fortsetzen kann. Für **gefahrgeneigte** Tätigkeiten besteht nach den Unfallverhütungsvorschriften ein generelles Alkoholverbot.
§ 14 Ansprache von Auffälligkeiten am Arbeitsplatz – frühzeitige Intervention *(1) Fürsorgegespräch* *Bei Auffälligkeiten im Arbeits- und Leistungsverhalten von Beschäftigten, die in Verbindung mit gesundheitlichen oder sozialen Problemen der Person gesehen werden, führt der/die Vorgesetzte ein Fürsorgegespräch. Ein Zusam-*	Die frühe Ansprache eines riskanten Suchtmittelkonsums oder suchtbedingten Verhaltens kann wesentlich dazu beitragen, gesundheitliche Gefährdungen zu reduzieren. Außerdem zeigt das Fürsorgegespräch dem Beschäftigten die Aufmerksamkeit des Vorgesetzten und signalisiert dessen Bereitschaft, in

Musterbetriebsvereinbarung (Muster-BV)	**Kommentar**
menhang mit einem riskanten Suchtmittelkonsum oder Suchtverhalten muss für dieses Gespräch nicht unbedingt gegeben sein. Es soll der Mitarbeiterin/dem Mitarbeiter verdeutlichen, dass eine Veränderung wahrgenommen wurde. Vor allem soll es soziale Unterstützung möglich machen, um einer untauglichen Problembewältigung durch Suchtmittelkonsum vorzubeugen. *(2) Klärungsgespräch* *Bei wiederholter oder schwerwiegender Vernachlässigung arbeitsvertraglicher Pflichten, die nicht oder nicht eindeutig im Zusammenhang zu einem Suchtmittelkonsum oder Suchtverhalten gesehen werden, führt der/die Vorgesetzte das Klärungsgespräch.* *Ziel ist es, durch Ansprache des zu beanstandeten und Aufzeigen des zukünftig erwarteten Verhaltens weiteren Fehlentwicklungen entgegenzusteuern. Steht das beanstandete Verhalten in Verbindung mit gesundheitlichen oder sozialen Problemen, gibt der/die Vorgesetzte Unterstützung, indem er/sie u. a. das Hilfesystem (interne oder externe Beratung) anbietet.* *Die Ergebnisse des Gesprächs werden schriftlich festgehalten und der betroffenen Person ausgehändigt.* *Ein Rückmeldetermin über die weitere Entwicklung in etwa sechs bis acht Wochen wird festgelegt.* *Bestehen die Auffälligkeiten fort, ohne dass ein Zusammenhang zum Suchtmittelgebrauch oder süchtigen Verhalten erkennbar ist oder gesundheitliche Probleme als Ursache infrage kommen, folgen Gespräche mit disziplinarischen Konsequenzen.*	schwierigen Situationen mit sozialer Unterstützung am Arbeitsplatz rechnen zu können. Die Möglichkeit besteht für den Beschäftigten, sich mit seinen Problemen zu öffnen. Es ist ein Angebot und darf vom Vorgesetzten nicht zwangsläufig erwartet werden! Das Klärungsgespräch soll sowohl zur Klärung der Ursachen für die Pflichtverletzungen beitragen als auch der betroffenen Person deutlich machen, welche Auffälligkeiten gesehen werden. Nach dem Klärungsgespräch muss der Führungskraft klar sein, wie es bei erneuten Pflichtverletzungen des Beschäftigten weitergeht: Entweder folgen Gespräche nach dem Stufenplan entsprechend dem § 15 der BV oder es folgen Disziplinargespräche, weil die Pflichtverletzungen nicht im Zusammenhang mit Suchtmittelkonsum oder süchtigem Verhalten gesehen werden. Fürsorgegespräch, Klärungsgespräch, Beginn des Stufenplans stehen nicht zwangsläufig in einer Reihenfolge. Vorgesetzte entscheiden nach Bewertung der Situation, welche Gesprächsform angemessen ist.

Musterbetriebsvereinbarung (Muster-BV)	Kommentar
§ 15 Gestufte Intervention – Stufenplan *(1) Bei Vernachlässigung arbeitsvertraglicher Pflichten und/oder Störungen am Arbeitsplatz, die im Zusammenhang mit dem Konsum von Suchtmitteln oder suchtbedingtem Verhalten stehen, führt der/die Vorgesetzte Gespräche nach einem abgestuften Konzept mit der/dem betroffenen Beschäftigten.* *(2) Ziel der Intervention ist die Korrektur des Arbeits- und Leistungsverhaltens der betroffenen Person. Ist ihr diese Korrektur aufgrund eines schädlichen oder abhängigen Suchtmittelkonsums aus eigener Kraft nicht möglich, soll sie sich durch Beratung und ggf. Behandlung therapeutische Hilfe holen. Für die Annahme des Hilfeangebots wird ihr Unterstützung zugesichert.* *(3) Sofern die betroffene Person den Pflichten aus ihrem Arbeitsvertrag wieder nachkommt, wird ihr nach Ablauf von etwa sechs bis acht Wochen eine positive Rückmeldung gegeben.* *(4) Kommt es erneut zu Pflichtverletzungen, werden diese sanktioniert und gleichzeitig wird das Hilfeangebot intensiv erneuert.* *(5) Als Handlungshilfe für diese Gespräche wird den Vorgesetzten ein Interventionsleitfaden an die Hand gegeben (s. Anhang 1).*	Das erste Gespräch im Rahmen des Stufenplanes ist in der Regel ein Vier-Augen-Gespräch zwischen der betroffenen Person und dem Vorgesetzten. Dieser sollte sich vor dem Gespräch bei der internen Suchtberatung »Hilfe« holen. Die evtl. folgenden Gespräche werden unter Beteiligung des Betriebsrates, ggf. der Vertrauensperson der Schwerbehinderten und der Suchtbeauftragten oder der Ansprechperson für Suchtfragen vorbereitet. An den Stufengesprächen können sie nur mit Einwilligung der betroffenen Person teilnehmen. Aufzeichnungen der Vorgesetzten über entsprechende Beobachtungen und Gesprächsnotizen, die nicht zu den Personalakten gelangen, sind vor unbefugtem Zugriff gesichert aufzubewahren und nach Abschluss des Interventionsverfahrens, spätestens nach zwei Jahren zu vernichten.
§ 16 Fallbegleitung *(1) Zur Unterstützung der betroffenen Person wird spätestens ab der dritten Stufe im Stufenplan eine systematische Fallbegleitung angeboten. Dieser Fallmanager/diese Fallmanagerin unter-*	Dem auffälligen Beschäftigten wird im Rahmen des Stufenplans ein verbindliches Angebot für eine längerfristige verantwortliche Prozessbegleitung gemacht. Mit seinem Einverständnis begleitet der/die Fallbegleiter/-in die

Musterbetriebsvereinbarung (Muster-BV)	**Kommentar**
stützt Betroffene sowohl bei der Aufnahme der Beratung und ggf. Behandlung als auch bei der Wiedereingliederung und Stabilisierung. *(2) Während einer ambulanten oder stationären Therapie wird durch den/die Fallmanager/-in der Kontakt zu der/dem Beschäftigten gehalten. Auf Wunsch der/des Betroffenen können auch gemeinsame Gespräche mit dem/der Vorgesetzten oder anderen am Fall beteiligten Personen geführt werden.*	Hilfemaßnahmen, organisiert den Informationsaustausch und gewährleistet den geordneten Ablauf. Gestaltung und Steuerung der Fallbegleitung geschehen mit dem Ziel, die verschiedenen Leistungen wirksam abzustimmen und durchzuführen.
§ 17 Wiedereingliederung *(1) Unmittelbar vor oder direkt nach Abschluss einer ambulanten oder stationären Therapie führt der/die Vorgesetzte mit der/dem Beschäftigten ein Gespräch, in dem es um Unterstützungsmöglichkeiten und die Erfordernisse für eine erfolgreiche Wiedereingliederung am Arbeitsplatz geht. An dem Gespräch nehmen ein Vertreter/eine Vertreterin des Betriebsrats sowie die/der Suchtbeauftragte oder die Ansprechperson für Suchtfragen, ggf. die Schwerbehindertenvertretung, der/die Betriebsarzt/-ärztin teil.* *(2) Das Wiedereingliederungsgespräch berücksichtigt die Anforderungen des § 84 SGB IX zum »Betrieblichen Eingliederungsmanagement« (BEM).* *(3) Der/die Vorgesetzte führt in den folgenden zwei Jahren halbjährliche Bilanzgespräche mit der/dem Beschäftigten, an denen der gleiche Personenkreis beteiligt ist.* *(4) Bewerben sich wegen Suchtmittelabhängigkeit entlassene ehemalige Beschäftigte, die eine erfolgreich*	Die Wiedereingliederung erfolgt in Absprache mit dem Betroffenen. Es muss geklärt werden, ob am bisherigen Arbeitsplatz Belastungen auftreten, die einen Rückfall fördern könnten. Diese Belastungen werden je nach Lage des Einzelfalls, soweit möglich, beseitigt oder es werden andere organisatorische Lösungen gesucht. Außerdem ist darauf zu achten, dass der Betroffene nicht an einem Arbeitsplatz beschäftigt wird, an dem er mit Lösungsmitteln in Berührung kommt. Je nach Möglichkeit wird dann ein anderer gleichwertiger Arbeitsplatz angeboten. Betroffene brauchen bei der Wiedereingliederung Unterstützung durch Kollegen/Kolleginnen und der Führungskraft. Mitarbeiter/-innen müssen wissen, dass Anspielungen, Benachteiligungen oder gar das Verleiten zum erneuten Suchtmittelkonsum höchst unkollegial wären. Die Führungskraft kann durch ein Gespräch mit dem Arbeitsumfeld der betroffenen Person für eine gelungene Wiedereingliederung sorgen.

Musterbetriebsvereinbarung (Muster-BV)	**Kommentar**
abgeschlossene Therapie nachweisen können, um Wiedereinstellung, so wird die Bewerbung wohlwollend geprüft. Bei Neueinstellung ist ein Wiedereingliederungsverfahren durchzuführen.	Bei Wiedereinstellung ist ein Eingliederungsverfahren für alle Beteiligten hilfreich.
§ 18 Vorgehen bei erneutem Konsum oder suchtbedingtem Verhalten nach Therapie *(1) Kommt es nach einer Intervention im Rahmen des Stufenplans lediglich zu einer vorübergehenden Änderung des Verhaltens der/des Beschäftigten und kommt es dann doch erneut zur Vernachlässigung der arbeitsvertraglichen Pflichten, so wird der Stufenplan in der nächsten Stufe fortgesetzt.* *(2) Treten nach einer erfolgreich abgeschlossenen Therapie erneute Auffälligkeiten bei der betroffenen Person auf, so kommen unverzüglich die zuletzt Beteiligten im Stufenplan zusammen und beraten unter Berücksichtigung aller Umstände des Einzelfalles über das weitere Vorgehen.*	Das kurzzeitige Wiederaufleben eines Suchtmittelmissbrauchs nach einer Therapie oder sonstigen Hilfemaßnahmen ist im Verlauf des Genesungsprozesses bei Abhängigkeitserkrankungen nicht untypisch. Eine schnelle Unterbrechung des schädigenden Verhaltens ist in diesen Fällen jedoch angesagt.
§ 19 Datenschutz, Vertraulichkeit und Tilgung *(1) Bei der Erhebung von und dem Umgang mit personenbezogenen Daten sind die besonderen Anforderungen des Datenschutzes für sensible personenbezogene Daten zu beachten. Dabei ist vor allem zu berücksichtigen, dass die Verarbeitung und Übermittlung von Angaben zur Gesundheit von Personen deren schriftliche Einwilligung voraussetzt.*	Das Vertrauensverhältnis zwischen Hilfesuchenden und Hilfeleistenden ist eine wesentliche Grundlage der Suchthilfe. Im Rahmen des betrieblichen Hilfeangebots können gesundheitsbezogene Daten von einzelnen Beschäftigten aus Gesprächen in Notizen oder Protokollen anfallen. Hier ist auf den Personen- und Datenschutz besonders zu achten und eine Weitergabe von Informationen ohne schriftliche Einwilligung der betroffenen Person zu unterbinden. Der Datenschutzbeauftragte ist hierbei einzubeziehen.

Musterbetriebsvereinbarung (Muster-BV)	Kommentar
Oder: *(1) Gespräche, Vorgespräche, Notizen und Protokolle, die im Zusammenhang mit Auffälligkeiten von Beschäftigten und Interventionen anfallen, sind vertraulich zu behandeln.* ***Oder:*** *(1) Aufzeichnungen, Unterlagen über Gespräche gem. § 14 und 15 und gesundheitsbezogene Daten von Mitarbeitern/Mitarbeiterinnen sind entweder beim Betriebsarzt oder in einer Nebenakte zu führen bzw. innerhalb der Personalakte in geschlossenen Umschlägen zu verwahren.* *(2) Aufzeichnungen, die in die Personalakte aufgenommen werden, sind nach zwei Jahren zu tilgen.*	Aufgrund der besonderen Sensibilität gesundheitsbezogener Daten gelten besondere Vorschriften für die Lagerung und die Aktenführung. Die Pflicht zur getrennten Lagerung von Unterlagen innerhalb der Personalakte hat das BAG in der Entscheidung vom 12.09.2006 (9 AZR 271/06) festgelegt. So soll sichergestellt werden, dass nur Befugte darauf zugreifen können.
§ 20 Beschäftigte von Fremdfirmen *Der Arbeitgeber verpflichtet sich, die für Beschäftigte von Fremdfirmen, insbesondere solche von Verleihfirmen und Werkvertragsfirmen, einschlägigen Vorschriften bekannt zugeben und sie in den Verträgen mit diesen auf ihre Einhaltung und entsprechende Information ihrer Beschäftigten zu verpflichten. Dazu gehören insbesondere die Pflichten aus §§ 11 bis 13 dieser Vereinbarung.*	Es ist wichtig, dass auch Beschäftigte von Fremdfirmen – unabhängig von ihrem Status als Arbeitnehmer oder Freischaffende – auf die Einhaltung der sich aus §§ 11–13 ergebenden und der übrigen Verpflichtungen aus dieser Vereinbarung hingewiesen werden.
§ 21 Evaluation und Berichtslegung *(1) Auf der Basis der vom Steuerungsgremium abgestimmten Ziele und Qualitätsstandards erfolgen eine regelmäßige Überprüfung (Evaluation) des betrieblichen Suchtpräventionsprogramms. Die Ergebnisse werden dem Steuerkreis in einem Bericht vorgelegt.*	Qualitätsentwicklung im Sinne eines kontinuierlichen Verbesserungsprozesses sollte einen zentralen Stellenwert im betrieblichen Suchtpräventionsprogramm haben. Dies kann entweder durch externe Institutionen oder im Rahmen einer Selbstevaluation erfolgen. Rahmenbedingungen, Umfang,

Musterbetriebsvereinbarung (Muster-BV)	**Kommentar**
(2) Die Ergebnisse der Evaluation der kontinuierlichen Qualitätsverbesserung der betrieblichen Suchtprävention und Suchthilfe.	Indikatoren, zeitlicher Turnus, verantwortliche Personen etc. sollten vom Steuerungsgremium konkret festgelegt werden. Kommentar: Evaluation und Dokumentation sollten dem Umfang und den Aufgaben der Einrichtung zur betrieblichen Suchtprävention angemessen und wirtschaftlich plausibel sein.
§ 22 Beilegung von Streitigkeiten *(1) Wird zwischen Werksleitung und Betriebsrat über die Auslegung und Anwendung dieser Betriebsvereinbarung keine Einigung erzielt, entscheidet die Einigungsstelle nach § 76 Abs. 5 BetrVG. Diese besteht aus je zwei Beauftragten des Betriebsrats und des Arbeitgebers. Im Nichteinigungsfalle wird ein externer Vorsitzender/eine externe Vorsitzende hinzugezogen, der/die aus einem zuvor festgelegten Kreis von fünf Personen ausgelost wird.*	
§ 23 Geltungsdauer *(1) Die Betriebsvereinbarung tritt mit Wirkung vom ... in Kraft. Die Kündigungsfrist beträgt drei Monate zum Schluss eines Kalendervierteljahres. Sie kann frühestens nach Ablauf von zwei Jahren gekündigt werden und wirkt bis zum Abschluss einer neuen Betriebsvereinbarung nach.* *(2) Salvatorische Klausel* *Sollte eine Bestimmung dieser Betriebsvereinbarung oder eine zukünftige Bestimmung ganz oder teilweise unwirksam sein oder sollte sich in dieser Betriebsvereinbarung eine Lücke herausstellen oder sollte diese Betriebsvereinbarung oder eine Bestim-*	Eine BV kann auch auf Probe vereinbart werden, um Erfahrungen zu machen und um ggf. die Prozesse zu korrigieren. Empfehlenswert ist eine Erprobung von 2 Jahren. Dabei sollte der Steuerkreis und die Betriebsparteien vor der regulären Umsetzung der BV prüfen, ob die Standards noch aktuell sind und ob zusätzlich Nachbesserungen festgelegt werden müssen.

Musterbetriebsvereinbarung (Muster-BV)	**Kommentar**
mung ganz oder teilweise undurchführbar sein, so soll hierdurch die Gültigkeit der übrigen Bestimmungen dieser Betriebsvereinbarung nicht berührt werden. Anstelle der unwirksamen oder undurchführbaren Bestimmungen oder zur Ausfüllung der Lücke soll eine angemessene Regelung treten, die dem am nächsten kommt, was die Parteien gewollt haben.	

11 Interventionsleitfaden für Gespräche bei suchtbedingten Auffälligkeiten am Arbeitsplatz

Stufenplan bei Suchtmittelauffälligkeiten und suchtbedingtem Verhalten

1. Gespräch
Beteiligte: betroffene/r Beschäftigte/r, unmittelbare/r Vorgesetzte/r

Bei Vernachlässigung arbeitsvertraglicher Pflichten und/oder Störungen am Arbeitsplatz, die im Zusammenhang mit dem Gebrauch von Suchtmitteln oder suchtbedingtem Verhalten stehen, hat die/der unmittelbare Vorgesetzte mit der betroffenen Person ein Gespräch zu führen. Zur Vorbereitung kann der/die Vorgesetzte die fachliche Beratung der Person für die interne Suchthilfe in Anspruch nehmen.

Das Gespräch bleibt vertraulich, es hat keine personellen Konsequenzen. Die/der Vorgesetzte notiert Datum und Ergebnis des Gesprächs und gibt der betroffenen Person die Kopie.

Inhalte des Gesprächs:
- Benennen konkreter Fakten, Zeit, Ort, Vorfall
- Besorgnis ausdrücken, dass die/der Beschäftigte Probleme hat, die sich auf das Arbeits-/Leistungsverhalten auswirken und/oder Störungen am Arbeitsplatz verursachen
- Ansprechen des riskanten Suchtmittelkonsums oder des suchtbedingten Verhaltens und dass ein Zusammenhang zu den Problemen am Arbeitsplatz gesehen wird
- Aufzeigen der konkreten Erwartungen der/des Vorgesetzten an das zukünftige Arbeitsverhalten
- Hinweis auf den Stufenplan und das Vorgehen bei weiteren Auffälligkeiten (ein Exemplar des Stufenplans aushändigen)
- Empfehlung, sich innerbetrieblich von der/dem Suchtbeauftragten oder der Ansprechperson für Suchtfragen und/oder von einer externen Fachberatung informieren und beraten zu lassen. Adressen einschlägiger Fachberatung werden angeboten.
- konkrete Vereinbarung der weiteren Schritte
- Vereinbarung eines Rückmeldegespräches in sechs bis acht Wochen und Hinweis auf das Beobachten der weiteren Verhaltensentwicklung

→ **Bei Erfüllung der arbeitsvertraglichen Pflichten:**
- Keine weiteren arbeitsrechtlichen Folgen
- Durchführung des Rückmeldegesprächs nach 6 bis 8 Wochen

Bei erneuter Vernachlässigung der Pflichten und/oder Störungen am Arbeitsplatz

Bei Erfüllung der arbeitsvertraglichen Pflichten:

- Keine weiteren arbeitsrechtlichen Folgen
- Durchführung des Rückmeldegesprächs nach 6 bis 8 Wochen

2. Gespräch

Beteiligte: Betroffene/r Beschäftigte/r, unmittelbare/r Vorgesetzte/r, nächst höhere/r Vorgesetzte/r und/oder Personalabteilung;

Betriebsrat/Personalrat, bei Schwerbehinderten zusätzlich die Schwerbehindertenvertretung (vor Gesprächsbeginn ist die Zustimmung der oder des Betroffenen einzuholen)

Auf Wunsch der/des Betroffenen kann der/die Suchtbeauftragte bzw. die Ansprechperson für Suchtfragen teilnehmen.

Kommt es erneut zu einer Vernachlässigung der arbeitsvertraglichen Pflichten und/oder zu Störungen am Arbeitsplatz verbunden mit Auffälligkeiten durch Suchtmittelkonsum oder suchtbedingtem Verhalten so ist von den zuständigen Vorgesetzten das Gespräch Stufe 2 zu führen.

Es findet nach gemeinsamer Vorbereitung der Vorgesetzten und Funktionsträger statt. Dabei wird u. a. auch die Gesprächsführung festgelegt.

Datum und Ergebnis des Gesprächs werden schriftlich festgehalten und die Gesprächsnotiz der Personalabteilung zugeleitet.[2] Der betroffenen Person wird eine Kopie ausgehändigt und der Empfang wird von ihr schriftlich bestätigt.

Inhalte des Gesprächs:

- Benennen der neuen Fakten und Bezugnahme auf den Inhalt des vorangegangenen Gesprächs
- Zusammenhang zu Suchtmittelgebrauch oder suchtbedingtem Verhalten erneut aufzeigen
- Hinweis auf interne und externe Beratungs- und Hilfemöglichkeiten (Name, Telefon, Adresse bereithalten)
- Aufforderung, eine Fachstelle für Sucht und Suchtprävention aufzusuchen
- Ankündigung von Konsequenzen bei weiteren Auffälligkeiten; Hinweis auf die weiteren Schritte im Stufenplan
- Vereinbarung eines Rückmeldegesprächs in sechs bis acht Wochen und Beobachtung der weiteren Entwicklung des Verhaltens

Bei erneuter Vernachlässigung der Pflichten und/oder Störungen am Arbeitsplatz →

3. Gespräch
Beteiligte: wie beim zweiten Gespräch, obligatorisch Personalabteilung

Kommt es erneut zu Verletzungen der arbeitsvertraglichen und/oder zu Störungen am Arbeitsplatz verbunden mit Auffälligkeiten durch Suchtmittelkonsum oder suchtbedingtem Verhalten, findet ein Gespräch der Stufe 3 statt. Das Gespräch findet nach gemeinsamer Vorbereitung der Vorgesetzten und Funktionsträger statt. Insbesondere werden die Konsequenzen, die ergriffen werden sollen und die Auflagen, die gemacht werden sollen abgestimmt.

Inhalte des Gesprächs:
- Benennen neuer Fakten, Bezugnahme auf die vorherigen Gespräche
- Zusammenhang zum Suchtmittelgebrauch oder suchtbedingten Verhalten der betroffenen Person erneut aufzeigen
- Konsequenzen aufzeigen, die aufgrund des Fehlverhaltens bzw. der Schlechtleistung jetzt vollzogen werden
- Hinweis auf interne Informations- und Hilfeangebote durch die Ansprechperson für Suchtfragen; sofern noch nicht erfolgt, Kontaktaufnahme vereinbaren
- Aufforderung, eine Fachstelle für Suchtprävention und Suchtberatung aufzusuchen, da eine Suchtgefährdung bestehen kann (Adressen von Fachstellen bereithalten)
- Aufforderung, einen Nachweis zu erbringen, dass ein Beratungsgespräch stattgefunden hat[3]
- Ankündigung weiterer Konsequenzen bei erneuten Auffälligkeiten, Darstellung der nächsten Schritte im Stufenplan
- Vereinbarung eines Rückmeldegesprächs in spätestens acht Wochen und Beobachtung der weiteren Entwicklung des Verhaltens. Eine positive Entwicklung wird gefördert, indem kontinuierliche Rückmeldegespräche im vierteljährlichen Abstand für die Dauer eines Jahres erfolgen, falls keine erneuten Auffälligkeiten sichtbar werden.

↓

Bei Erfüllung der arbeitsvertraglichen Pflichten:
- Keine weiteren arbeitsrechtlichen Folgen
- Durchführung des Rückmeldegesprächs nach 6 bis 8 Wochen und weitere vierteljährliche Rückmeldegespräche für die Dauer eines Jahres

Konsequenzen: Wenn die betroffene Person darlegt, dass das Fehlverhalten bzw. die Schlechtleistung auf einer Suchtproblematik beruhen könnte, wird sie aufgefordert, sich unmittelbar in eine Suchtberatung bzw. Suchttherapie zu begeben. Hierfür wird Unterstützung zugesichert. Die Ansprechperson für Suchtfragen bzw. ein Personalverantwortlicher bekommt den Auftrag, mit Einverständnis der/des Beschäftigten den Kontakt zur Beratungsstelle bzw. zur Therapieeinrichtung zu halten. Nach Möglichkeit wird eine Fallabstimmung[4] und eine Fallbegleitung[5] eingerichtet. Spielt nach Aussage der betroffenen Person eine Suchterkrankung keine Rolle oder liegt eine Suchtproblematik nicht eindeutig vor, so ist die Voraussetzung für die Abmahnung aus verhaltensbedingten Gründen erfüllt. Aufgrund des Fehlverhaltens bzw. der Schlechtleistung wird eine schriftliche Abmahnung erteilt, sofern die arbeitsrechtlichen Voraussetzungen vorliegen. Das Gespräch wird schriftlich festgehalten und die Gesprächsnotiz der Personalabteilung zugeleitet. Der betroffenen Person wird eine Kopie ausgehändigt und der Empfang wird von ihr schriftlich bestätigt.	Personelle Konsequenzen können darüber hinaus besondere Auflagen sein: • individuelles Alkoholverbot als Zusatz zum Arbeitsvertrag, regelmäßige Gespräche mit der Ansprechperson für Suchtfragen in einem bestimmten Zeitraum • Prüfung, ob die/der Beschäftigte für bestimmte Tätigkeiten noch geeignet ist, z. B. im Kontakt mit Kunden Arbeitssicherheit • Prüfung der Voraussetzungen für eine Umsetzung und eine Änderungskündigung mit dem Ziel der Herabgruppierung

Bei erneuter Vernachlässigung der Pflichten und/oder Störungen am Arbeitsplatz

Bei Erfüllung der arbeitsvertraglichen Pflichten:

- Keine weiteren arbeitsrechtlichen Folgen
- Durchführung des Rückmeldegesprächs nach 6 bis 8 Wochen und weitere vierteljährliche Rückmeldegespräche für die Dauer eines Jahres

4. Gespräch

Beteiligte: wie im dritten Gespräch

Kommt es erneut zu Verletzungen der arbeitsvertraglichen Pflichten und/oder zu Störungen am Arbeitsplatz durch Suchtmittelkonsum oder suchtbedingtem Verhalten und nimmt der oder die betroffene Beschäftigte die angebotenen Hilfen nicht in Anspruch, findet ein Gespräch der Stufe 4 statt.

Das Gespräch findet nach gemeinsamer Vorbereitung der Vorgesetzten und Funktionsträger statt. Insbesondere werden die Konsequenzen abgestimmt, die ergriffen werden, und die Auflagen, die gemacht werden sollen.

Konsequenzen:
Liegt nach Auskunft der betroffenen Person eine Suchterkrankung nicht vor, wird aufgrund des Fehlverhaltens bzw. der Schlechtleistung eine zweite Abmahnung ausgesprochen, sofern die arbeitsrechtlichen Voraussetzungen vorliegen.

Der/die Beschäftigte wird darauf hingewiesen, dass ohne Therapie ggf. auch eine krankheitsbedingte Kündigung erfolgen kann.

Das Gespräch wird schriftlich festgehalten und die Gesprächsnotiz der Personalabteilung zugeleitet. Der betroffenen Person wird eine Kopie ausgehändigt und der Empfang wird von ihr schriftlich bestätigt.

Der/die Beschäftigte wird noch einmal darauf hingewiesen, dass

- der Arbeitgeber nicht länger bereit ist, das Fehlverhalten und/oder die Minderleistung hinzunehmen.
- die Prognose des Krankheitsverlaufs ohne Therapie ungünstig ist.

bei erneuten Auffälligkeiten ein letztes Stufengespräch stattfinden wird.

Inhalte des Gesprächs:

- Benennen neuer Fakten und Bezugnahme auf den Inhalt des dritten Stufengesprächs
- Zusammenhang zum Suchtmittelgebrauch oder suchtbedingtem Verhalten herstellen
- schriftliche Aufforderung, eine Fachstelle für Sucht und Suchtprävention aufzusuchen und sich unmittelbar in Beratung oder Therapie zu begeben, da eine Suchterkrankung nicht mehr ausgeschlossen werden kann[6]
- Angebot von interner Hilfe; der/die Suchtbeauftragte bzw. die Ansprechperson für Suchtfragen oder ein Personalverantwortlicher/eine Personalverantwortliche bekommt den Auftrag, mit Einverständnis der/des betroffenen Beschäftigten den Kontakt zur Beratungsstelle bzw. zur Therapieeinrichtung aufzubauen ggf. zu halten. Nach Möglichkeit werden eine interne Fallabstimmung und eine Fallbegleitung eingerichtet.
- Vereinbarung eines Rückmeldegesprächs in spätestens acht Wochen, Hinweis auf die Beobachtung der weiteren Entwicklung des Verhaltens durch die Vorgesetzte/den Vorgesetzten
- Mitteilung über weitere Rückmeldegespräche im vierteljährlichen Abstand für die Dauer eines Jahres, falls nicht erneute Auffälligkeiten zu einem letzten Stufengespräch führen

Bei erneuter Vernachlässigung der Pflichten und/oder Störungen am Arbeitsplatz →	**5. Gespräch** Beteiligte: wie im vorangegangenen Gespräch Kommt es erneut zu Verletzungen der arbeitsvertraglichen Pflichten und/oder zu Störungen am Arbeitsplatz durch Suchtmittelkonsum oder suchtbedingtem Verhalten und ändert die betroffene Person ihr auffälliges Verhalten nicht, werden außerdem die angebotenen Hilfen nicht in Anspruch genommen und ist keine Besserung zu erwarten, dann kommt es nach vorheriger Abstimmung der Beteiligten zum letzten Gespräch des Stufenplans.	**Inhalte des Gesprächs:** • Ist die betroffene Person nicht bereit, sich unverzüglich in Therapie zu begeben, leitet die Personalabteilung das Kündigungsverfahren ein. • Das Gespräch wird schriftlich festgehalten und die Gesprächsnotiz der Personalabteilung zugeleitet. Der betroffenen Person wird eine Kopie ausgehändigt und der Empfang wird von ihr schriftlich bestätigt.

1 Die Nichtannahme der Beratungs- und Hilfeangebote kann bei Tarifpersonal nur geahndet werden, wenn der Besuch einer Beratungsstelle oder anderer Hilfeeinrichtungen als Zusatz zum bestehenden Arbeitsvertrag vereinbart worden ist. Sanktioniert werden können ansonsten im weiteren Verlauf nur die erneuten oder fortgesetzten Verstöße gegen arbeitsvertragliche Pflichten.

2 Die Notiz darf nur dann Angaben zur Gesundheit der betroffenen Person enthalten, wenn diese schriftlich ihre Einwilligung dazu erklärt hat, und muss vor unbefugtem Zugriff gesichert aufbewahrt werden. Eine schriftliche Einwilligung ist auch erforderlich für die Übermittlung gesundheitsbezogener Angaben.

3 Der Nachweis kann nur im Einverständnis mit der/dem Beschäftigten eingefordert werden. Das Ausstellen eines schriftlichen Nachweises durch eine Beratungs- oder Therapieeinrichtung oder der Selbsthilfe setzt die hierfür erteilte Entbindung von der Schweigepflicht durch die betroffene Person voraus.

4 Gemeinsam mit der/dem betroffenen Beschäftigten stimmen sich die unmittelbar beteiligten Gesprächsteilnehmer mit den Fachleuten aus dem Beratungs- bzw. Therapiesystem ab. Sie vereinbaren, welchen Beitrag die einzelnen Beteiligten aus ihrer jeweiligen Rolle heraus zur Veränderung der Situation leisten.

5 Es wird eine klare Zuständigkeit festgelegt, um eine systematische Fallbegleitung während einer ambulanten und stationären Therapie bis zur Wiedereingliederung anzubieten.

6 Es ist noch einmal anzumerken, dass die Nichterfüllung der Aufforderung arbeitsrechtlich keine Sanktionen nach sich zieht, wenn sie aus den arbeitsrechtlichen Verpflichtungen nicht unmittelbar abgeleitet werden kan

Anhang

Checkliste für Interventionsgespräche

Rahmenbedingungen

- ☐ Abgeschlossener Besprechungsraum reservieren
- ☐ Ausreichend Zeit einplanen
- ☐ Informationen über Hilfeangebote bzw. Beratung einholen

1. Gespräch vorbereiten

- ☐ Konkrete Auffälligkeiten des Betroffenen bezüglich Arbeitsleistung, Arbeits- und Sozialverhalten sowie Anwesenheiten jeweils mit Ort, Datum und Uhrzeit präzise auflisten
- ☐ Dokumente (z. B. Zeiterfassung; Leistungsaufzeichnungen) zur Hand haben
- ☐ Prüfen, ob ein Zusammenhang zum Suchtmittelgebrauch/zu Suchtproblemen herzustellen ist
- ☐ Roten Faden für den Gesprächsverlauf skizzieren
- ☐ Erwartungen an verändertes Verhalten konkret formulieren
- ☐ Folgetermin einplanen und Zeitraum/Datum auswählen
- ☐ Telefonnummer der internen Beratung und/oder von Beratungsstellen bereithalten

2. Einstimmung auf das bevorstehende Gespräch

- ☐ Persönliche Ziele für das Gespräch vergegenwärtigen
- ☐ Störquellen (Telefon, Handy) ausschalten bzw. umleiten
- ☐ Angenehme, aber sachliche Gesprächssituation herstellen
- ☐ Sitzordnung weder zu distanziert noch zu vertraulich gestalten

3. Begrüßung

- ☐ Gespräch freundlich, aber kurz einleiten
- ☐ Vertraulichkeit zusichern
- ☐ Information, was notiert wird und wie mit den Notizen weiter verfahren wird
- ☐ Zeitrahmen für das Gespräch abstecken (max. 60 Min.)
- ☐ Mitteilung, wer ggf. von dem Gespräch Kenntnis erhält

4. Einstieg in das Gespräch
- ☐ Hinweis auf den Anlass und die Art des Gesprächs (Fürsorge-, Klärungs- oder Stufengespräch)
- ☐ Beim ersten Stufengespräch: Betriebsvereinbarung mit Stufenplan aushändigen
- ☐ Ziel des Gesprächs (s. Interventionsleitfaden, s. Kapitel 5.4.2)

5. Erörterung des Problems
- ☐ Auffälligkeiten sachlich und konkret ansprechen (nur betriebliche Aspekte einbringen)
- ☐ In den Stufengesprächen: Zusammenhang zum Suchtmittelgebrauch ggf. zum vermuteten Suchtproblem herstellen
- ☐ Sorge um die Person und die weitere Entwicklung der Situation zum Ausdruck bringen
- ☐ Der betroffenen Person Gelegenheit geben, dazu Stellung zu nehmen
- ☐ Nachfragen, aber Diskussion vermeiden, roten Faden im Auge behalten

6. Hilfeangebote machen
- ☐ Unterstützung für eine Veränderung der Situation anbieten, ggf. unter Hinzuziehung weiterer Stellen
- ☐ Konkrete Hilfeangebote unterbreiten, z. B. Hinweis auf Beratungsangebote
- ☐ Hinweis darauf, dass es sich um Angebote handelt. Die betroffene Person behält die Verantwortung für deren Annahme und die Veränderung.

7. Erwartungen an das zukünftige Verhalten und Vereinbarungen
- ☐ Erwartungen an das zukünftige Arbeits-, Leistungs- und Sozialverhalten konkret benennen
- ☐ Konkrete Zielvereinbarungen treffen und weitere Schritte abstimmen
- ☐ Ggf. weitere Konsequenzen klar aufzeigen, wenn keine Verhaltensänderung erfolgt
- ☐ Rückmeldegespräch verbindlich absprechen

8. Beendigung des Gesprächs und Nachbereitung
- ☐ Bei Stufengesprächen: Protokollnotiz aushändigen, ggf. abzeichnen lassen
- ☐ Gesprächssituation auswerten und überlegen, ob andere Stellen einbezogen werden sollten

Ansprechpartner, Adressen und Links

Bundesweite Organisationen

Arbeiterwohlfahrt Bundesverband e. V. (AWO)
www.awo.org

Deutsche Hauptstelle für Suchtfragen e. V. (DHS)
www.dhs.de

Bundesverband der Elternkreise suchtgefährdeter und suchtkranker Söhne und Töchter e. V. Eltern-Selbsthilfe (BVEK e. V.)
www.bvek.org

Bundesfachverband Essstörungen e. V.
www.bundesfachverbandessstoerungen.de
Bundesfachverband für stationäre Suchtkrankenhilfe e. V. »buss«
www.suchthilfe.de

Bundeszentrale für gesundheitliche Aufklärung (BzgA)
www.bzga.de

Caritas Suchthilfe e. V. CaSu – Bundesverband für Suchthilfeeinrichtungen im DCV
www.vabs.caritas.de

Deutsches Rotes Kreuz – DRK
www.drk.de

Fachverband Drogen und Rauschmittel e. V. (FDR)
www.fdr-online.info

Fachverband Glücksspielsucht e. V. (fags)
www.gluecksspielsucht.de Fachverband Sucht e. V.
www.sucht.de

Gesamtverband für Suchtkrankenhilfe im Diakonischen Werk der Evangelischen e. V.
www.sucht.org

Der paritätische Gesamtverband
www.der-paritaetische.de

Landesstellen

Landesstelle für Suchtfragen der Liga der freien Wohlfahrtspflege in Baden-Württemberg e. V.
www.suchtfragen.de

Koordinierungsstelle der bayrischen Suchthilfe
www.kbs-bayern.de

Landesstelle Berlin für Suchtfragen e. V.
www.landesstelle-berlin.de

Hessische Landesstelle für Suchtfragen e. V.
www.hls-online.org

Brandenburgische Landesstelle für Suchtfragen e. V.
www.blsev.de

Landesstelle für Suchtfragen Mecklenburg-Vorpommern e. V.
www.lsmv.de

Bremische Landesstelle gegen die Suchtgefahren e. V.
www.sucht.org/landesstelle-bremen.de

Niedersächsische Landesstelle für Suchtfragen
www.nls-online.de

Hamburgische Landesstelle für Suchtfragen e. V. und Büro für Suchtprävention
www.sucht-hamburg.de

Arbeitsausschuss Drogen und Sucht der Arbeitsgemeinschaft der Spitzenverbände der Freien Wohlfahrtspflege des Landes Nordrhein-Westfalen
www.inforum-sucht.de

Landesstelle für Suchtfragen Rheinland-Pfalz
www.liga-rlp.de/sucht.html

Landesstelle für Suchtfragen Schlewsig-Holstein e. V.
www.lssh.de

Thüringer Landesstelle für Suchtfragen e. V.
www.tls-suchtfragen.de

Sächsische Landesstelle gegen die Suchtgefahren e. V.
www.slsev.de

Landesstelle für Suchtfragen im Land Sachsen-Anhalt (LS-LSA)
www.ls-suchtgefahren-lsa.de

Saarländische Landesstelle für Suchtfragen
www.landesstelle-sucht-saarland.de

Selbsthilfeorganisationen

Al-Anon Familiengruppen, Selbsthilfegruppen für Angehörige und Freunde von Alkoholikern
www.al-anon.de
Anonyme Alkoholiker (AA)
www.anonyme-alkoholiker.de Blaues Kreuz in Deutschland e.V.
www.blaues-kreuz.de
Blaues Kreuz in der evangelischen Kirche Bundesverband e.V.
www.blaues-kreuz.org
Bundesverband Freundeskreis für Suchtkrankenhilfe
www.freundeskreise-sucht.de Guttempler in Deutschland
www.guttempler.de Kreuzbund e.V.
http://www.kreuzbund.de
Narcotics Anonymous www.narcotics-anonymous.de www.onlinesucht.de
www.magersucht.de
www.bulmie-online.de

Weitere Adressen

NAKOS – Nationale Kontakt- und Informationsstelle zur Anregung und Unterstützung von Selbsthilfegruppen
www.nakos.de/site/adressen/gruen/
Bundesverband der Frauengesundheitszentren e.V.
www.frauengesundheitszentren.de
Informationszentrum für Männerfragen
www.maennerfragen.de

Literaturverzeichnis

Kapitel 1

Deutsche Hauptstelle für Suchtfragen e. V. (DHS) (Hrsg.) (2011): Qualitätsstandards in der betrieblichen Suchtprävention und Suchthilfe. Informationen zur Suchtkrankenhilfe. URL: www.dhs.de/fileadminluser/upload/pdf/Arbeitsfeld_Arbeitsplatz/Qualitätsstandards_DHS_2011.pdf [Stand 2011–09–21]

Gesundheitsberichterstattung des Bundes (2005): Schwerpunktbericht »Gesundheit von Frauen und Männern im mittleren Lebensalter«. Autorinnen: J. Lademann, P. Kolip. Berlin

Handwerker-Fonds. URL: http://www.handwerker-fonds.de/index-flensburg.html

IG Metall (Hrsg.) (2002): Gesünder arbeiten. Fehlzeitenmanagement und Möglichkeiten der Gegenwehr. Arbeitshilfe 10. Frankfurt/Main

Schumann, G. (2005): Handbuch zu Qualitätsstandards in der betrieblichen Suchtprävention. Oldenburg

Wienemann, E. (2000): Vom Alkoholverbot zum Gesundheitsmanagement. Die Entwicklung der betrieblichen Suchtprävention von 1800 bis 2000. Stuttgart

Wienemann, E., Müller, P. (2005): Expertise »Standards der Alkohol-, Tabak-, Drogen- und Medikamentenprävention in deutschen Unternehmen und Verwaltungen«. Hrsg.: Deutsche Hauptstelle für Suchtfragen e.V. URL: www.dhs.de/fileadmin/user/upload/pdf/Arbeitsfeld_Arbeitsplatz/Expertise_Standard_betriebliche Suchtprävention_2005.pdf [Stand 2011–09–21]

Kapitel 2[1]

Alex – Das Alkohollexikon. URL: http://www.alkohol-lexikon.de [Stand 2007–08–15] (1)

Alkohol schädigt Frauen stärker. URL: http://onleben.t-online.de/c/10/98/89/90/10988990.html [Stand 2007–08–15] (1)

1 Alkohol (1), Medikamente (2), Illegale Drogen (3), Schnüffelstoffe, Halluzinogene, Anabolika (4), Essstörungen (5), Spielsucht (6), Arbeitssucht (7), Internetsucht (8), Kaufsucht (9), Nikotin/Tabak (10).

Arbeit und Gesundheit (1999): Informationen und Lehrmaterial für die berufliche Bildung. 19/99 (1)

Arzneiverordnung in der Praxis (2001): Tabakabhängigkeit. Therapieempfehlungen der Arzneimittelkommission der Deutschen Ärzteschaft. 1. Aufl. (10)

Augustin, R., Semmler, C., Rösner, S., Kraus, L. (2005): Gebrauch und Missbrauch von Medikamenten. Ergebnisse des Epidemiologischen Suchtsurvey 2003. In: Sucht – Zeitschrift für Wissenschaft und Praxis. Jg. 51, Sonderheft 1/März 2005 (1)

Bühringer, G., Türk, D. (2000): Geldspielautomaten – Freizeitvergnügen oder Krankheitsverursacher? Göttingen (6)

Bundesverband der Unfallkassen (2004): Suchtprobleme im Betrieb. Alkohol, Medikamente, illegale Drogen. Frankfurt/Main (1)

Bundeszentrale für gesundheitliche Aufklärung (BZgA) (2004): Rauchfrei am Arbeitsplatz. Köln (10)

Bundeszentrale für gesundheitliche Aufklärung (BZgA) (2007): Förderung des Nichtrauchens bei Jugendlichen 2007. Eine Repräsentativbefragung der Bundeszentrale für gesundheitliche Aufklärung, Kurzbericht. Köln (10)

Bundeszentrale für gesundheitliche Aufklärung (BZgA; Hrsg.) (2011): Der Alkoholkonsum Jugendlicher und junger Erwachsener in Deutschland 2010. Zentrale Ergebnisse der BZgA-Sudie. Infoblatt.

Büro für Suchtprävention der Hamburgischen Landesstelle gegen die Suchtgefahren e. V. (2004): Glück Spiel Sucht. Hamburg (6)

Das Gesundheitsportal (2007): Kinder unter Psycho-Drogen: Ritalin. URL: http://www.das-gesundheitsportal.com/sites/ritalin.html [Stand 2007–07–18] (2)

Deutsche Hauptstelle für Suchtfragen e. V. (2004): Cannabis – DHS Info. Bramsche (3)

Deutsche Hauptstelle für Suchtfragen e. V. (2004): Tabak. Basisinformationen, DHS Info. Pößneck (10)

Deutsche Hauptstelle für Suchtfragen e. V. (2005): Jahrbuch Sucht 2005. Geesthacht (5) (8)

Deutsche Hauptstelle für Suchtfragen e. V. (2006): Immer mit der Ruhe ... Nutzen und Risiken von Schlaf- und Beruhigungsmitteln. Ahaus (2)

Deutsche Hauptstelle für Suchtfragen e. V. (2006): Jahrbuch Sucht 2006. Geesthacht (2) (6)

Deutsche Hauptstelle für Suchtfragen e. V. (2006): Substanzbezogene Störungen am Arbeitsplatz. Aufl. 2.30.11.06 Münster (1) (2) (3)

Deutsche Hauptstelle für Suchtfragen e. V. (2007): Jahrbuch Sucht 2007. Geesthacht (10)

Deutsche Hauptstelle für Suchtfragen e. V. (o. J.): Die Sucht und ihre Stoffe, Nr. 2 Nikotin (10)
Deutsche Hauptstelle für Suchtfragen e. V. (o. J.): Die Sucht und ihre Stoffe. Nr. 5 Alkohol (1)
Deutsche Hauptstelle für Suchtfragen e. V. (o. J.): Die Sucht und ihre Stoffe. Nr. 1 Benzodiazepine, Nr. 7 Schmerzmittel, Nr. 8 Amphetamine (2)
Deutsche Hauptstelle für Suchtfragen e. V. (o. J.): Die Sucht und ihre Stoffe. Nr. 3 Kokain; Nr. 4 Heroin; Nr. 6 Cannabis; Nr. 8 Amphetamine (3)
Deutsche Hauptstelle für Suchtfragen e. V. (o. J.): Nicht mehr alles schlucken ...! Ahaus (2)
Deutsche Hauptstelle für Suchtfragen e. V. (2010): Jahrbuch Sucht 2010. Geesthacht (3) (10)
Deutsche Hauptstelle für Suchtfragen e. V. (2011): Jahrbuch Sucht 2011. Geesthacht (1) (2) (8)
Deutsche Hauptstelle für Suchtfragen e. V. (2011): Hirndoping. Die Position der Deutschen Hauptstelle für Suchtfragen e. V. (DHS). URL: http://www.dhs.de/fileadmin/user_upload/pdf/news/2011-06-20_Positionspapier_Hirndoping.pdf
Deutsche Hauptstelle für Suchtfragen e. V., Deutsche Gesellschaft für Suchtforschung und Suchttherapie e. V.: Sucht – Zeitschrift für Wissenschaft und Praxis. Sonderheft. Gastherausgeber: Kraus, L., Augustin, R. (2003): Repräsentativerhebung zum Gebrauch und Missbrauch psychoaktiver Substanzen bei Erwachsenen in Deutschland. Epidemiologischer Suchtsurvey 2003 (2) (3)
Deutsche Krebsgesellschaft e. V. (2006): Rauchen – Zahlen, Daten, Fakten. URL: http://www.krebsgesellschaft.de/ (10)
Deutscher Caritasverband: Arenz-Greiving, I. (1999): Wenn Essen zum Problem wird – Wege aus Essstörungen. Freiburg (5)
DKFZ (2005): Tabakentwöhnung. Newsletter des WHO Kollaborationszentrums für Tabakkontrolle am Deutschen Krebsforschungszentrums Heidelberg, Nr. 7, 9/2005 (10)
Drogen im Blickpunkt. Ausgabe Nr. 15 (2007). Halluzinogene Pilze: Die Herausforderung, im elektronischen Zeitalter auf die Existenz natürlich vorkommender Substanzen zu reagieren. (4)
Düffort, R. (1986): Ratgeber für Spieler und ihre Angehörigen. Broschüre des Deutschen Caritasverbandes e. V. Freiburg im Breisgau (6)
EBDD (2006): Halluzinogene Pilze. Fallstudie über eine sich abzeichnende Tendenz. URL: http://www.emcdda.europa.eu/?nnodeid=7079 (4)

Gefahrstoffe Neuhaus. URL: http://www.gefahrstoffe-neuhaus.de/Arzneimittel-liste.pdf [Stand 2007–08–15] (4)
Gerlinghoff, M., Backmund, H. (2005): Ess-Störungen. Ein Ratgeber für Angehörige (5)
GESTIS-Stoffdatenbank. Gefahrstoffinformationssystem der gewerblichen Berufsgenossenschaften. URL: http://www.hvbg.de/bia/stoffdatenbank/ [Stand 2007–08–15] (4)
Hahn, A., Jerusalem, M. (2001): Internetsucht – Jugendliche gefangen im Netz. In: Raithel (Hrsg.): Risikoverhaltensweisen Jugendlicher. Opladen (8)
Heide, H. (Hrsg.) (2002): Massenphänomen Arbeitssucht – historische Hintergründe und aktuelle Entwicklung einer neuen Volkskrankheit. Bremen (7)
Heilmann, J. (Hrsg.) (2005): Gefahrstoffrecht. Basiskommentar. Frankfurt/Main (4)
Heissmann, N., Kluin, K., Leyendecker, K. (2006): Bulimie und Magersucht. Stern, Nr. 11 (5)
Humboldt-Universität Berlin: SSI-Projekt. Studienserie zu Stress und Sucht im Internet. URL: http://www.psilab.educat.hu-berlin.de/ssi/ [Stand 2011–09–15] (8)
IG Metall (Hrsg.) (1991): Rußland, R.: Das Suchtbuch für die Arbeitswelt. Alkohol, Medikamente, Drogen, Nikotin, Essstörungen, Spiel- und Arbeitssucht. Ursachen Folgen, Maßnahmen. Schriftenreihe 126. Frankfurt/Main (1) (10)
IG Metall (Hrsg.) (2004): Nichtraucherschutz im Betrieb. Informationen für die Praxis. Reihe: Gesünder arbeiten. Frankfurt/Main. URL: www.igmetall.de/cps/rde/xbcr/internet/nichtraucherschutz_0027004.pdf (10)
IG Metall (Hrsg.): Nette, A. (1995): Medikamentenprobleme in der Arbeitswelt. Schriftenreihe 139. Frankfurt/Main (2)
IG Metall Vorstand (Hrsg.) (2006): Die Gefahrstoffverordnung in der betrieblichen Praxis. Frankfurt. URL: http://www.igmetall.de/gesundheit/material; Produktnummer:8306-3609 (4)
Institut Suchtprävention (2007): Substanzen. URL: http://www.praevention.at/seiten/index.php/nav.5/view23/level.2/ [Stand 2011–09–21] (4)
Kraus, L., Augustin, R. (2003): Repräsentativerhebung zum Gebrauch und Missbrauch psychoaktiver Substanzen bei Erwachsenen in Deutschland. Epidemiologischer Suchtsurvey 2003. In: Sucht – Zeitschrift für Wissenschaft und Praxis, Sonderheft (10)
Kraus, L., Pabst, A. Pointek, D., Müller, S. (2010): Kurzbericht Epidemiologischer Suchtsurvey 2009. Prävalenz von Alkolohl, episodischem Rauschtrinken und

problematischem Alkoholkonsum nach Geschlecht und Alter im Jahr 2009. Online: www.ift.de/index.php?id=408 (1)

Landesunfallkasse Nordrhein-Westfalen (2004): Nichtraucherschutz im Betrieb. Neue Rechtslage und konstruktive betriebliche Gestaltungsmöglichkeiten, aktualisiert April 2006. URL: http://www.luk-nrw.de/praev/thema/thema_04_02.asp [Stand 2007–08–15] (10)

Landesverband für Gesundheit in Bayern e.V. (Hrsg.) (2005): Alkohol im Unternehmen – vorbeugen, erkennen, helfen. München (1)

Landratsamt Ortenaukreis (Hrsg.) (2003): Gesundheitsbericht Sucht. Zur Situation im Ortenaukreis (4)

Maximale Arbeitsplatz-Konzentrationen (MAK)- und Biologische Arbeitsstoff-Toleranzwerteliste (1998): Senatskommission zur Prüfung gesundheitsschädlicher Arbeitsstoffe bei der Deutschen Forschungsgemeinschaft, Mitteilung 34/1998 (10)

Meyer, G., Hayer, T. (2010): Problematisches und pathologisches Spielverhalten bei Glücksspielen. Bundesgesundheitsblatt 2010. Springer (6)

Niedersächsisches Ministerium für Soziales, Frauen, Familie und Gesundheit (Hrsg.) (2008): Geschlechtergerechte Ansätze in Suchtarbeit und -prävention. Berichte zur Suchtkrankenhilfe 18. Niedersächsische Suchtkonferenz. Online: www.gesundheit-nds.de/downloads/suchtbroschuere2008web.pdf#page =37

Orthaus, J., Knaak, A., Sanders, S. (1993): Schöner schuften. Wege aus der Arbeitssucht. Köln (7)

Pabst, A., Pointek, D., Kraus, L., Müller, S. (2010): Themenschwerpunkt Substanzkonsum und subsanzbezogene Störungen. Ergebnisse des Epidemiologischen Suchtsurveys 2009

Peschke, M (o.J.).: Medikamente unter den Aspekten der Arbeitssicherheit. Arbeitsmedizinischer Dienst der Freien und Hansestadt Hamburg (2)

Poppelreuter, S. (1997): Arbeitssucht. Weinheim (7)

Poppelreuter, S. (2008): DHS-Fachkonferenz, Vortrag zum Thema Arbeitssucht – Formen, Folgen, Vermeidung, Bielefeld (7)

Poppers. URL: http://www.suchtzentrum.de/drugscouts/dsv3/stoff/pop.html [Stand 2008–08–15] (4)

Psychiatrische Universitätsklinik München. In: Fortschritte der Medizin. 118. Jg. 2000 (8)

Rademacher, Tom: Apfelpause statt Rauchverbot. In: Berliner Zeitung vom 02.04.2007 (10)

Reisch, L.-A., Neuner, M., Raab, G. (2004): Zur Entstehung und Verbreitung der »Kaufsucht« in Deutschland. Aus: Politik und Zeitgeschichte (B 1–2/2004) (9)

Robert Koch-Institut (2002): Kosten alkoholassoziierter Krankheiten. Berlin (1)

Robert Koch-Institut (2006): Doping beim Freizeit- und Breitensport. Gesundheit in Deutschland. Gesundheitsberichterstattung des Bundes. Themenheft 34. Berlin (4)

Robert Koch-Institut (2006): Gesundheit in Deutschland 2006. Gesundheitsberichterstattung des Bundes. http://www.gbe-bund.de/gbe10/abrechnung.prc_abr_test_logon?p_uid=gast&p_sof⇠06716256&p_knoten=FID&p_sprache=D&p_suchstring=10106 (10)

Robert Koch-Institut (2010): Daten und Fakten: Ergebnisse der Studie »Gesundheit in Deutschland aktuell 2009« Berlin (1)

Rummel, M., Rainer, L., Fuchs, R. (2004): Alkohol im Unternehmen. Prävention und Intervention. Aus der Reihe: Praxis der Personalpsychologie. Göttingen (1)

Ruprecht-Karls-Universität Heidelberg (2005): Richtlinien zum Mutterschutz. Betriebsärztlicher Dienst. Heidelberg (4)

Scherhorn, G., Reich, L. A., Raabe, G. (2001): Kaufsucht. Bericht über eine empirische Studie. Universität Hohenheim. Stuttgart (9)

Schnüffelstoffe. URL: http://www.medizinfo.de/sucht/steckbriefe/schnueffel stoffe.shtml [Stand: 2008–08–15] (4)

Schwochow, R. (1997): Workaholics. Wenn Arbeit zur Sucht wird. Berlin (7)

SevenOne Interactive GmbH: facts-Studie vom 23.08.05 (8)

Sicherheitsbeauftragter. Unabhängige Fachzeitschrift zu Sicherheit und Gesundheit bei der Arbeit. Heft 7/2002 (3)

Spielverordnung (SpielV). URL: http://www.gesetze-im-internet.de/spielv/index.html (6)

Stoppe, G., Bramsfeld, A., Schwarz, F.-W. (Hrsg.) (2006): Volkskrankheit Depression? Bestandsaufnahme und Perspektiven. Heidelberg (2)

Tabakrauchen. URL: http://de.wikipedia.org/wiki/Rauchen [Stand 2007–08–15] (10)

Thomasius, R. (Hrsg.) (2000): Ecstasy. Eine Studie zu gesundheitlichen und psychosozialen Folgen des Missbrauchs. Stuttgart (3)

Thomsen, P. (2005): Lösungsmittelmissbrauch – eine vergessene Sucht? Eine Repräsentativbefragung in Beratungsstellen von 1990 und aktuelle Implikationen. Dissertation. Hamburg (4)

WHO-Leitfaden (2002): Rauchfrei am Arbeitsplatz. Ein Leitfaden für Betriebe. 3. Aufl. Bonn. URL: http://www.who-nichtrauchertag.de/assets/applets/WHO-Leitfaden.pdf [Stand 2007–08–15] (10)

Wissenschaftliches Kuratorium der Deutschen Hauptstelle für Suchtfragen (2004): Tabakabhängigkeit. Suchtmedizinische Reihe, Band 2, 2. Aufl. Münster (10)

Wissenschaftliches Kuratorium der Deutschen Hauptstelle für Suchtfragen (2003): Alkoholabhängigkeit. Suchtmedizinische Reihe, Band 1. Münster (1)

Wissenschaftliches Kuratorium der Deutschen Hauptstelle für Suchtfragen (2004): Essstörungen. Suchtmedizinische Reihe, Band 3. Münster (3) (5)

Wölfing K., Müller, K.W. (2010): Pathologisches Glücksspiel und Computerabhängigkeit. Wissenschaftlicher Kenntnisstand zu zwei Varianten substanzgebundener Abhängigkeitserkrankungen. Bundesgesundheitsblatt 2010 (6) (8)

www.n-tv.de (2007): Wenn der Kaufrausch kommt. URL: http://www.gwi.de/page.asp?his=0.3764 [Stand 2007–07–15] (9)

Kapitel 3

Alkoholismus-Hilfe. URL: http://www.alkoholismus-hilfe.de/alkohol-entzug.html [Stand 2007–08–16]

Bayerisches Ministerium für Arbeit und Sozialordnung, Familie, Frauen und Gesundheit (Hrsg.) (o. J.): Alkohol im Betrieb geht jeden an. Leitfaden für Führungskräfte. München

BKK Bundesverband und Familien-Selbsthilfe-Psychiatrie (Hrsg.) (2006): Psychisch krank im Job. Was tun? Bad Honnef

Bundeszentrale zur gesundheitlichen Aufklärung / Deutsche Hauptstelle für Suchtfragen e. V. (o. J.): Alles klar? Tipps & Informationen für den verantwortungsvollen Umgang mit Alkohol

DAK Versorgungsmanagement (2005): Gesundheitsreport 2005. Nr. 5. Hamburg. Der Rückfall gehört dazu! URL: http: //www.rauchend.de [Stand 2011-09-21]

Deutsche Gesellschaft für Zwangserkrankungen e. V. (DGZ): URL: http://www.zwaenge.de/ [Stand 2007–08–16]

Deutsche Hauptstelle für Suchtfragen e. V. (Hrsg.) (2003): Alkoholabhängigkeit. Suchtmedizinische Reihe. Bd. 1

Deutsche Hauptstelle für Suchtfragen e. V. (Hrsg.) (2006): Jahrbuch Sucht 2006

Kompetenznetz Depression. URL: http://www.kompetenznetz-depression.de/ [Stand 2007–08–16]

Kompetenznetz Schizophrenie. URL: http://www.kompetenznetz-schizophrenie.de/rdkns/index.htm [2007–08–16]
Körkel, J., Kruse, G. (2005): Rückfall bei Alkoholabhängigkeit. Bonn
Kruse, G., Körkel, J., Schmalz, U. (2001): Alkoholabhängigkeit erkennen und behandeln. Mit literarischen Beispielen (Lehrbuch). 2. Aufl. Bonn
Loeber, S., Mann, K. (2006): Entwicklung einer evidenzbasierten Psychotherapie bei Alkoholismus. Der Nervenarzt. Bd. 77
Onlinedienst www.drug-infopool.de [Stand 2007-08-16]
Psychische Störung. In: Wikipedia, URL: http://de.wikipedia.org/wiki/Psychische_St%C3 %B6rungen [Stand 2007–08–16]
Robert Koch-Institut (2006): Gesundheitsbericht des Bundes. Berlin
Schneider, R. (2001): Die Suchtfibel. 13. Aufl. Hohengehren
Schwoon, D. R. (2004): Umgang mit alkoholabhängigen Patienten. Bonn
Stoope, G., Bramsfeld, A., Schwarz, F.-W. (2006): Volkskrankheit Depression? Bestandsaufnahmen und Perspektiven. Berlin/Heidelberg
Treeck, B. van (2003): Drogen- und Suchtlexikon. Berlin
Wetterling, T., Veltrup, C. (1997): Diagnose und Therapie von Alkoholproblemen. Berlin/Heidelberg
Wienemann, E. (2000): Vom Alkoholverbot zum Gesundheitsmanagement. Die Entwicklung der betrieblichen Suchtprävention von 1800 bis 2000. Stuttgart
Wiesemann, C. (2000): Die heimliche Krankheit. Eine Geschichte des Suchtbegriffs. Stuttgart/Bad Cannstatt

Kapitel 4

Badura, B., Hehlmann, T. (2003): Betriebliche Gesundheitspolitik. Der Weg zur gesunden Organisation. Berlin/Heidelberg
Bundesministerium für Arbeit und Soziales (Hrsg.) (2005): Sicherheit und Gesundheit bei der Arbeit
Bundeszentrale für gesundheitliche Aufklärung (Hrsg.) (2003): Leitbegriffe der Gesundheitsförderung. 4. erweiterte und überarbeitete Auflage
Fuchs, T. (2006): Was ist gute Arbeit? Anforderungen aus der Sicht der Erwerbstätigen. In: Bundesarbeitsblatt Nr. 05/Mai 2006
Greiner, B., Rummel, M., Fuchs, R. (1998): Arbeitsbedingungen und Suchtmittelkonsum. Theoretische Bezüge und empirische Erkenntnisse am Beispiel Alkohol. In: R. Fuchs, L. Rainer, M. Rummel (Hrsg.): Betriebliche Suchtprävention. Göttingen
Hangebrauck, U.-M., Kock, K., Kutzner, E., Muesmann, G. (Hrsg.) (2004): Handbuch Betriebsklima. München

IG Metall Vorstand (Hrsg.) (2002): Gute Arbeit unter Druck!? Psychische Belastungen in der Arbeitswelt. Stand, Entwicklungen, Handlungsmöglichkeiten. Frankfurt/Main

IG Metall Vorstand (Hrsg.) (2003): Gesundheit schützen und fördern. Handlungshilfe zur betrieblichen Gesundheitsförderung. 3. überarb. Aufl. Frankfurt/Main

Janssen, C., Ommen, O., Pfaff, H. (2006): Psychosoziale Umwelten. In: Kerr, J., Weitkunat, R., Moretti, M. (Hrsg.): ABC der Verhaltensänderung. Der Leitfaden für erfolgreiche Prävention und Gesundheitsförderung

Lenhardt, U. (2001): Neue Arbeitsintensität, mehr Zeit- und Leistungsdruck. Forschungsergebnisse zum Belastungswandel. In: Pickshaus, K., Schmitthenner, H., Urban, H. J. (Hrsg.): Arbeiten ohne Ende. Neue Arbeitsverhältnisse und gewerkschaftliche Arbeitspolitik. Hamburg

Lenhardt, U., Rosenbrock, R. (2004): Die Bedeutung der Arbeitswelt als Handlungsfeld von Prävention und Gesundheitsförderung. In: Hurrelmann, K., Klotz, T., Haisch, J. (Hrsg.): Lehrbuch Prävention und Gesundheitsförderung

Meggeneder, O., Pelster, K., Sochert, R. (Hrsg.) (2005): Betriebliche Gesundheitsförderung in kleinen und mittleren Betrieben. Bern

Robert Koch-Institut (2006): Gesundheitsberichterstattung des Bundes, Berlin

Kapitel 5

Deutsche Hauptstelle für Suchtfragen e.V. (DHS) (Hrsg.) (2011): Qualitätsstandards in der betrieblichen Suchtprävention und Suchthilfe. Informationen zur Suchthilfe. URL: http://www.dhs.de/fileadmin/user/upload/pdf/Arbeitsfeld_Arbeitsplatz/Qualitätsstandards_DHS_2011.pdf [Stand 2011-09-21]

IG Metall / ver.di (Hrsg.) (2004): Prävention und Eingliederungsmanagement. Arbeitshilfe für Schwerbehindertenvertretungen, Betriebs- und Personalräte. Frankfurt/Main

Suchtprävention und Suchthilfe in der Niedersächsischen Landesverwaltung. Rahmenempfehlung 2006. Niedersächsisches Ministerium für Soziales, Frauen, Familie und Gesundheit. Hannover

Wattendorff, F., Wienemann, E. (2004): Betriebliches Gesundheitsmanagement. In: Gesundheit mit System. Unimagazin, Zeitschrift der Universität Hannover, Heft 4/5

Wienemann, E., (2011): Der betriebliche Auftrag heißt Prävention. Zur Aktualität betrieblicher Suchtpräventionsprogramme. In: Konturen – Fachzeitschrift zu Sucht und sozialen Fragen. 32. Jg. 2/2011, S. 8–13

Kapitel 6

Bayrisches Ministerium für Arbeit und Sozialordnung, Familie, Frauen und Gesundheit (Hrsg.) (o. J.): Alkohol im Betrieb geht jeden an. Leitfaden für Führungskräfte. München

Brandl, G., Ziegler, H. (2004): Suchtprävention als Führungsaufgabe. Lösungsorientierte Strategien für den Betrieb. Wiesbaden

Bundeszentrale für gesundheitliche Aufklärung – BZgA (Hrsg.) (2001): Kurzintervention bei Patienten mit Alkoholproblemen. Ein Beratungsleitfaden für die ärztliche Praxis. Köln

Deutsche Hauptstelle für Suchtfragen e.V. (DHS) (Hrsg.) (2011): Qualitätsstandards in der betrieblichen Suchtprävention und Suchthilfe. URL: www.dhs.de/fileadmin/user/upload/pdf/Arbeitsfeld_Arbeitsplatz/Qualitätsstandards_DHS_2011.pdf [Stand 2011–09–21]

Faber, U. (2005): Rechtsgutachten. Betriebliche Suchtprävention und Suchthilfe als Teil des Arbeitsschutzes. In: E. Wienemann, P. Müller: Expertise »Standards der Alkohol-, Tabak-, Drogen- und Medikamentenprävention in deutschen Unternehmen und Verwaltungen«. Hrsg.: Deutsche Hauptstelle für Suchtfragen e.V. URL: www.dhs.de/fileadmin/user/upload/pdf/Arbeitsfeld_Arbeitsplatz/Expertise_Standard_betriebliche_Suchtpraevention_2005.pdf [Stand 2007–08–15]

Franke, D., Boden, M. (Hrsg.) (2004): Personaljahrbuch 2004. Wegweiser für zeitgemäße Personalarbeit. Neuwied

Gesundheitsmanagement der Leibniz Universität Hannover. URL: http//www.uni-hannover.de/de/universitaet/projekte/gesundheit/

Hauptverband der gewerblichen Berufsgenossenschaften – HVBG (1998): Berufsgenossenschaftliche Grundsätze für arbeitsmedizinische Vorsorgeuntersuchungen. Stuttgart

IG Metall (Hrsg.) (1991): Rußland, R.: Das Sachbuch für die Arbeitswelt. Alkohol, Medikamente, Drogen, Nikotin, Essstörungen, Spiel- und Arbeitssucht. Ursachen, Folgen, Maßnahmen. Schriftenreihe 126. Frankfurt/Main

IG Metall (Hrsg.) (2002): Betriebsärztliche Betreuung und Mitwirkung des Betriebsrats. Frankfurt/Main

Lauterbach, M. (2005): Gesundheitscoaching. Strategien und Methoden für Fitness und Lebensbalance im Beruf. Heidelberg

Pegel-Rimpl, U. (2001): Substanzbezogene Störungen am Arbeitsplatz. Eine Praxishilfe für Personalverantwortliche. Hrsg.: Deutsche Hauptstelle für Suchtfragen e.V. DHS-Info, 2. Aufl. Hamm

Kapitel 7

Bayrisches Ministerium für Arbeit und Sozialordnung, Familie, Frauen und Gesundheit (Hrsg.) (o. J.).: Alkohol im Betrieb geht jeden an. Leitfaden für Führungskräfte. München

Bundeszentrale für gesundheitliche Aufklärung (BZgA) (2000): Schritt für Schritt ... ein Interventionskonzept zum Thema Alkohol am Arbeitsplatz. Köln

Dietze, K. (1992): Alkohol und Arbeit. Erkennen, Vorbeugen, Behandeln. Zürich

Ziegler, H., Brandl, G. (2004): Suchtprävention als Führungsaufgabe. Lösungsorientierte Strategien für den Betrieb. Wiesbaden

Kapitel 8 und 9

Die Literaturangaben dieser Kapitel finden sich in den Fußnoten zum Text.

Stichwortverzeichnis